ORIGO

STEPPING STONES

PROGRAMA DE MATEMÁTICAS

SENIOR AUTHORS

James Burnett
Calvin Irons

CONTRIBUTING AUTHORS

Peter Stowasser
Allan Turton

PROGRAM CONSULTANTS

Diana Lambdin
Frank Lester, Jr.
Kit Norris

PROGRAM EDITORS

James Burnett
Beth Lewis
Donna Richards
Kevin Young

ORIGO EDUCATION

LIBRO DEL ALUMNO

CONTENIDO

MÓDULO 1

MÓDULO 2

MÓDULO 3

MÓDULO 4

MÓDULO 5

MÓDULO 6

CONTENIDO

MÓDULO 7

MÓDULO 8

MÓDULO 9

MÓDULO 10

MÓDULO 11

MÓDULO 12

RECURSOS STEPPING STONES – IMPRESOS

El programa ***ORIGO Stepping Stones*** fue creado para ofrecer una forma más ingeniosa de enseñar y aprender matemáticas. Ha sido desarrollado por un equipo de expertos para proporcionar un programa de matemáticas de primera categoría.

LIBRO DEL ALUMNO

En el programa ***ORIGO Stepping Stones*** encontrará que cada lección contiene páginas atractivas para los alumnos. En el Libro del Alumno para los grados 1–5, cada lección cuenta con dos páginas. A continuación se presentan las características que contiene el Libro del Alumno del grado 1 como parte de todo el programa.

PASO 1
El paso 1 proporciona una discusión dirigida. Este paso generalmente aporta las bases para la lección. Los profesores pueden proyectar esta parte de la lección y detenerse en cada pregunta o punto que se necesite clarificar.

PASO 2
El paso 2 proporciona trabajo individual basado en la discusión anterior.

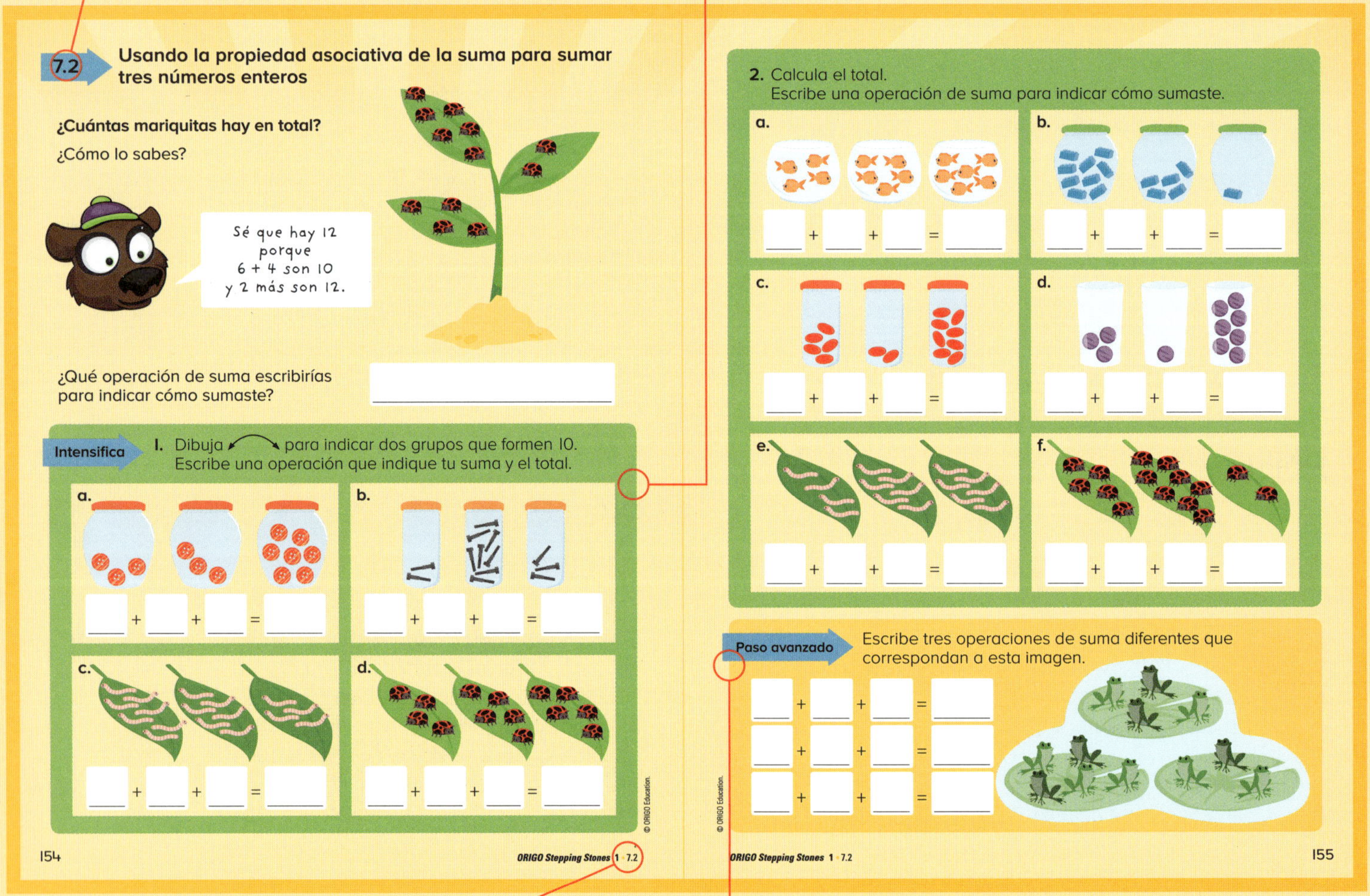
7.2 Usando la propiedad asociativa de la suma para sumar tres números enteros

¿Cuántas mariquitas hay en total?
¿Cómo lo sabes?

Sé que hay 12 porque 6 + 4 son 10 y 2 más son 12.

¿Qué operación de suma escribirías para indicar cómo sumaste?

Intensifica 1. Dibuja para indicar dos grupos que formen 10.
Escribe una operación que indique tu suma y el total.

a. ___ + ___ + ___ = ___
b. ___ + ___ + ___ = ___
c. ___ + ___ + ___ = ___
d. ___ + ___ + ___ = ___

© ORIGO Education.

154 ORIGO Stepping Stones 1 • 7.2

2. Calcula el total.
Escribe una operación de suma para indicar cómo sumaste.

a. ___ + ___ + ___ = ___
b. ___ + ___ + ___ = ___
c. ___ + ___ + ___ = ___
d. ___ + ___ + ___ = ___
e. ___ + ___ + ___ = ___
f. ___ + ___ + ___ = ___

Paso avanzado Escribe tres operaciones de suma diferentes que correspondan a esta imagen.

___ + ___ + ___ = ___
___ + ___ + ___ = ___
___ + ___ + ___ = ___

© ORIGO Education.

ORIGO Stepping Stones 1 • 7.2 155

ORIGO Stepping Stones **1** • 7.2

Grado Módulo Lección

PASO 3
El paso 3 le da un pequeño giro a cada lección para lograr el desarrollo de habilidades de pensamiento más avanzadas.

LIBRO DE PRÁCTICA

La práctica constante y significativa es una característica distintiva de *ORIGO Stepping Stones*. Cada uno de los módulos en este libro de práctica cuenta con páginas perforadas para el repaso del contenido estudiado en un módulo anterior, y páginas con prácticas de operaciones de cálculo mental para promover su dominio.

NOTAS PARA EL HOGAR

Cada libro es un componente de un programa de enseñanza integral. Juntos forman una colección de páginas de consolidación y práctica de las lecciones en el programa *ORIGO Stepping Stones*.

Los profesores decidirán qué páginas satisfacen las necesidades individuales, por lo tanto, puede darse que los alumnos no completen todas las páginas de estos libros. Para obtener más información acerca del programa, visite **www.origoeducation.com/steppingstones**.

RECURSOS ADICIONALES – IMPRESOS

Los *ORIGO Big Books* usan como base el amor natural que sienten los alumnos hacia los cuentos para ayudar a introducir los conceptos matemáticos fundamentales. Este grado cuenta con 12 Big Books.

The Number Case ofrece a los profesores recursos ya preparados que están diseñados para desarrollar la comprensión numérica en los alumnos.

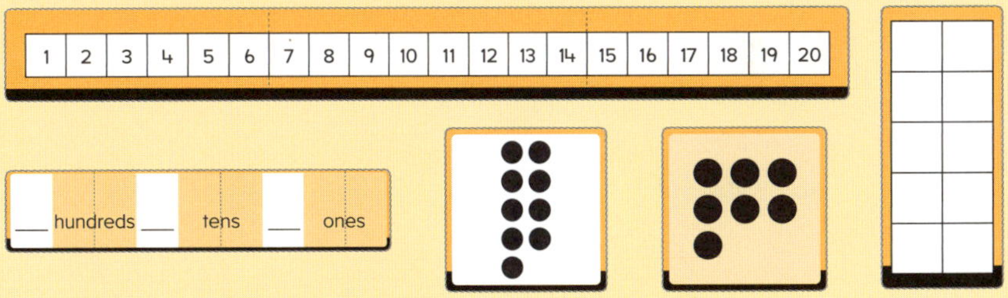

RECURSOS ADICIONALES (CANALES EN LÍNEA)

Estos son algunos de los canales innovadores de enseñanza integrados en el programa en línea para el profesor.

ORIGO MathEd

Sesiones de aprendizaje profesional

Flare

Herramientas para la pizarra interactiva

Fundamentals Game Boards

Juegos interactivos

GLOSARIO

CAPACIDAD

La **capacidad** es la cantidad de algo que un recipiente puede contener.

COMPARACIÓN

El símbolo > significa **es mayor que**.
El símbolo < significa **es menor que**.

Por ejemplo:
2 < 6 **significa** que 2 es menor que 6.

ESTRATEGIAS DE CÁLCULO MENTAL

Estos son métodos que puedes utilizar para calcular un problema matemático en tu mente.

Suma

- Contar hacia adelante
  Observa 3 + 8 *piensa* 8 + 1 + 1 + 1
  Observa 58 + 24 *piensa* 58 + 10 + 10 + 4
- Hacer diez
  Observa 9 + 4 *piensa* 9 + 1 + 3
  Observa 38 + 14 *piensa* 38 + 2 + 12
- Usa una suma conocida (usa dobles)
  Observa 7 + 7 *piensa* doble 7
  Observa 25 + 26 *piensa* doble 25 más 1
  Observa 35 + 37 *piensa* doble 35 más 2

Resta

- Piensa suma
  Observa 17 − 9 *piensa* 9 + 8 = 17
  así que 17 − 9 = 8
- Contar hacia atrás
  Observa 9 − 2 *piensa* 9 − 1 − 1
  Observa 26 − 20 *piensa* 26 − 10 − 10

FAMILIA DE OPERACIONES BÁSICAS

Una **familia de operaciones básicas** de suma incluye una operación básica de suma, su operación conmutativa básica y las dos operaciones básicas de resta relacionadas.

Por ejemplo:

4 + 2 = 6 2 + 4 = 6	operación de suma con su operación conmutativa
6 − 4 = 2 6 − 2 = 4	las dos operaciones relacionadas de resta

FORMA 2D

Una **forma geométrica en dos dimensiones (2D)** indica el ancho y el largo pues son formas planas. Una forma plana puede estar compuesta solamente por lados rectos, con solo un lado curvo o con lados curvos y rectos.
Por ejemplo:

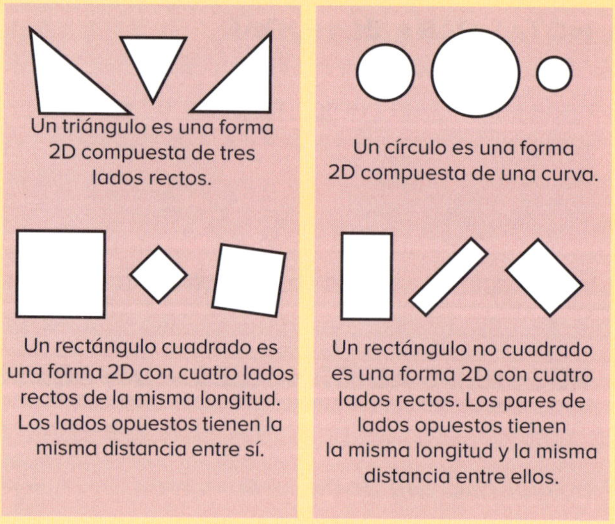

Un triángulo es una forma 2D compuesta de tres lados rectos.

Un círculo es una forma 2D compuesta de una curva.

Un rectángulo cuadrado es una forma 2D con cuatro lados rectos de la misma longitud. Los lados opuestos tienen la misma distancia entre sí.

Un rectángulo no cuadrado es una forma 2D con cuatro lados rectos. Los pares de lados opuestos tienen la misma longitud y la misma distancia entre ellos.

IGUAL

Cuando algo es **igual** a algo más significa que "es lo mismo que" o "equilibra". La igualdad se representa con el símbolo de =. Por ejemplo, 2 + 3 = 5 significa que 2 + 3 equilibra 5, o que 2 + 3 es lo mismo que 5.

MARCA DE CONTEO

Una **marca de conteo** es una marca utilizada para registrar el número de veces que algo ocurre. Se usa una marca de conteo en diagonal sobre cuatro marcas de conteo para hacer grupos de cinco. Por ejemplo:

cuatro marcas de conteo

marcas de conteo agrupadas por una en diagonal.

NUMERAL

Un **numeral** es el símbolo utilizado para representar un número.

NÚMERO

El número se refiere a "cuántos". Hay nueve bloques en este grupo.

OBJETO 3D

Un **objeto tridimensional (3D)** muestra largo, ancho y alto. Un objeto 3D puede ser sólido como un ladrillo, hueco como un balón de fútbol, o esquelético como el marco de una casa. Por ejemplo:

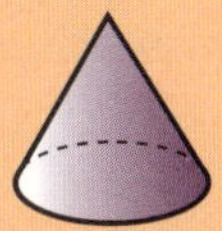

Un cono es un objeto 3D compuesto de una superficie plana y una superficie curva.

Un cilindro es un objeto 3D compuesto de dos superficies planas y una superficie curva.

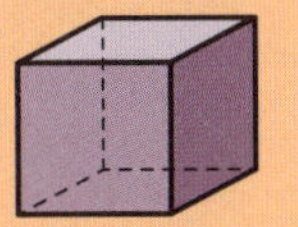

Un cubo es un objeto 3D que muestra una forma de caja compuesto por 6 superficies planas del mismo tamaño.

Una esfera es un objeto 3D con forma de bola compuesto por una superficie curva.

OPERACIÓN CONMUTATIVA BÁSICA

Cada **operación básica de suma** tiene una **operación conmutativa básica**, en la que el orden de los factores cambia, pero el producto no cambia. Por ejemplo:

$2 + 3 = 5$ $\quad$ $3 + 2 = 5$

OPERACIONES NUMÉRICAS BÁSICAS

Las **operaciones básicas de suma** son todas las operaciones de suma que muestran dos números de un dígito que se están sumando. Las operaciones básicas de suma se pueden escribir con el total, o la suma, al inicio o al final.

Por ejemplo: $2 + 3 = 5$ o $3 = 1 + 2$

Las **operaciones básicas de resta** son todas las operaciones de resta que se relacionan a las operaciones básicas de suma.

Por ejemplo: $5 - 2 = 3$ o $3 - 2 = 1$

OPERACIONES BÁSICAS RELACIONADAS DE RESTA

Cada operación básica de resta tiene una operación básica **relacionada**.

Por ejemplo: $7 - 4 = 3$ y $7 - 3 = 4$

RESTA

La **resta** implica la acción de quitar un número de otro número. La resta puede ser utilizada para encontrar un sumando desconocido o para encontrar la diferencia entre dos números. Esto se hace por medio de una operación de resta que utiliza palabras o símbolos. La resta se representa con el símbolo de −.

Por ejemplo:

a cinco osos **le quitas dos** osos **te quedan tres** osos

o

$$5 - 2 = 3$$

SUMA

La **suma** se utiliza para encontrar el total o suma de dos o más números u objetos. Esto se hace por medio de una operación de suma que utiliza palabras o símbolos. La suma se representa con el símbolo de +.

Por ejemplo:

dos osos **más tres** osos **son cinco** osos

o

$$2 + 3 = 5$$

UN CUARTO

Cuando un entero se divide en cuatro grupos iguales o cuatro partes de igual tamaño, **un cuarto** describe uno de esos grupos o partes.

UN MEDIO

Cuando un entero se divide en dos grupos iguales o en dos partes de igual tamaño, **un medio** describe uno de esos grupos o partes.

1.1 Identificando cantidades del 1 al 6

¿Qué sabes acerca de los grupos que ves?

¿Cuántas  ves?

¿Cuántos  ves?

¿Cuántos  ves?

Intensifica Colorea de azul el número de objetos que se indica en cada recuadro.

a. Colorea **3** balones.

b. Colorea **4** tenis.

c. Colorea **2** raquetas.

d. Colorea **6** pelotas de béisbol.

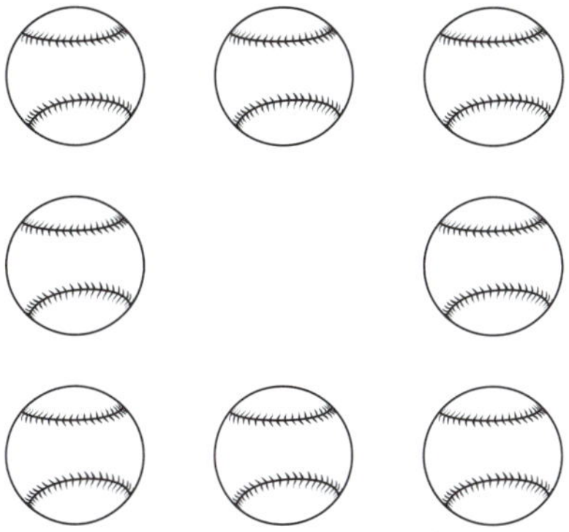

e. Colorea **1** casco.

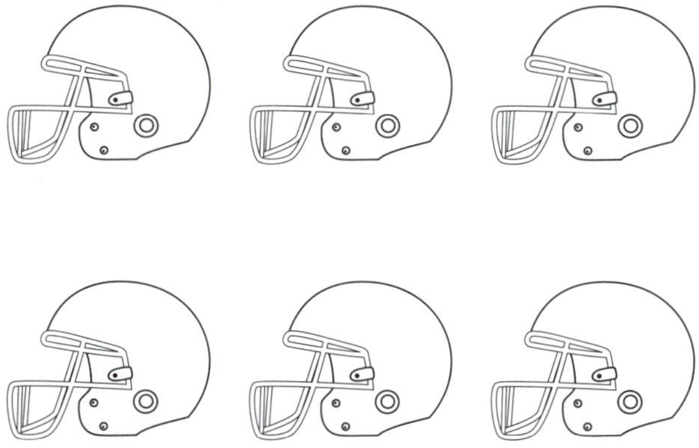

f. Colorea **5** patinetas.

Paso avanzado Lee el total. Luego encierra el numeral que representa la cantidad de *pennies* que está cubierta con la mano.

a. Hay 6 *pennies* en total.

3 5 2 4 1

b. Hay 5 *pennies* en total.

3 5 2 4 1

1.2 Identificando cantidades del 1 al 10

Estos payasos están haciendo malabares con frutas.

Cuenta las frutas que tiene cada payaso.
¿Con cuántas frutas hace sus malabares cada payaso?

Traza cada numeral en el aire.

Intensifica 1. Dibuja ◯ hasta igualar el numeral.

a.

b.

2. Traza líneas para unir el numeral con la cantidad correspondiente.

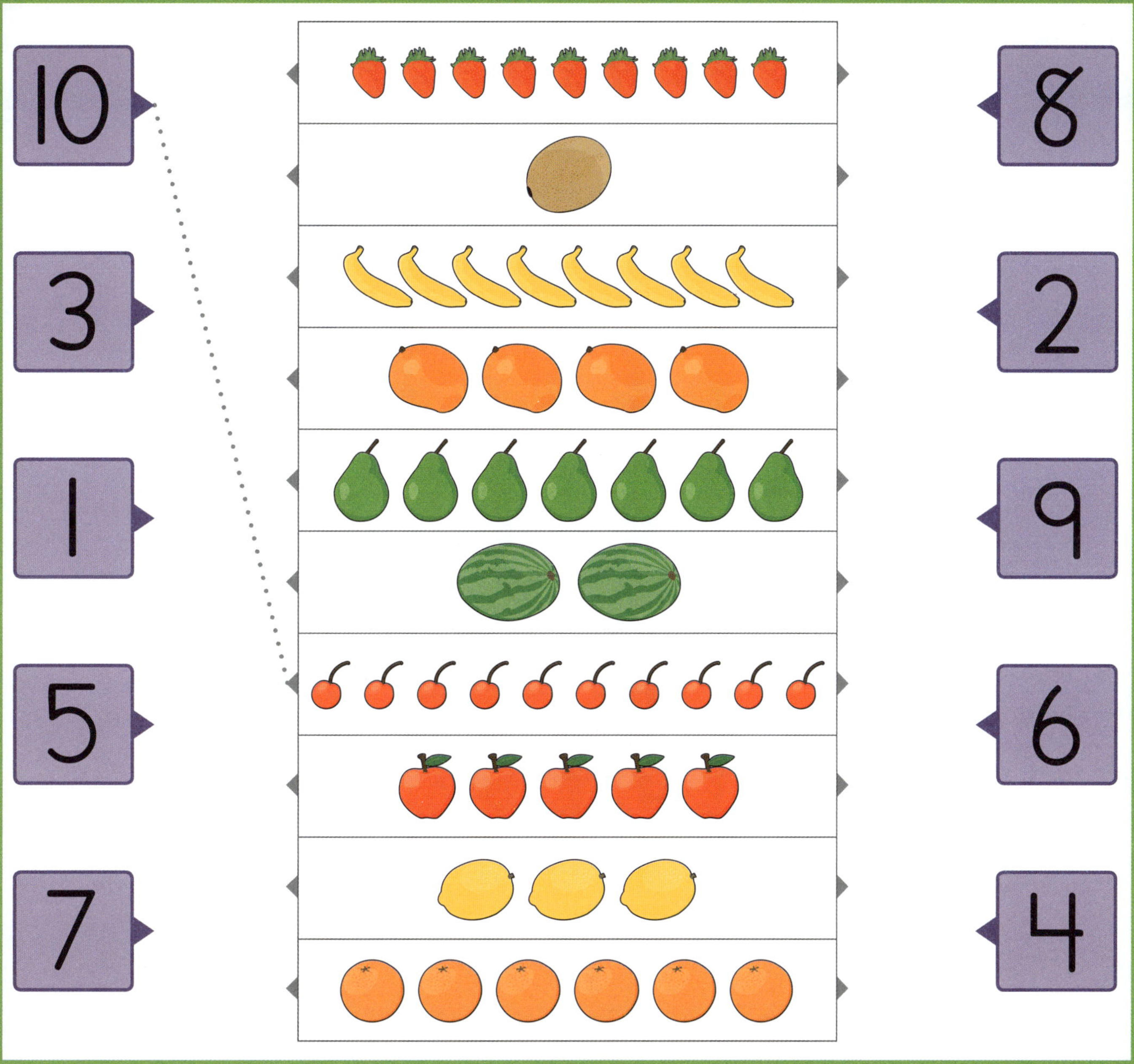

Paso avanzado Dibuja ■ en cada vagón hasta igualar el numeral.

1.3 Escribiendo numerales del 0 al 9

Traza los numerales.

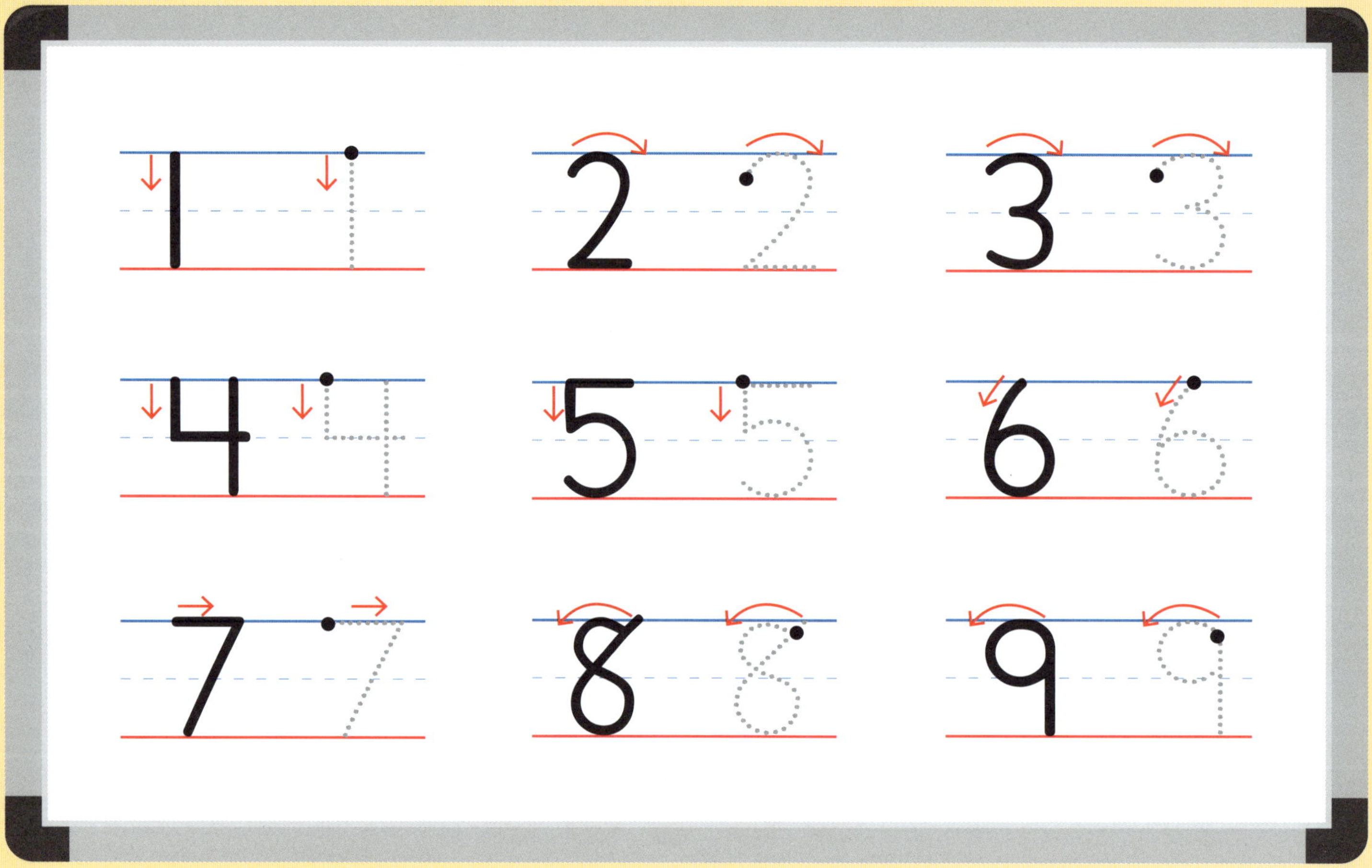

¿Cuáles numerales comienzan de arriba hacia abajo ↓?

¿Cuáles numerales comienzan hacia la izquierda ↙?

¿Cuáles numerales comienzan hacia la derecha ↘?

¿Cuáles numerales comienzan de abajo hacia arriba ↑?

¿Hacia dónde comenzaste?

Intensifica Cuenta las frutas. Escribe el numeral.

a.

____ manzanas

b.

____ plátanos

c.
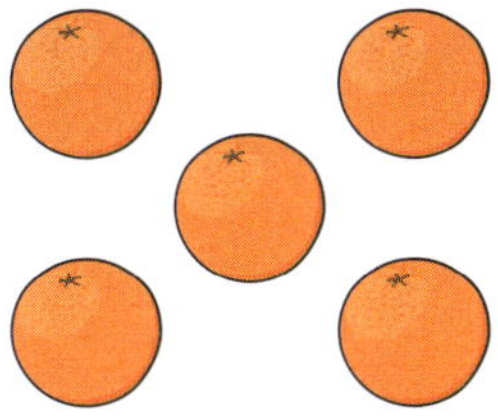
____ naranjas

d.

____ piñas

e.
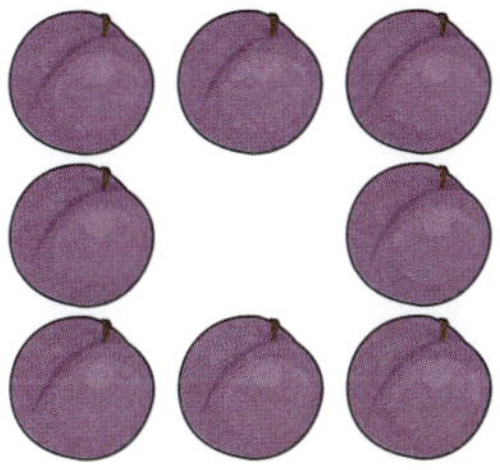
____ ciruelas

f.

____ pera

g.

____ cerezas

h.
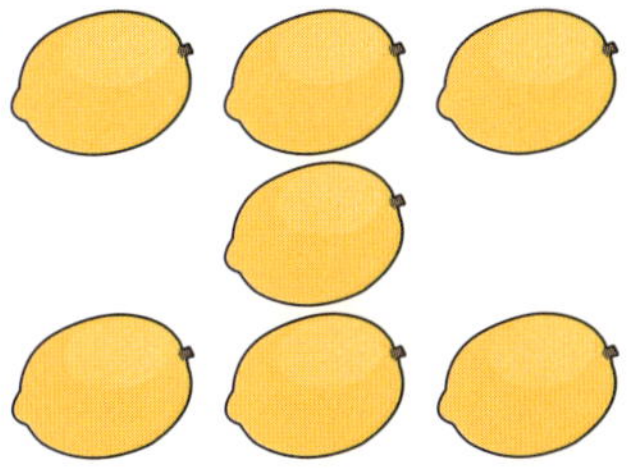
____ limones

i.
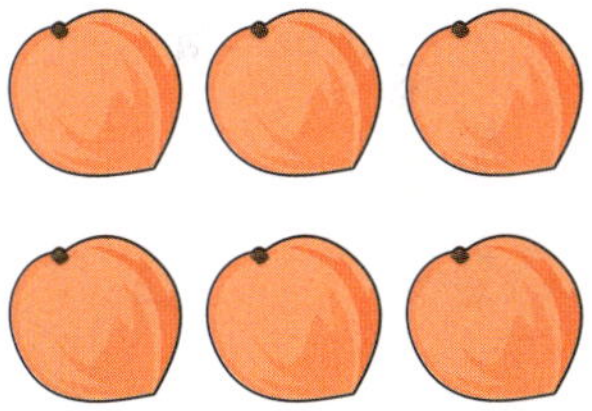
____ duraznos

Paso avanzado Observa los números de teléfono. Encierra los **numerales** que no coinciden con los **numerales** de la página 12.

Aidan	521-6Ƨ62
Brianna	929-20Γ9

Michael	934-4ƐƐ2
Mia	52ɘ-8701

1.4 Identificando representaciones del 1 al 10

¿Cómo puedes saber rápidamente cuántos dedos están levantados sin contar cada uno?

Sé que hay 10 dedos en las 2 manos. Tres dedos están doblados, por lo tanto, es 10 menos 3.

¿De qué otra manera se podría hacer?

Intensifica **1.** Escribe el número de dedos que están levantados.

a.

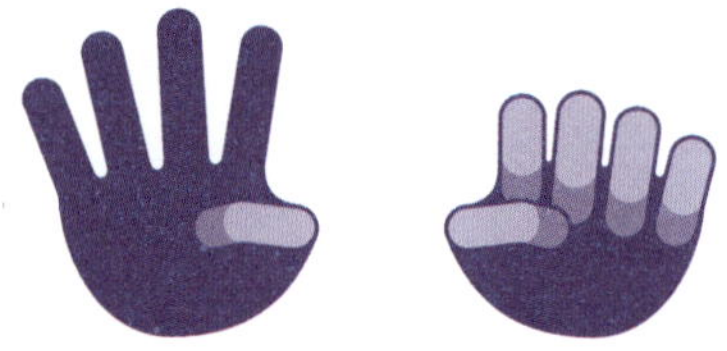

b.

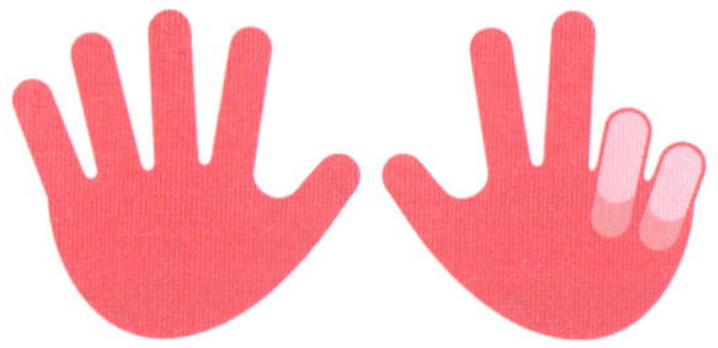

c.

d.

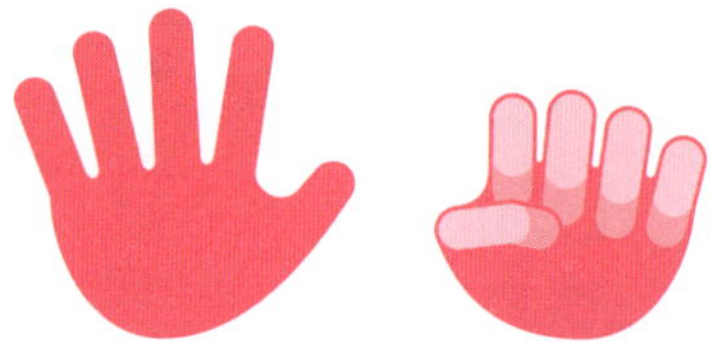

e.

f.

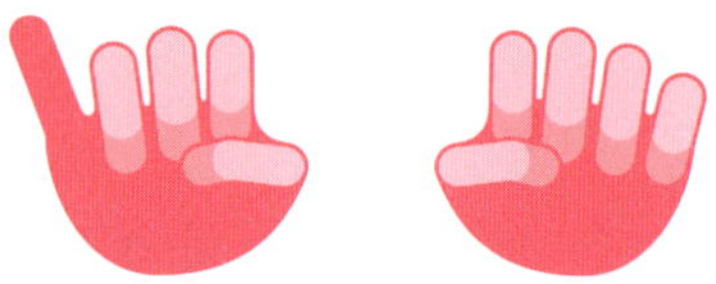

2. a. Escribe el **numeral** que corresponda a lo indicado en cada imagen.

b. Luego traza una línea desde cada imagen hasta el nombre del número correspondiente.

Paso avanzado

Cuenta y escribe el número de letras en cada nombre de número. Encierra un nombre de número especial para ti.

uno	____	dos	____	tres	____	cuatro	____	cinco	____
seis	____	siete	____	ocho	____	nueve	____	diez	____

1.5 Reconociendo cantidades a simple vista

Observa esta tarjeta.

Calcula el número de formas en estas tarjetas **sin** contarlas de una en una.

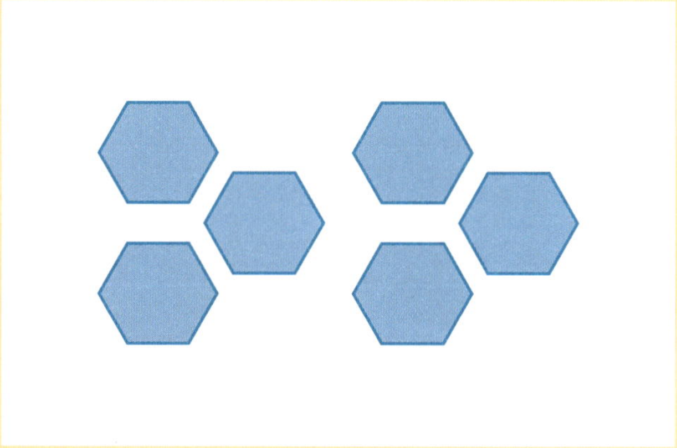

Intensifica

1. Calcula el número de formas **sin** contarlas de una en una. Escribe el numeral.

a.

b.

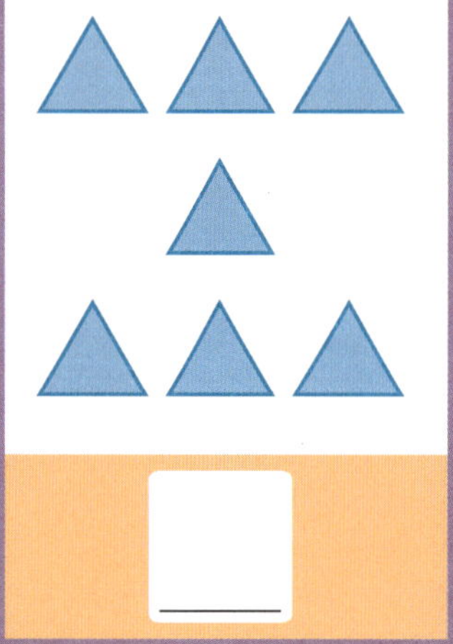

c.

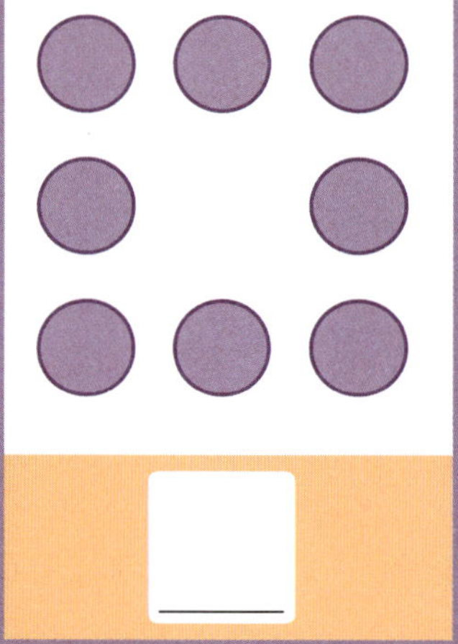

d.

2. Escribe el número de formas **sin** contarlas de una en una.

a.
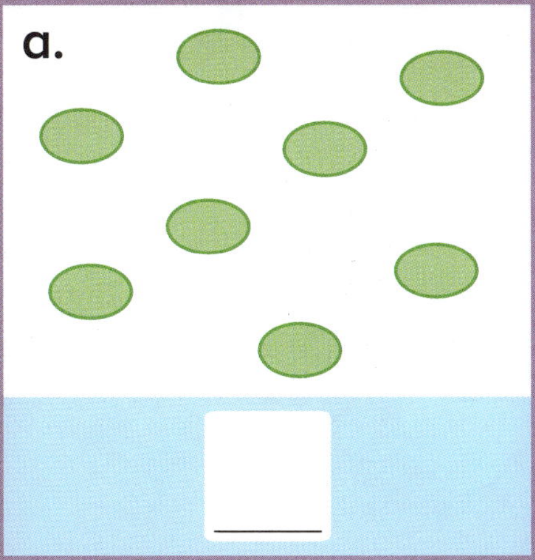

b.
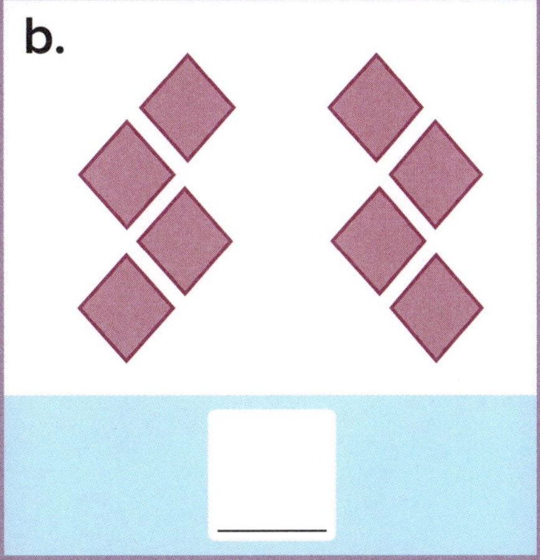

c.
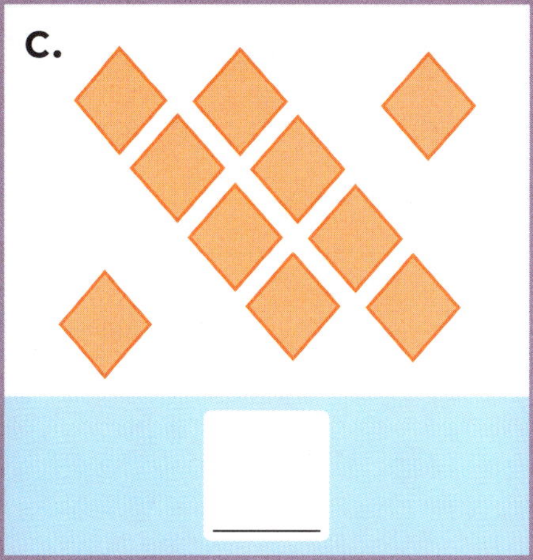

d.
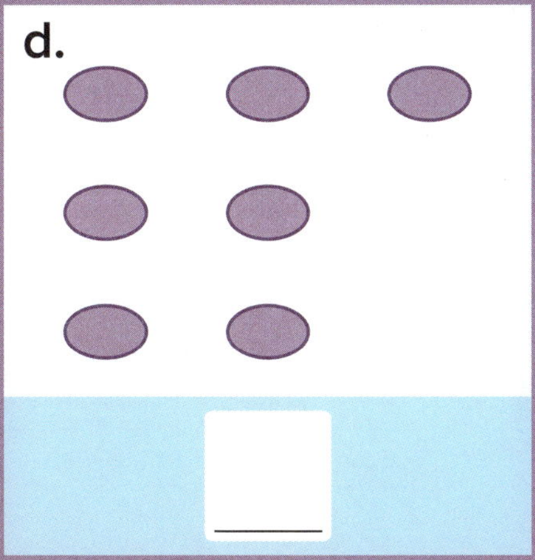

e.
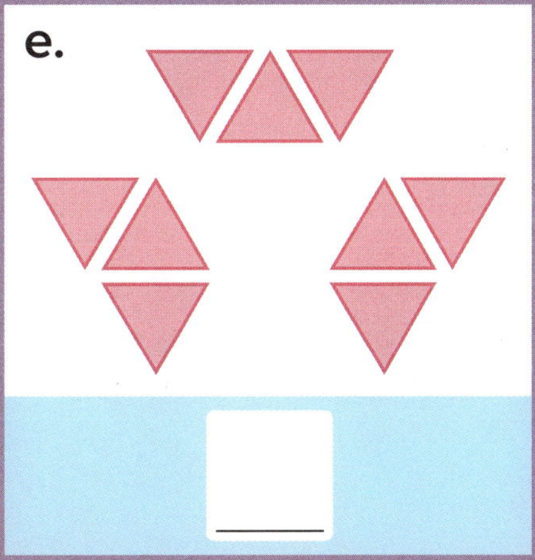

f.

Paso avanzado

Calcula el número de formas en cada tarjeta **sin** contarlas de una en una. Colorea las tarjetas que te parecieron fáciles de calcular.

1.6 Analizando los números del 10 al 19

Encierra un grupo de diez gallinas.

¿Cómo podrías utilizar el grupo de diez para averiguar el total?

Intensifica

1. Encierra un grupo de diez.
Escribe la cantidad de decenas y unidades.

a.

____ decena ____ unidades

b.

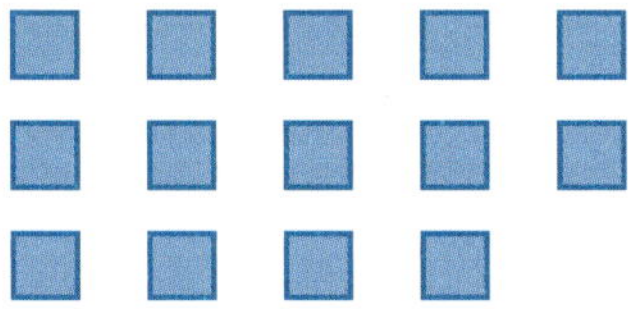

____ decena ____ unidades

c.

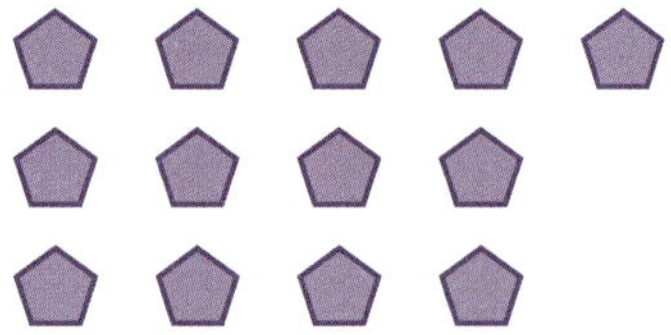

____ decena ____ unidades

d.

____ decena ____ unidades

e.

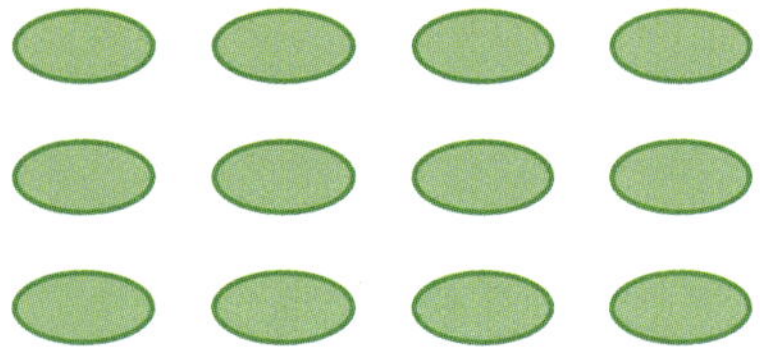

____ decena ____ unidades

2. Encierra un grupo de diez dedos.
Luego escribe el número de decenas y unidades.

a. 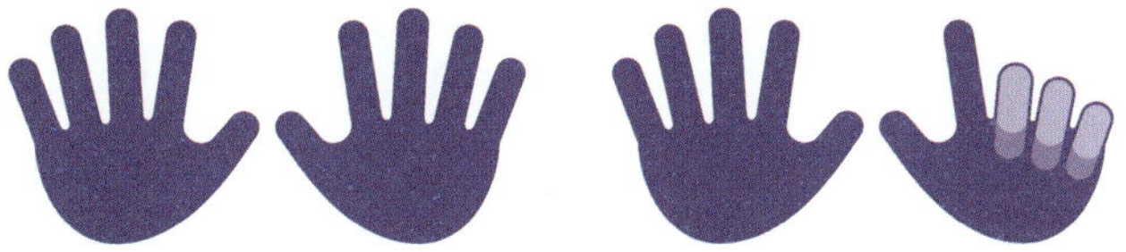

_____ decena _____ unidades

b. 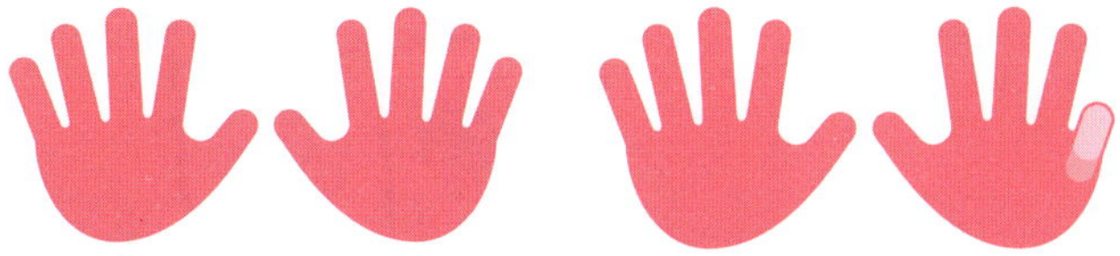

_____ decena _____ unidades

c. 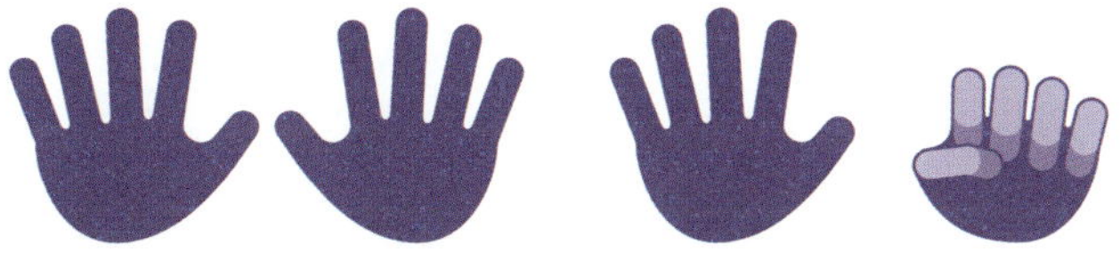

_____ decena _____ unidades

d. 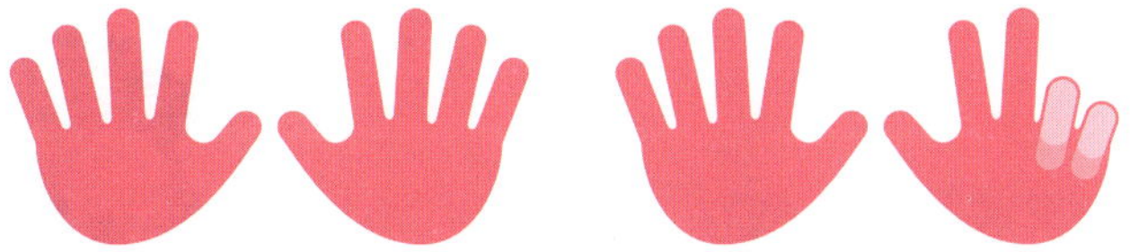

_____ decena _____ unidades

Paso avanzado

a. Encierra un grupo de diez formas en cada tarjeta.

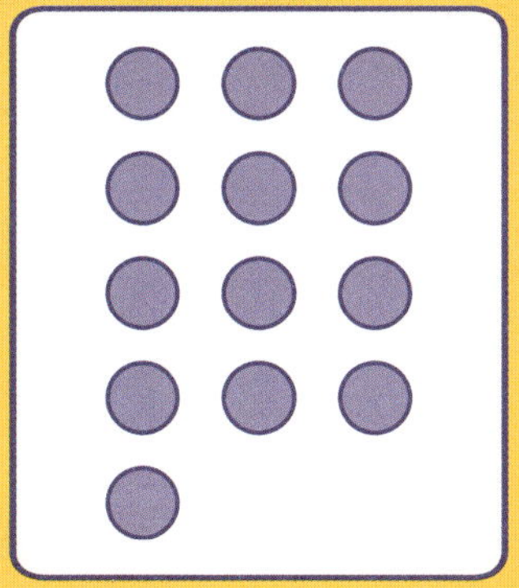

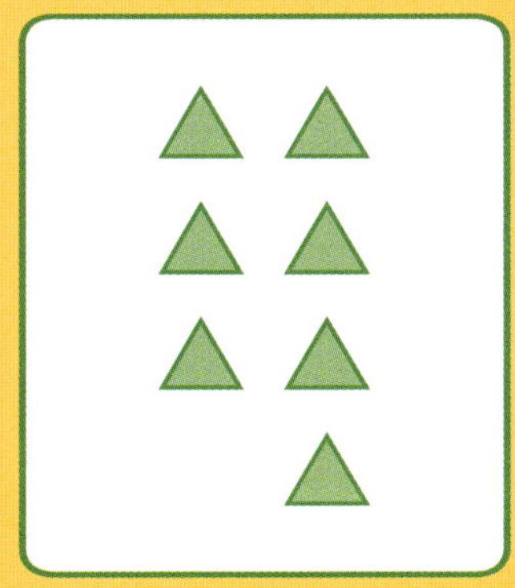

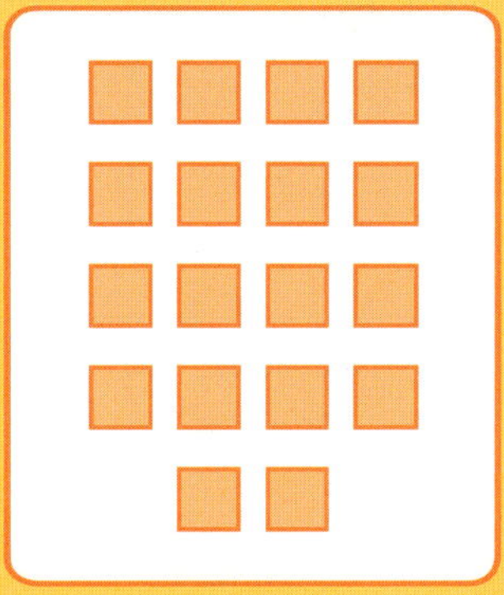

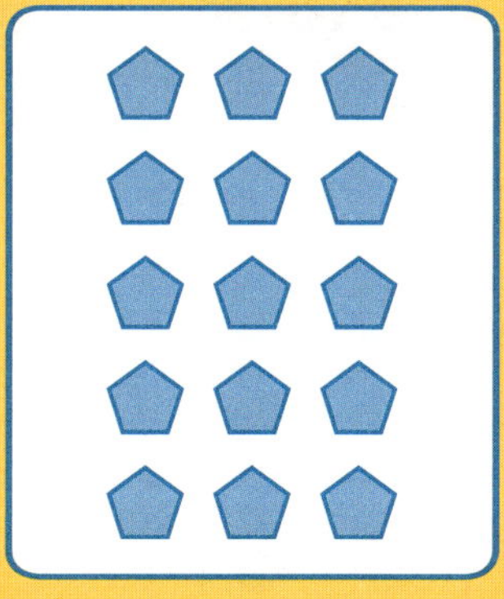

b. Escribe lo que notas.

____

____

1.7 Representando los números del 10 al 19

¿Cuántos hay en el marco?

¿Cómo lo sabes?

¿Cómo podrías utilizar el marco y los contadores para indicar el 12, 15 o 18?

Observa la siguiente imagen.
Escribe el número de contadores.

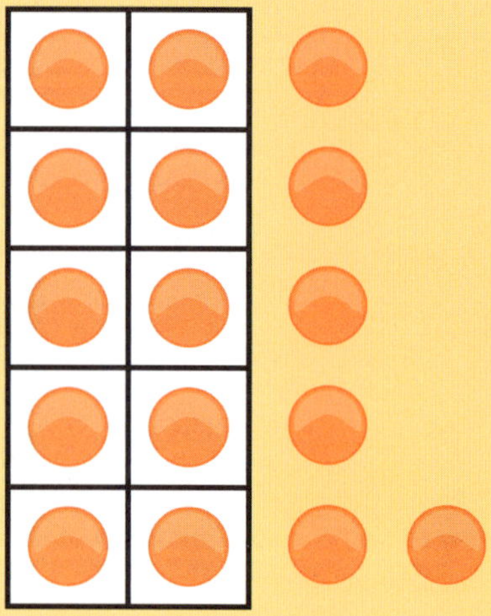

____ decena ____ unidades

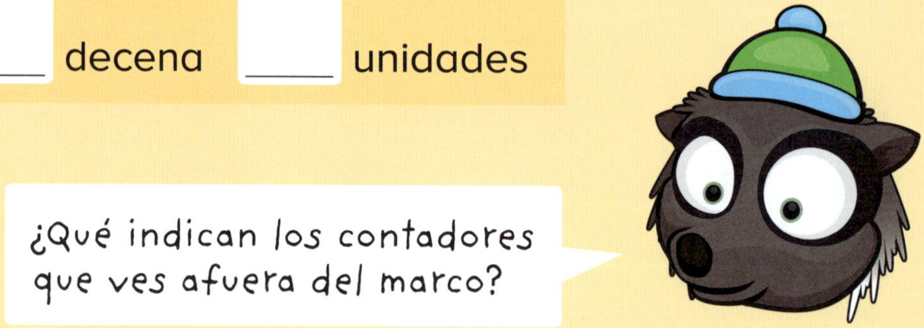

Intensifica **1.** Dibuja más para representar cada numeral.

a.

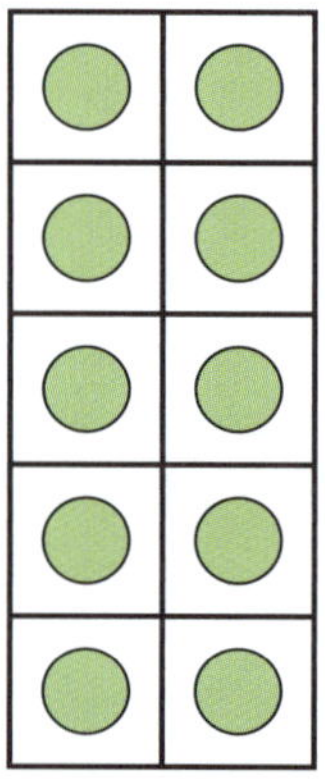

14

b.

17

c.

12

2. Dibuja ◯ para representar cada numeral.
Recuerda llenar primero el marco de diez.

a. 10

b. 18

c. 11

d. 15

e. 13

f. 19

Paso avanzado

Este número de contadores se puede expresar de otra forma. Hazlo usando el marco de diez. Escribe el total.

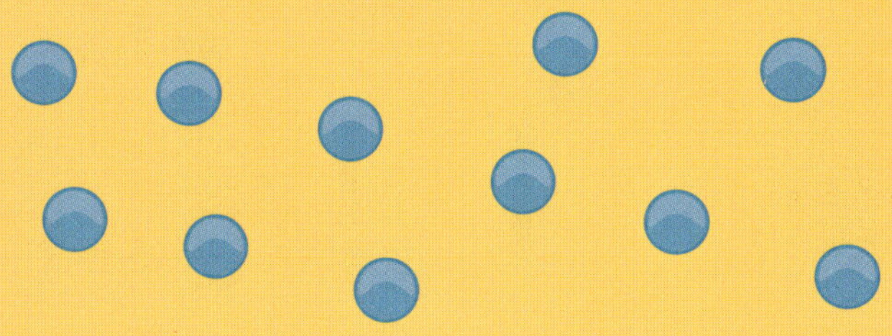

1.8 Escribiendo los números del 10 al 19

Observa la imagen de los bloques.

¿Qué número representa? ¿Cómo lo sabes?

¿Cuáles bloques indican las unidades?

¿Qué indican los otros bloques?

Escribe el número en este expansor.

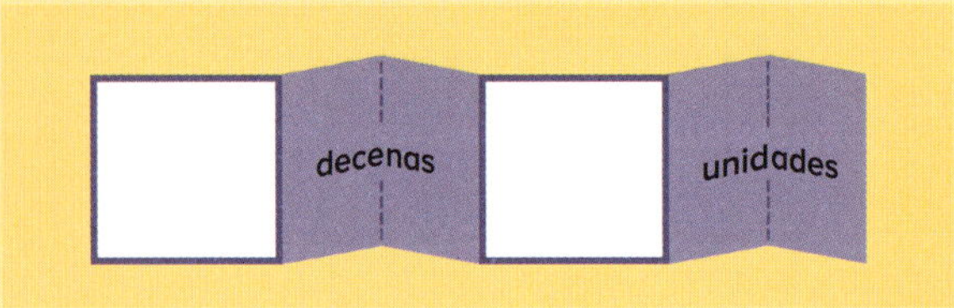

¿Qué otros números tienen una decena y algunas unidades?

Intensifica

1. Observa la imagen de los bloques. Escribe el número correspondiente en los expansores abiertos y cerrados.

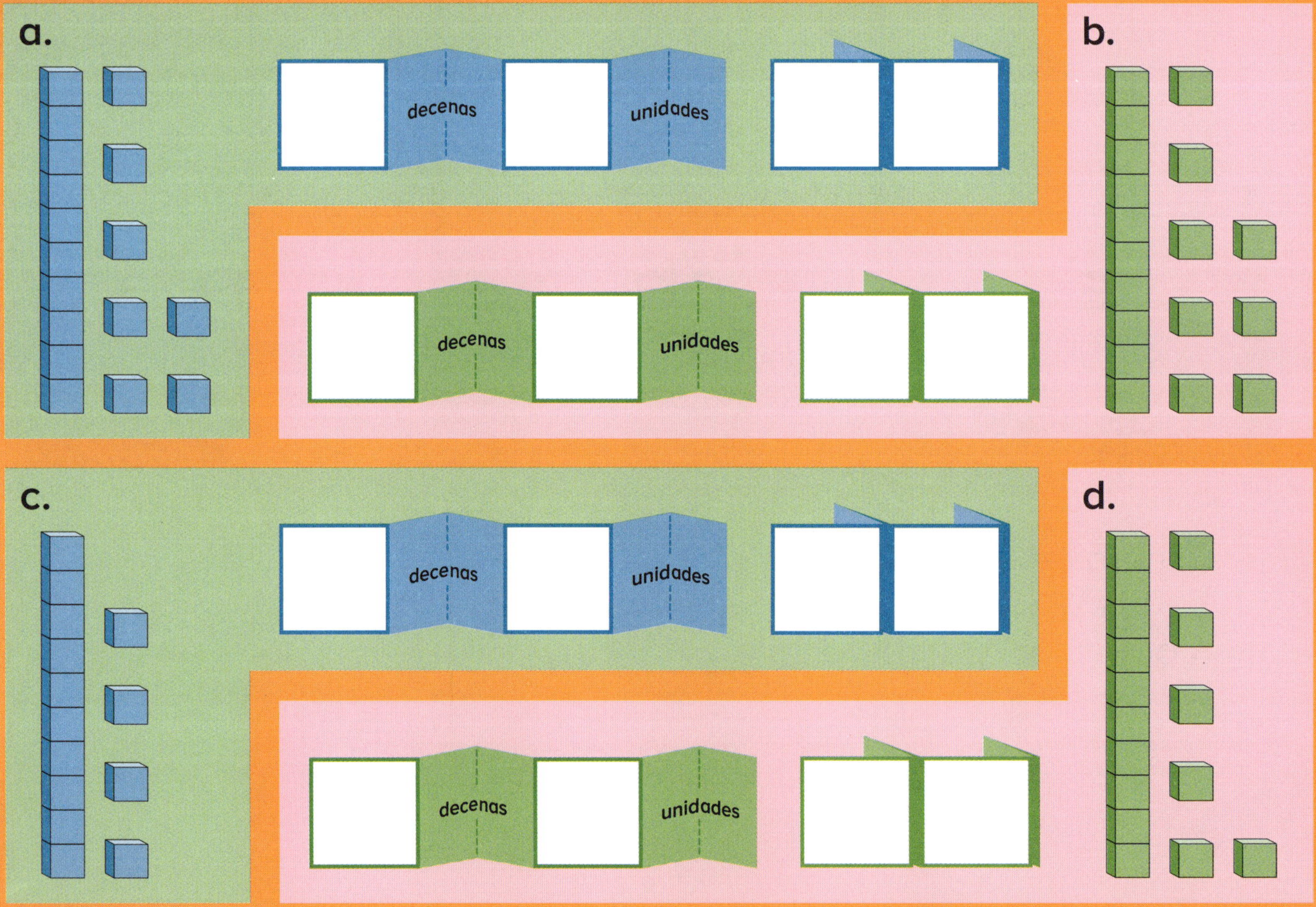

2. Dibuja más bloques para representar las decenas y unidades.

a.

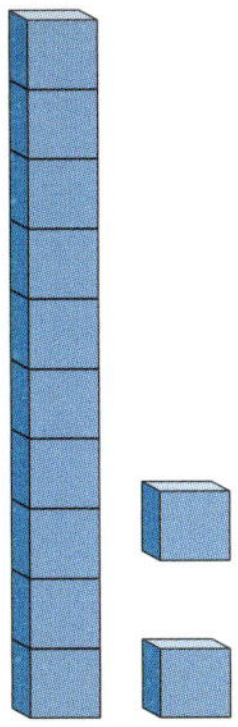

1 decenas 6 unidades

b.

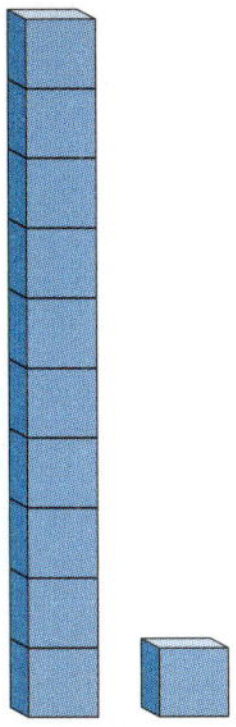

1 decenas 4 unidades

c.

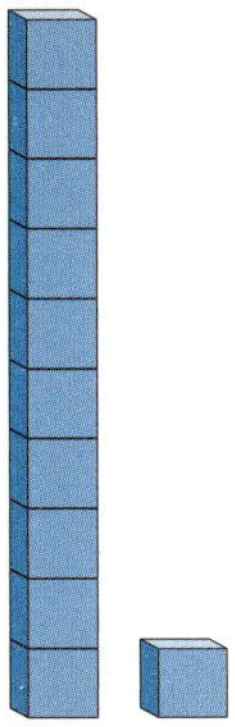

1 decenas 7 unidades

d.

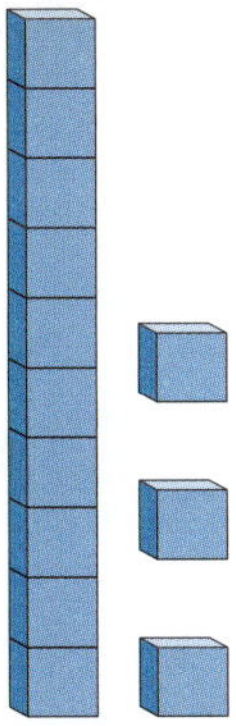

1 decenas 9 unidades

e.

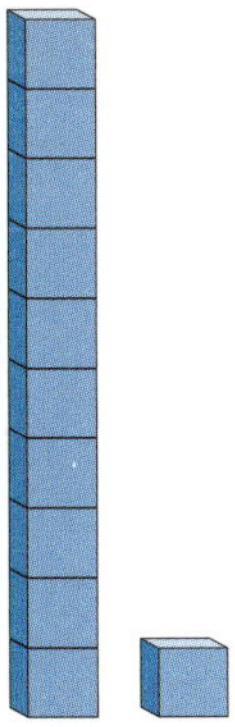

1 decenas 5 unidades

f.

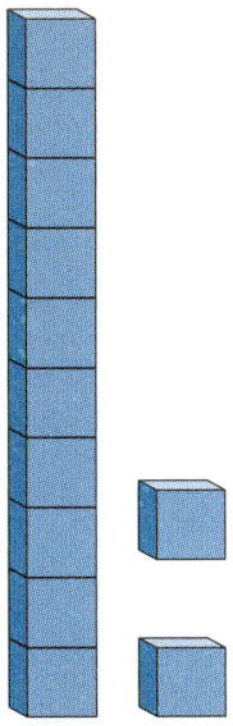

1 decenas 8 unidades

Paso avanzado

Observa las imágenes. Piensa en el número que representa cada una. Luego, escribe lo que notas.

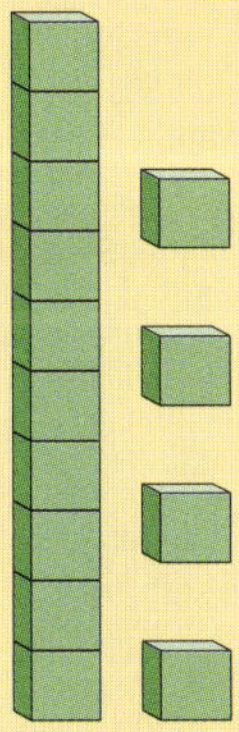

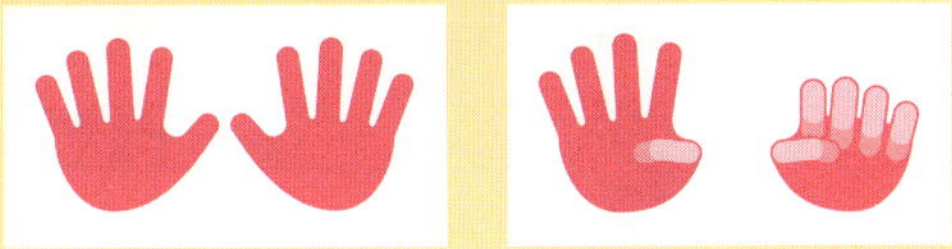

1.9 Comparando los números del 10 al 19

Observa la imagen. ¿Qué ves?

¿Por qué no se equilibra la balanza?

¿Cuántos bloques hay en el lado izquierdo?

¿Cuántos bloques hay en el lado derecho?

¿Cuál número es mayor?

¿Cómo lo sabes?

¿De qué otra forma podrías indicar el número mayor?

Intensifica

1. Escribe el número de cajas en cada camión. En cada pareja, encierra el camión que tenga el número mayor.

a.

o

b.

o

c.

o

2. Escribe un número que sea **mayor que** y **menor que** cada número expresado.

menor		mayor
____	16	____
____	11	____
____	15	____
____	18	____
____	10	____

menor		mayor
____	13	____
____	17	____
____	12	____
____	19	____
____	14	____

Paso avanzado

Escribe la cantidad de dinero que hay en cada billetera. Encierra la billetera que contenga el valor mayor.

a.

b.

1.10 Ordenando los números del 1 al 19

Observa esta cinta numerada.

Colorea de azul el numeral que es 1 menos que 12.

Colorea de rojo el numeral que es 2 más que 5.

Colorea de verde el numeral que va entre el 12 y el 14.

Escribe los numerales que faltan en la cinta.

Intensifica 1. Escribe los **numerales** que faltan en estas cinta.

a.

b.

2. Escribe el número de bloques que ves. Dibuja un bloque más. Luego escribe el nuevo total debajo de los bloques.

a.

Veo ______

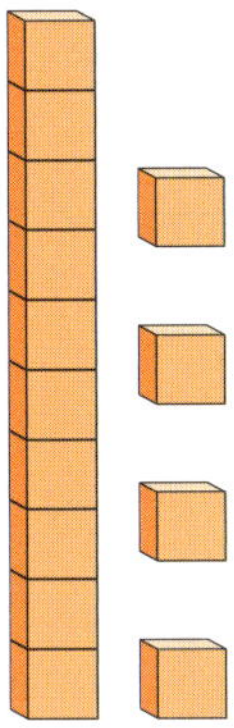

Nuevo total ______

b.

Veo ______

Nuevo total ______

c.

Veo ______

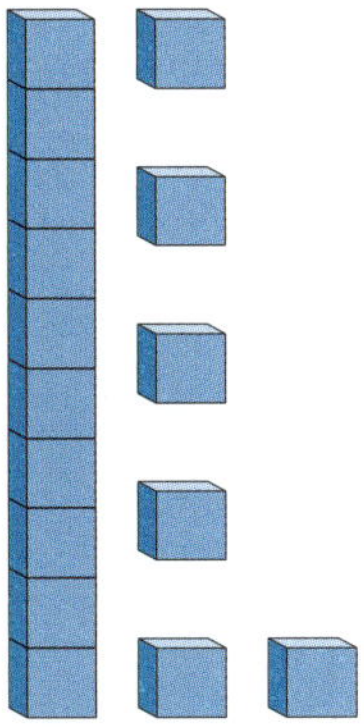

Nuevo total ______

3. Escribe estos numerales en orden de **menor** a **mayor**.

a.

16	17	15

b.

11	9	10

c.

13	11	12

Paso avanzado

Lee las pistas.
Luego colorea el ◯ junto a la expresión correcta.

Pistas

Sam tiene 9 años.
María tiene 15 años.
José tiene 11 años.

- ◯ Sam es el mayor.
- ◯ José es mayor que Sam.
- ◯ María es menor que Sam.
- ◯ María es la menor.

1.11 Leyendo los nombres de los números ordinales

¿Qué está pasando en esta imagen?

¿Cuál atleta terminó primero? ¿Cómo lo sabes?

Mira este juguete.

¿Cuál anillo entró primero?

¿Cuál anillo entró tercero?

¿Cómo podrías describir las posiciones de los otros dos anillos?

¿Dónde más podrías utilizar palabras como **primero**, **segundo** y **tercero**?

Intensifica 1. Traza líneas en orden para conectar los puntos.

a.

b.

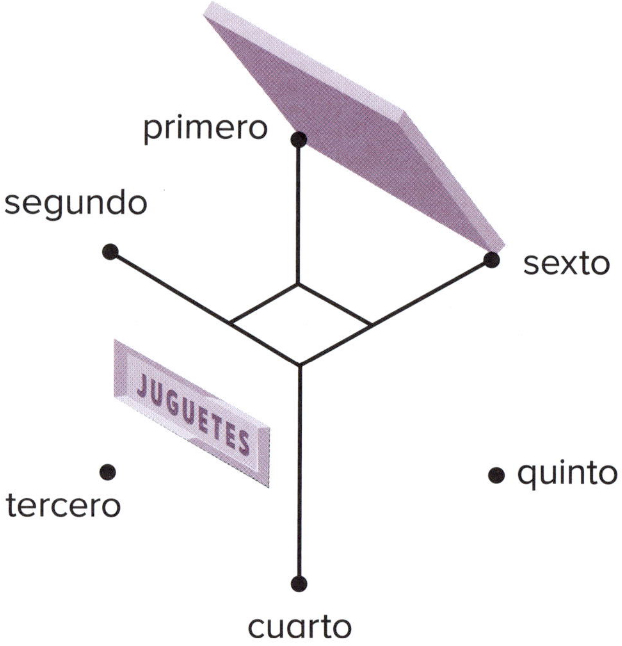

2. Traza ⌒ para conectar los puntos en orden.

a.

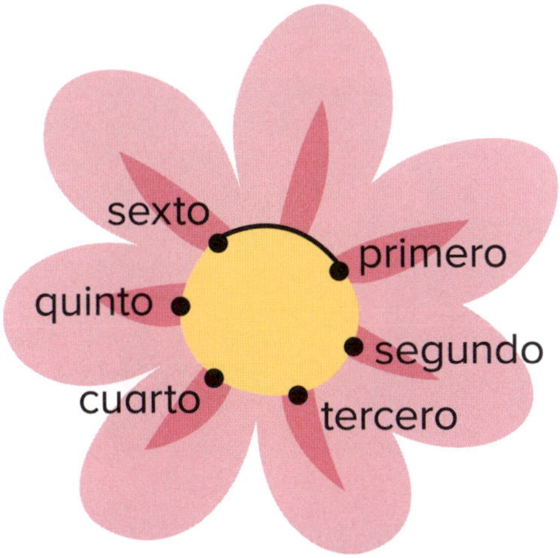

b.

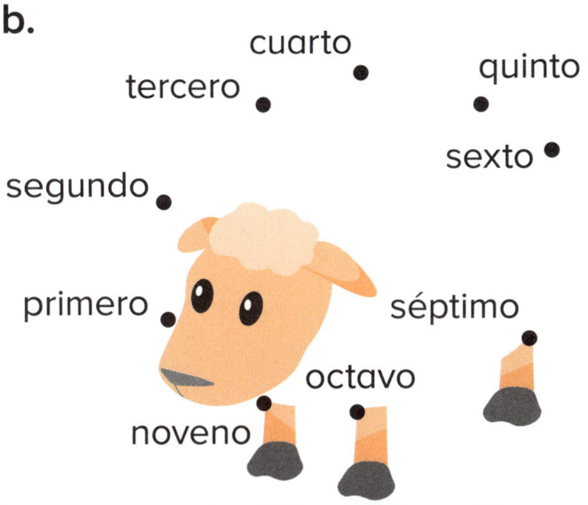

3. La **primera** bola de helado de yogurt es de fresa. Colorea las bolas del color que se indica.

a. Colorea de azul la segunda bola.

b. Colorea de rojo la cuarta bola.

c. Colorea de verde la tercera bola.

Paso avanzado

Dibuja ☺ en la **primera**, **tercera**, **quinta**, **séptima** y **novena** posiciones. Luego dibuja ☹ en las otras posiciones para crear un patrón.

inicia aquí ○ ○ ○ ○ ○ ○ ○ ○ ○ ○

Escribe el nombre de la última posición. ______________________

1.12 Relacionando los nombres de los números ordinales con los símbolos

Describe el orden de los autos en esta carrera.

Colorea de verde el auto que terminará en 2.º lugar.
Colorea de azul el auto que terminará en el último lugar.

Colorea de amarillo el auto que terminará en 3.er lugar.
Colorea de rojo el auto que terminará de primero.

¿En qué posición terminará el otro auto? ¿Cómo lo sabes?

Intensifica

1. Traza líneas para conectar los autos con sus cintas.

2. El primer avión es azul. Colorea los otros aviones como se indica.

a. Colorea el 4.º avión de rojo.
b. Colorea el 7.º avión de verde.
c. Colorea el último avión de anaranjado.
d. Colorea el 6.º avión de morado.
e. Colorea el 3.er avión de amarillo.
f. Colorea el 8.º avión de marrón.

g. ¿En qué posiciones se encuentran los dos aviones blancos?

______________ ______________

Paso avanzado

En cada carrera, Australia terminó dos lugares después de EE.UU. Escribe los lugares faltantes en cada carrera.

Australia	EE.UU.
6.º	______

Australia	EE.UU.
______	1.er

Australia	EE.UU.
4.º	______

Australia	EE.UU.
______	3.er

Australia	EE.UU.
10.º	______

Australia	EE.UU.
______	7.º

2.1 Identificando uno más y uno menos

¿Qué números faltan en esta cinta numerada de bloque? ¿Cómo lo sabes?

1	2	3	4	5	6	7	8	9	10	11		13		15

Colorea de rojo el bloque que indica **uno más** que 5.

Colorea de azul el bloque que indica **uno menos** que 5.

Colorea de verde los bloques que indican **uno más** y **uno menos** que 10.

Completa los enunciados.

7 es uno menos que ____.

13 es uno menos que ____.

____ es uno más que 3.

Intensifica

1. Escribe los números que son **uno menos** y **uno más**.

a.

uno menos		uno más
	6	

b.

uno menos		uno más
	3	

c.

uno menos		uno más
	5	

d.

uno menos		uno más
	9	

e.

uno menos		uno más
	4	

f.

uno menos		uno más
	2	

2. Escribe los números que faltan en cada sección de la cinta numerada.

a.

	14	

b.

	8	

c.

	10	

d.

2		

e.

8		

f.

		11

g.

		8

h.

12		

Paso avanzado

Tres amigos coleccionan tarjetas de baloncesto.
Daniel tiene una tarjeta más que Jamal.
Kayla tiene una tarjeta menos que Jamal.
¿Cuántas tarjetas tiene cada uno?

Kayla tiene ______ tarjetas. Jamal tiene ______ tarjetas.

Daniel tiene ______ tarjetas.

2.2 Contando de 2 en 2

¿Cuántos pares de zapatos ves?

¿Cómo calcularías el número total de zapatos?

Intensifica

1. Dibuja saltos de 2 en 2.
Colorea los numerales en los que caes.

a.

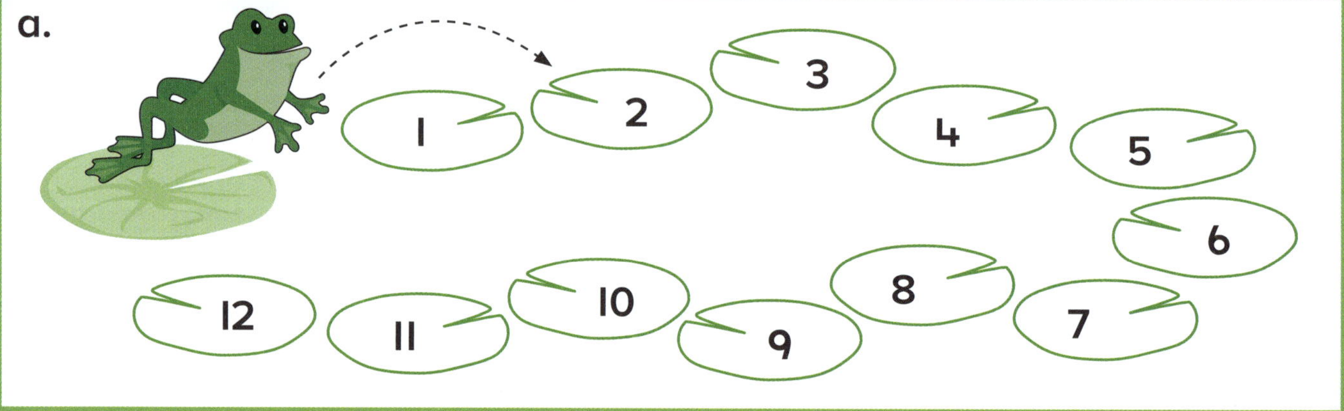

b.

2. Dibuja saltos de 2 en 2. Colorea los numerales en los que caes.

a.

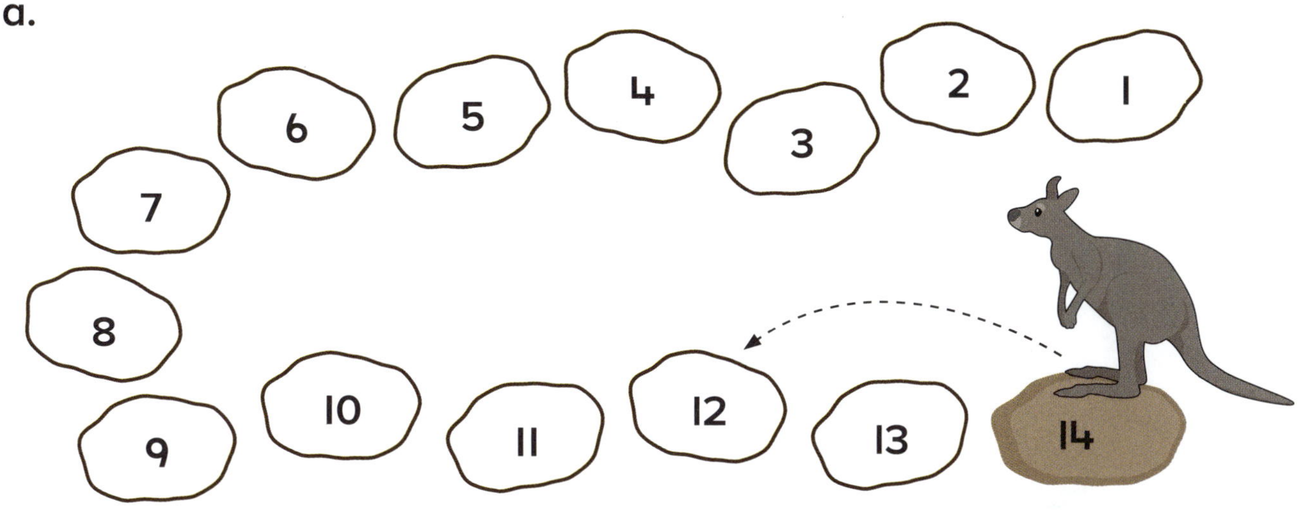

b.

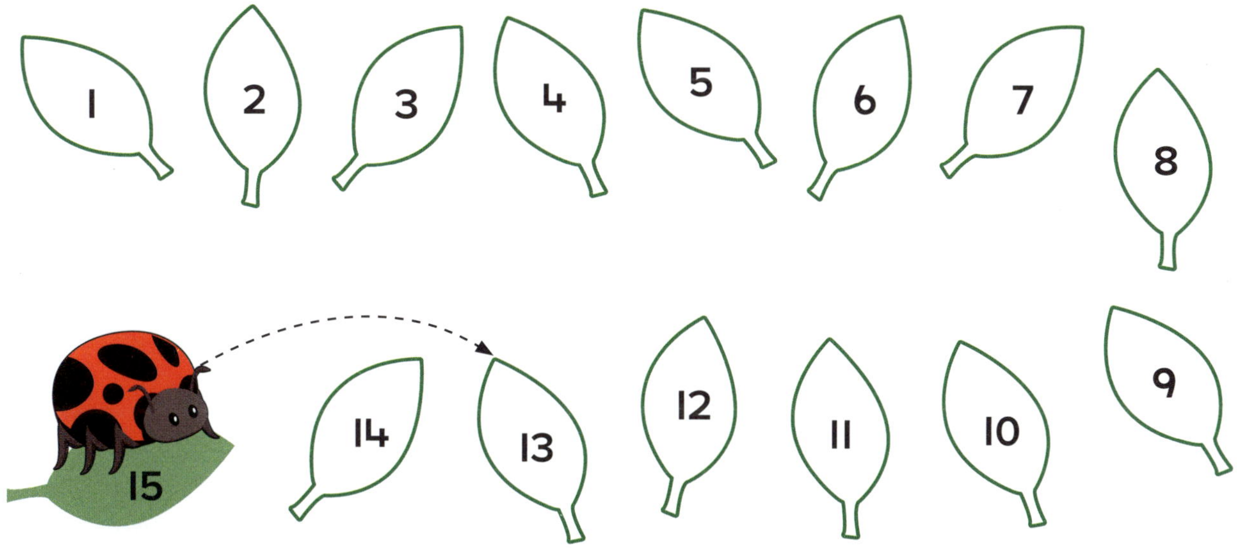

Paso avanzado

Estos patrones numéricos se hicieron con saltos de 2 en 2. Escribe los numerales que faltan.

a.

2	4	___	___	10

b.

___	6	___	10	___

c.

___	3	___	7	___

d.

3	___	___	9	___

2.3 Contando desde el 5 hacia adelante

¿Cuál es una forma rápida de calcular el número total de dedos levantados?

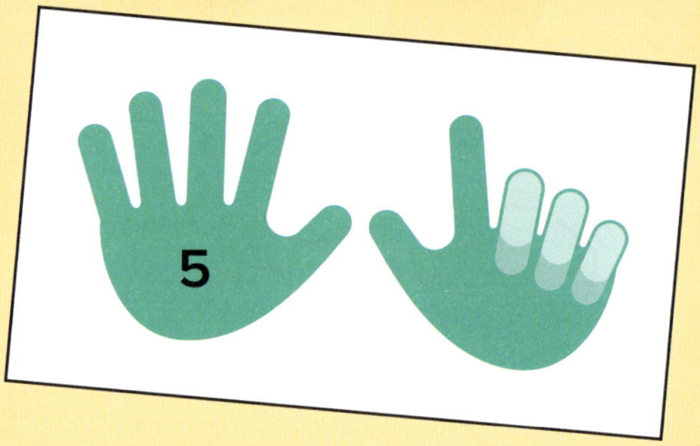

Utiliza tu forma rápida de contar para calcular el número total de bloques.

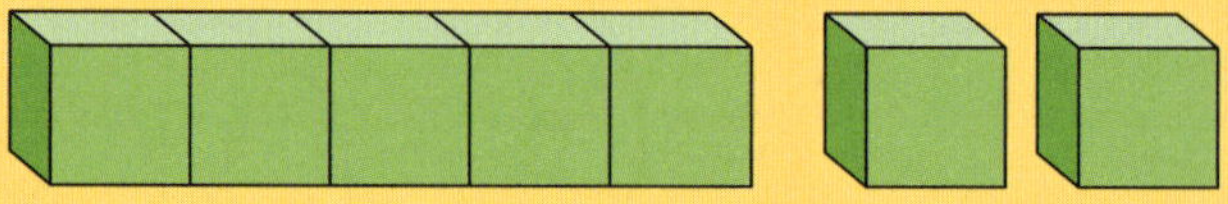

Intensifica

1. Comienza en el 5 y cuenta hacia adelante. Escribe los números **que dices**.

a.

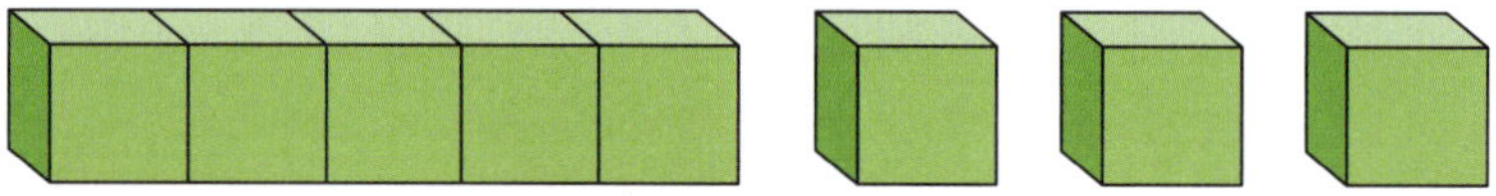

5 6 7 8

b.

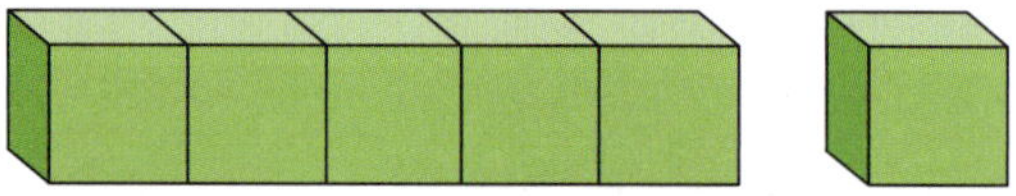

____ ____

c.

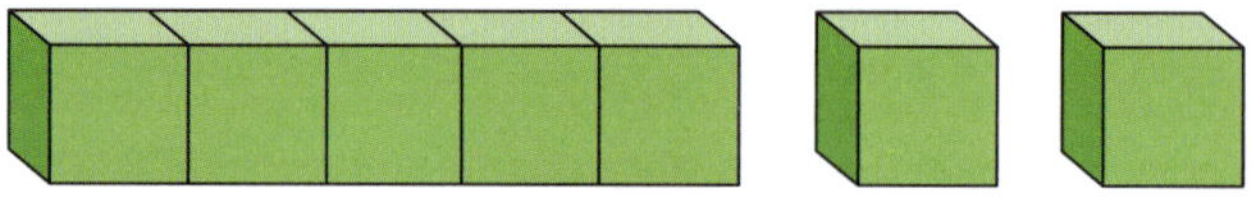

____ ____ ____

2. Comienza en el 5 y cuenta hacia adelante. Escribe el total.

a.

______

b.

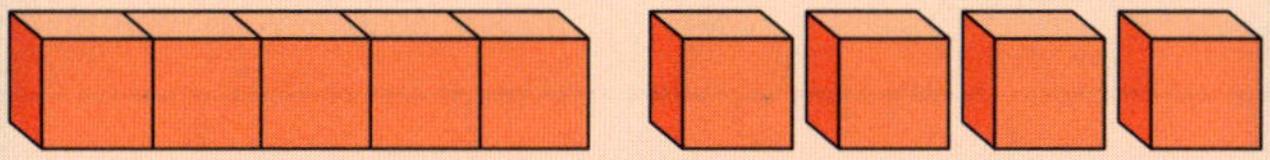

______

c.

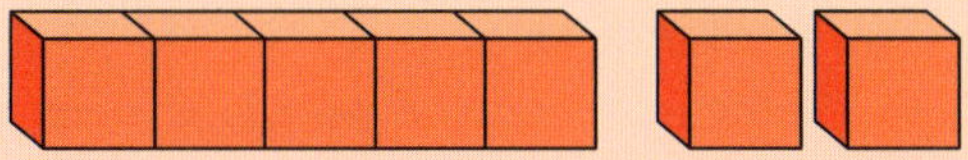

______

d.

______

e.

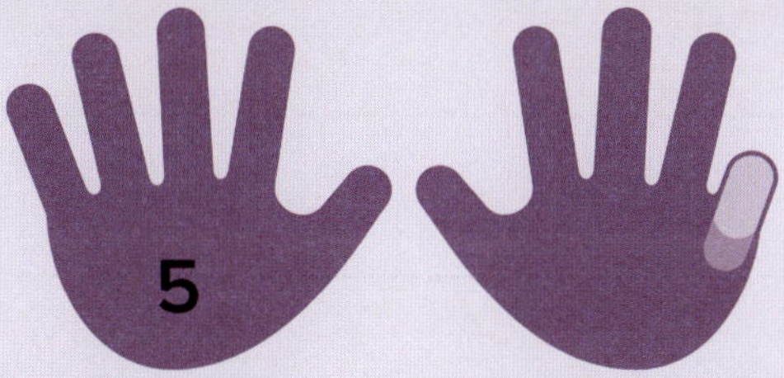

______

f.

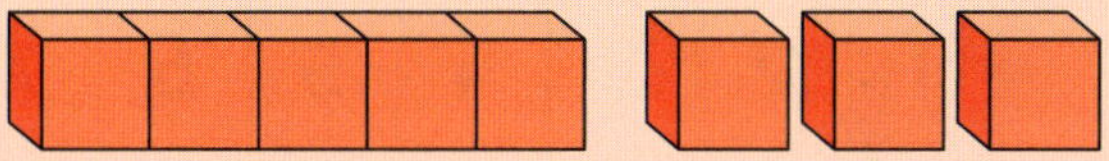

______

Paso avanzado

Escribe una operación de suma que corresponda a la imagen.

a.

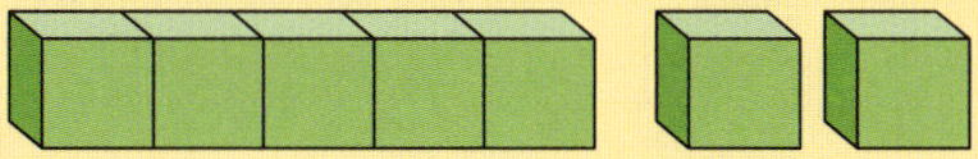

____

b.

____

2.4 Utilizando una cinta numerada para contar hacia adelante (hasta 15)

¿Qué está pasando en esta imagen?

1	2	3	4	5	6	7	8	9	10

¿En qué número comenzó la rana?

¿En qué número terminó la rana? ¿Cuántos saltos dio?

¿Qué operación de suma correspondería a la imagen?

___ + ___ = ___

Intensifica

1. Cuenta 1 hacia adelante. Luego escribe la operación de suma correspondiente.

a.

1	2	3	4	5	6	7	8	9	10	11	12	13	14	15

___ + ___ = ___

b.

1	2	3	4	5	6	7	8	9	10	11	12	13	14	15

___ + ___ = ___

c.

1	2	3	4	5	6	7	8	9	10	11	12	13	14	15

___ + ___ = ___

2. Cuenta 2 hacia adelante. Luego escribe la operación de suma.

a.

1	2	3	4	5	6	7	8	9	10	11	12	13	14	15

___ + ___ = ___

b.

1	2	3	4	5	6	7	8	9	10	11	12	13	14	15

___ + ___ = ___

c.

1	2	3	4	5	6	7	8	9	10	11	12	13	14	15

___ + ___ = ___

d.

1	2	3	4	5	6	7	8	9	10	11	12	13	14	15

___ + ___ = ___

Paso avanzado

Dibuja saltos que correspondan a las operaciónes de suma.

1	2	3	4	5	6	7	8	9	10	11	12	13	14	15

3 + 1 = 4

12 + 2 = 14

2.5 Utilizando la estrategia de contar hacia adelante con monedas

Hay 6 *pennies* dentro del monedero y algunos afuera.

¿Cómo calcularías la cantidad total de *pennies*?

¿Qué operación de suma podrías escribir?

☐ + ☐ = ☐

Intensifica

1. Cuenta 1 o 2 *pennies* hacia adelante. Luego escribe la operación de suma.

a.

4 + ☐ = ☐

b.

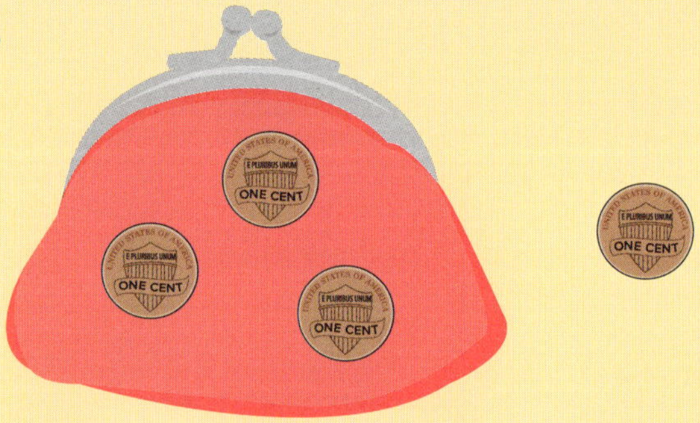

☐ + ☐ = ☐

c.

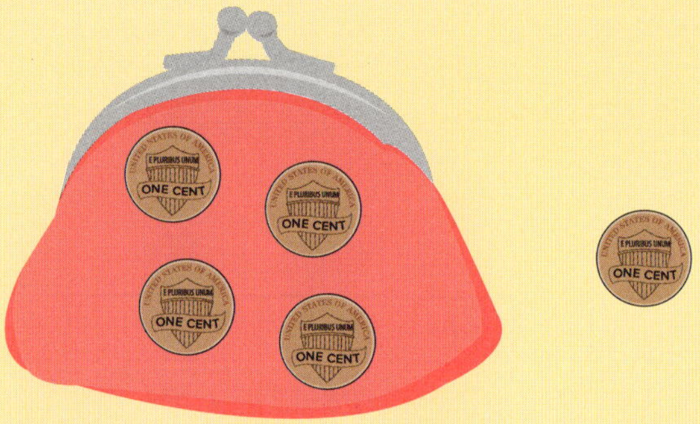

☐ + ☐ = ☐

d.

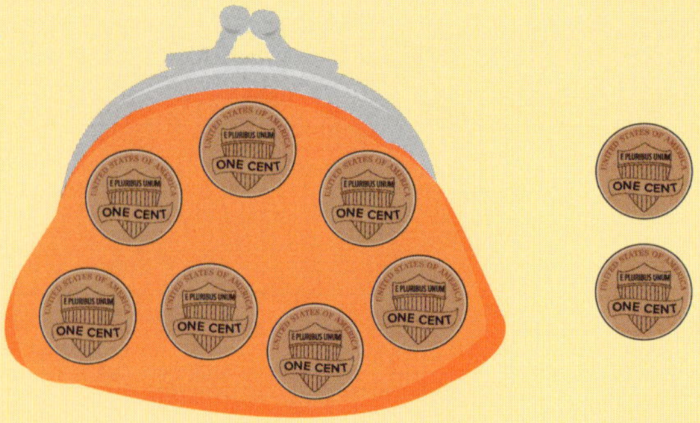

☐ + ☐ = ☐

2. Calcula el total. Escribe la operación de suma.

a.

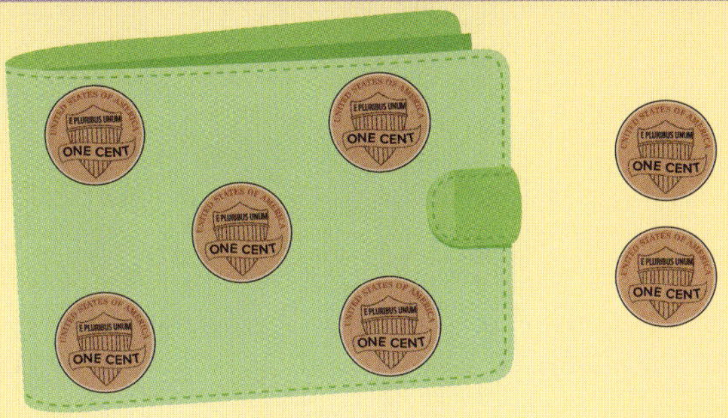

___ + ___ = ___

b.

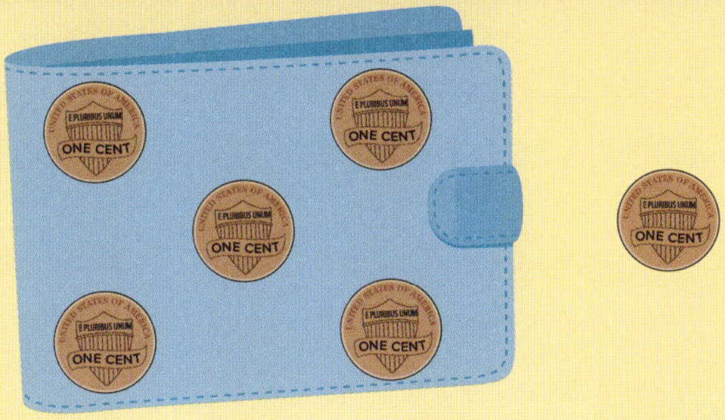

___ + ___ = ___

c.

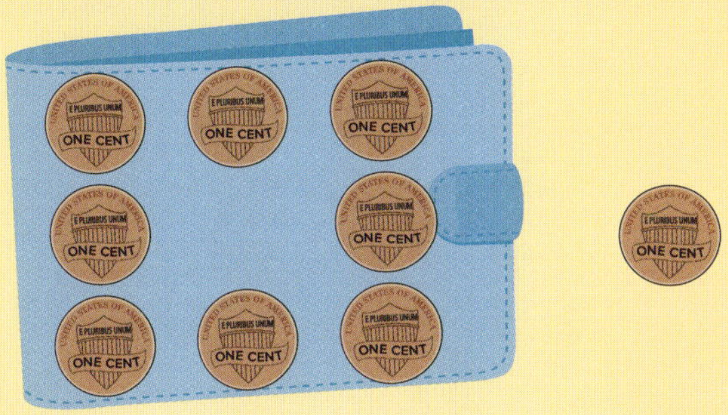

___ + ___ = ___

d.

___ + ___ = ___

e.

___ + ___ = ___

f.

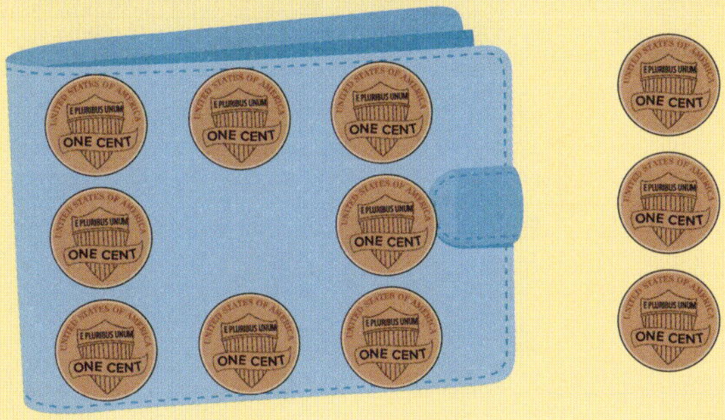

___ + ___ = ___

Paso avanzado

Hay 13 *pennies* en total.
¿Cuántos hay en el monedero?

___ *pennies*

2.6 Utilizando la estrategia de contar hacia adelante

¿Cuál es la manera más fácil de calcular el número total de puntos en esta tarjeta?

¿Qué operación de suma podrías escribir?

___ + ___ = ___

¿Qué otras operaciones básicas podrías calcular de esta manera?

Intensifica

1. Cuenta 1 o 2 más. Luego escribe la operación de suma.

a.

___ + ___ = ___

b.

___ + ___ = ___

c.

___ + ___ = ___

d.

___ + ___ = ___

e.

___ + ___ = ___

f.

___ + ___ = ___

2. Escribe la operación de suma que corresponda a la tarjeta.

a.

___ + ___ = ___

b.

___ + ___ = ___

c.

___ + ___ = ___

d.

___ + ___ = ___

e.

___ + ___ = ___

f.

___ + ___ = ___

3. Cuenta 1 o 2 más. Luego escribe la operación de suma.

a.

___ + ___ = ___

b.

___ + ___ = ___

c.

___ + ___ = ___

Paso avanzado

Observa el total. Dibuja más puntos en la tarjeta. Luego completa la operación de suma.

a.

___ + ___ = 8

b.

___ + ___ = 9

2.7 Utilizando la propiedad conmutativa de la suma con operaciones de contar hacia adelante

¿Qué observas en estas imágenes?

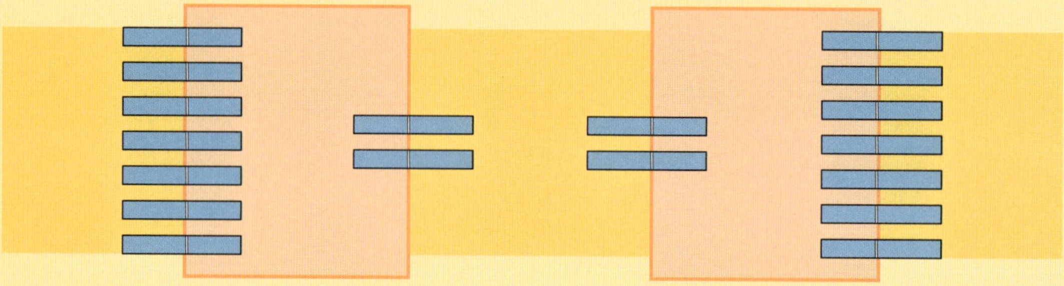

¿Qué operación de suma correspondería a cada imagen?

¿Qué número dirías primero?

¿Qué número contarías despues?

A estas operaciones se les llama operaciónes conmutativas básicas.

Intensifica

1. Completa la operación básica de suma y su operación conmutativa.

a.

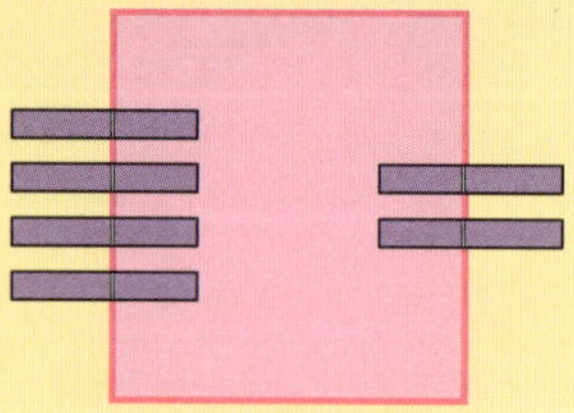

4 + 2 = ___

2 + ___ = ___

b.

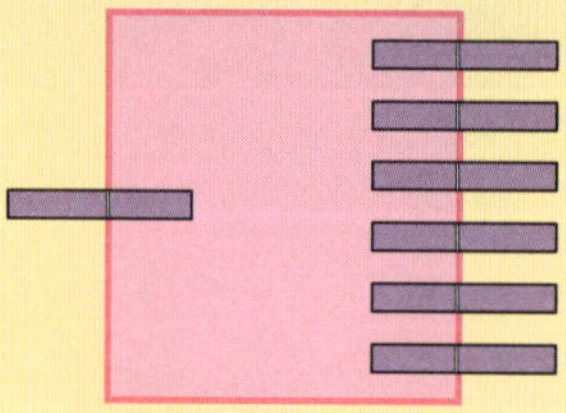

1 + 6 = ___

___ + ___ = ___

c.

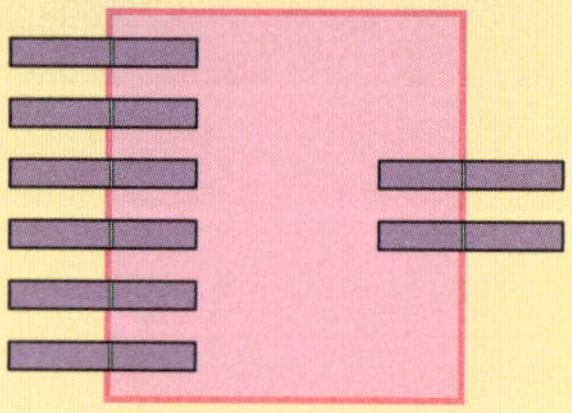

6 + 2 = ___

___ + ___ = ___

d.

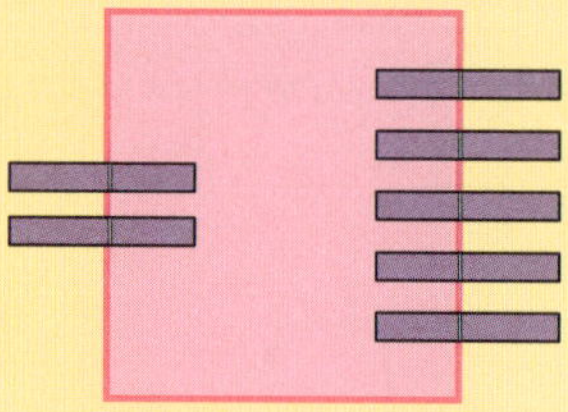

2 + ___ = ___

___ + 2 = ___

e.

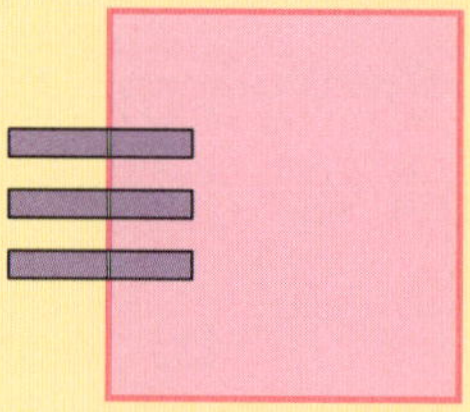

3 + ___ = ___

___ + ___ = ___

f.

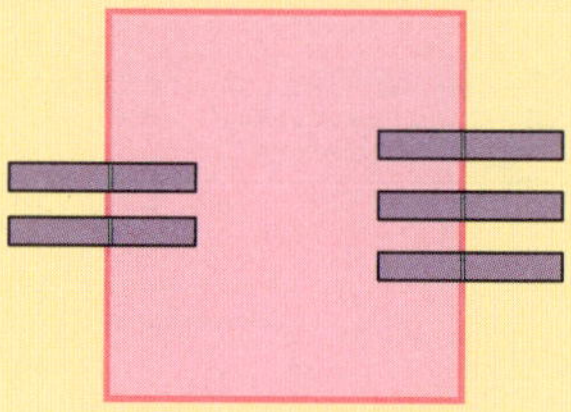

2 + ___ = ___

___ + ___ = ___

2. Escribe la operación de suma.
Luego escribe la operación conmutativa correspondiente.

a.

___ + ___ = ___
___ + ___ = ___

b.

___ + ___ = ___
___ + ___ = ___

c.

___ + ___ = ___
___ + ___ = ___

d.

___ + ___ = ___
___ + ___ = ___

e.

___ + ___ = ___
___ + ___ = ___

f.

___ + ___ = ___
___ + ___ = ___

Paso avanzado

Observa el total. Dibuja puntos en la tarjeta. Escribe dos operaciones básicas de suma que correspondan.

a.

___ + ___ = 10
___ + ___ = ___

b.

___ + ___ = 11
___ + ___ = ___

2.8 Utilizando la cinta numerada para contar hacia adelante (hasta 20)

¿Qué está pasando en esta imagen?

¿En qué número comenzó el canguro?

¿En qué número terminó el canguro? ¿Cuántos saltos dio?

¿Qué operación de suma corresponde a la imagen? ¿Cómo lo sabes?

¿Cuál es su operación conmutativa?

Intensifica

1. Cuenta 1 o 2 hacia adelante. Luego escribe la operación de suma.

a.

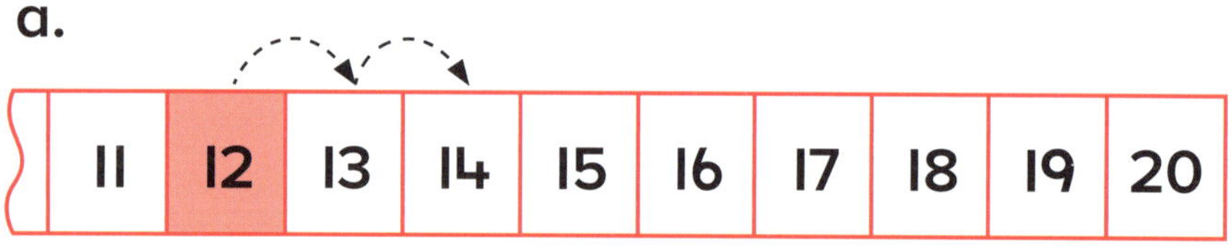

_____ + _____ = _____

b.

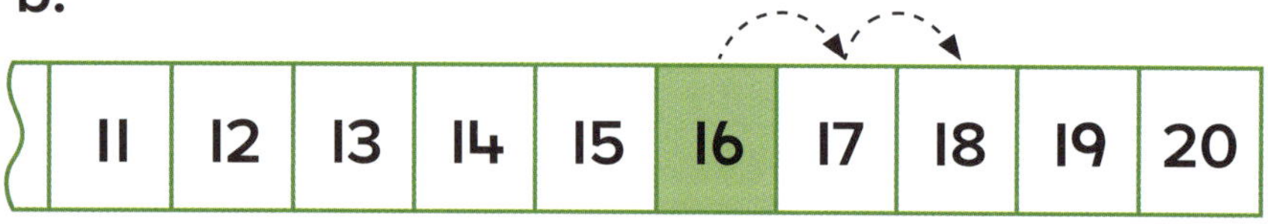

_____ + _____ = _____

c.

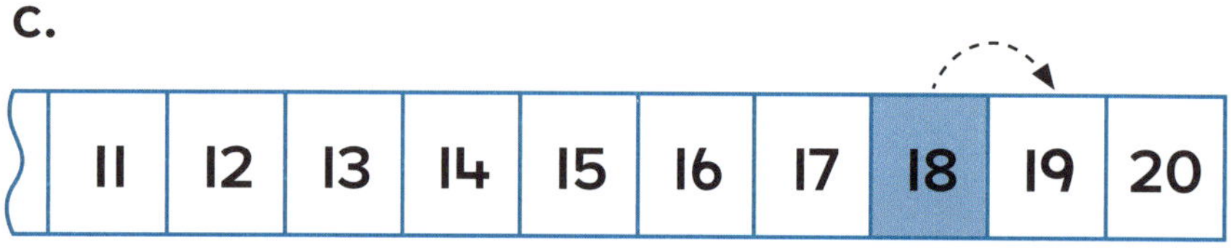

_____ + _____ = _____

d.

_____ + _____ = _____

2. Dibuja saltos para ayudarte a contar hacia adelante.
Luego escribe la operación de suma correspondiente.

a. Cuenta **2** hacia adelante.

11	12	13	14	15	16	17	18	19	20

____ + ____ = ____

b. Cuenta **1** hacia adelante.

11	12	13	14	15	16	17	18	19	20

____ + ____ = ____

c. Cuenta **2** hacia adelante.

11	12	13	14	15	16	17	18	19	20

____ + ____ = ____

d. Cuenta **1** hacia adelante.

11	12	13	14	15	16	17	18	19	20

____ + ____ = ____

Paso avanzado

Suma el número en la estrella a cada número en los círculos. Escribe las respuestas en los cuadrados.

a.

b.

2.9 Utilizando lenguaje comparativo para describir longitudes

Observa el automóvil blanco.

¿Cuál auto es más corto? ¿Cuál auto es más largo?

¿Cuál grúa tiene el brazo más largo? ¿Cuál es la más alta? ¿Cuál es la más corta?

Observa las ventanas de color morado.

¿Cuál ventana es la más ancha? ¿Cuál es la más angosta?

¿Qué otras longitudes podrías comparar en la imagen?

Intensifica Tu profesor te dará una hoja con dibujos. Recórtalos y pégalos en los espacios de abajo de manera que las expresiones sean verdaderas.

es más largo/a que

es más corto/a que

es más alto/a que

es más ancho/a que

es más largo/a que

es más angosto/a que

Paso avanzado Dibuja una cinta **más larga** y **más ancha** que la cinta roja.

2.10 Contando unidades no estándares para medir longitudes

¿Cómo podrías utilizar los bloques para medir la longitud del lápiz?

¿Importa la dirección en la que se colocan los bloques? ¿Por qué?

¿Importa si se dejan espacios entre los bloques? ¿Por qué?

Intensifica

1. Colorea los objetos que tienen más o menos la misma longitud que este tren de bloques.

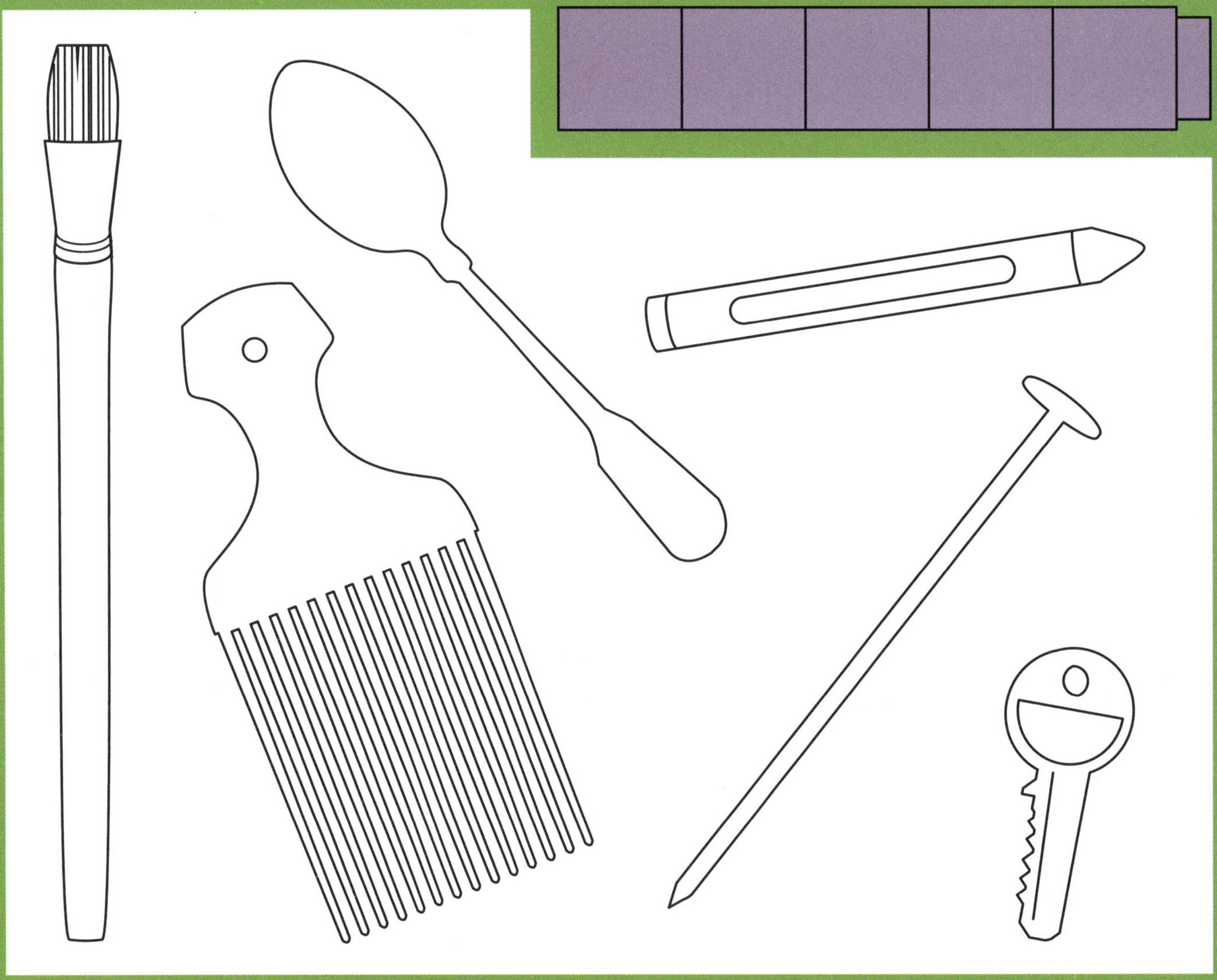

2. Colorea los objetos que tienen más o menos la misma longitud que este tren de bloques.

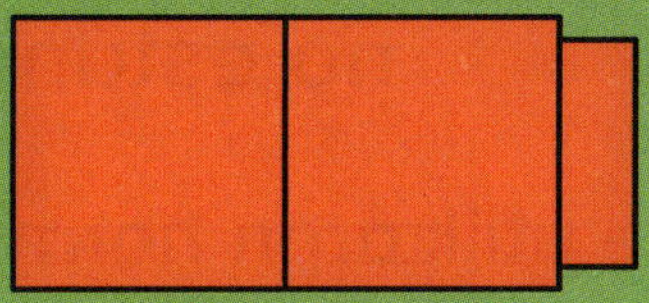

Paso avanzado Haz una lista con otros objetos del salón de clase que tengan más o menos **5 bloques de largo**.

____

____

____

____

2.11 Midiendo la longitud utilizando las mismas unidades no estándares

Se utilizaron hormigas de papel para medir esta hoja.

¿Será una medida precisa?
¿Cómo lo sabes?

¿Cómo utilizarías las hormigas de papel para medir la hoja?

Intensifica

1. Utiliza tu tira de hormigas de papel para medir cada hoja. Escribe el número de hormigas.

a.

____ hormigas de largo

b.

____ hormigas de largo

2. Dibuja una hoja de árbol que corresponda exactamente a cada longitud dada.

6 hormigas de largo

3 hormigas de largo

Paso avanzado

Tu profesor te dará una hoja de árbol.
Traza su contorno en el espacio de abajo.
Luego mide tu hoja con tu tira de hormigas de papel.

____ hormigas de largo

2.12 Midiendo longitudes utilizando diferentes unidades no estándares

¿Cuántos clips de largo mide este camión de juguete?

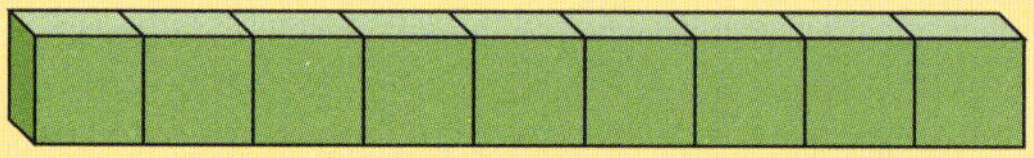

¿Cuántos cubos de largo mide el camión? ¿Qué observaste?

¿Ha cambiado la longitud del camión?

¿Qué otros objetos podrían utilizarse para medir el camión de juguete?

Intensifica Utiliza los objetos de medición para calcular y medir la longitud del lápiz.

Longitud del lápiz		
Objetos de medición	Mi cálculo estimado	Medida
a.  cubos	________ cubos de largo	________ cubos de largo
b. 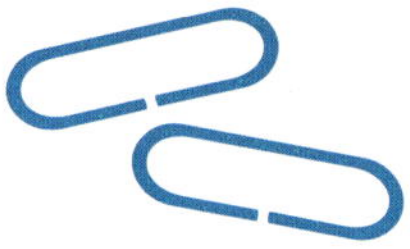 eslabones	________ eslabones de largo	________ eslabones de largo
c.  bloques de patrón	________ bloques de largo	________ bloques de largo
d. 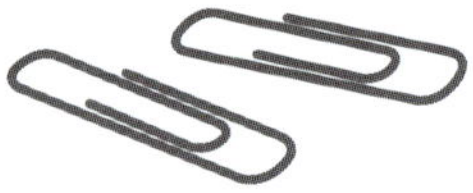 clips	________ clips de largo	________ clips de largo

2. Utiliza los objetos de medición para calcular y medir la longitud del marcador.

Longitud del marcador		
Objetos de medición	Mi cálculo estimado	Medida
a.  cubos	_______ cubos de largo	_______ cubos de largo
b. 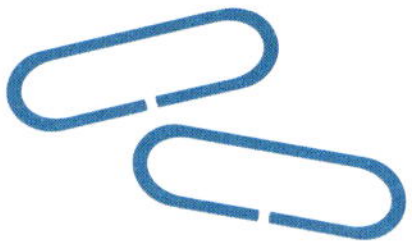 eslabones	_______ eslabones de largo	_______ eslabones de largo
c.  bloques de patrón	_______ bloques de largo	_______ bloques de largo
d. 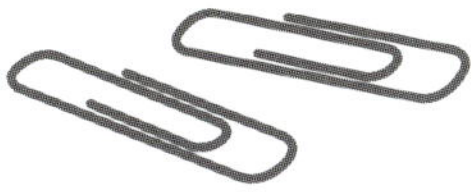 clips	_______ clips de largo	_______ clips de largo

Paso avanzado

Blake utilizó clips para medir su camión de juguete. Su camión midió 2 clips de largo. Sara utilizó un objeto diferente para medir la longitud del mismo camión. Ella encontró que el camión medía 4 objetos de largo.

¿Qué sabes sobre la longitud del objeto que Sara utilizó para medir?

____

____

____

3.1 Dando nombre a los grupos de diez

Observa los nombres de estos números.

dieciséis dieciocho diecisiete

¿Qué indica la parte **dieci** en el nombre?

Observa los nombres de estos números.

sesenta ochenta setenta

¿Qué significa la parte **enta**?

Observa estos pares de nombres. ¿Qué notas?

cuatro y cuarenta

cinco y cincuenta

tres y treinta

Intensifica

1. Cuenta de diez en diez.
Escribe los nombres de los números que faltan.

a.	diez	veinte	______	cuarenta
b.	treinta	______	cincuenta	sesenta
c.	cuarenta	cincuenta	______	setenta
d.	sesenta	______	______	noventa

2. Encierra grupos de diez en cada recaudro. Escribe el número de decenas. Luego escribe el nombre del número.

a. ______ decenas ____________

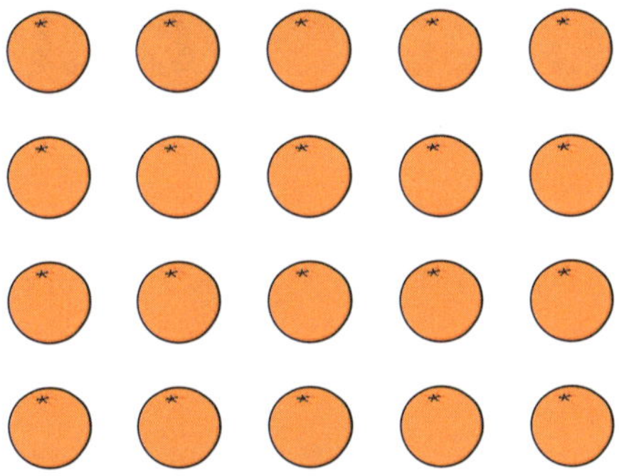

b. ______ decenas ____________

c. ______ decenas ____________

d. ______ decenas ____________

Paso avanzado

Todos estos nombres de números se han escrito incorrectamente. Escríbelos correctamente para que sean iguales a los nombres de la página 56.

a. **novnta** ____________

b. **cuarnta** ____________

c. **cincoenta** ____________

d. **treista** ____________

3.2 Escribiendo decenas y unidades (sin ceros)

Éstas son formas diferentes de representar decenas y unidades.
¿Qué número indica cada imagen? ¿Cómo lo sabes?

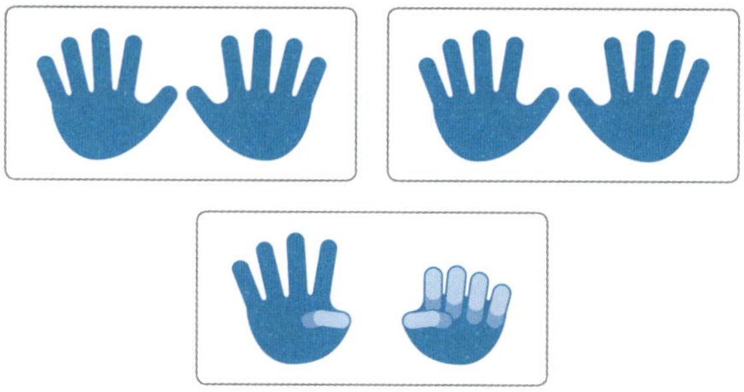

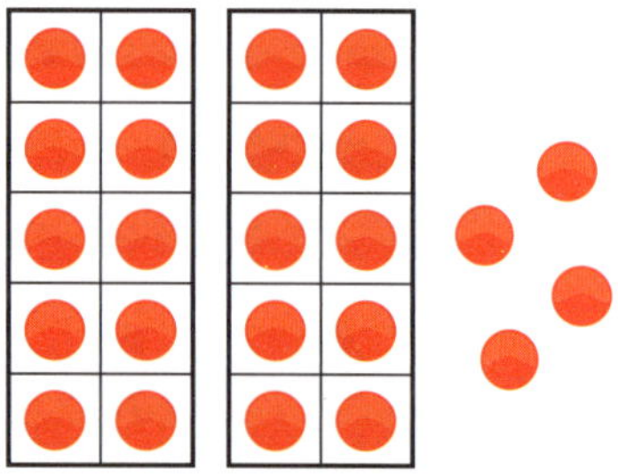

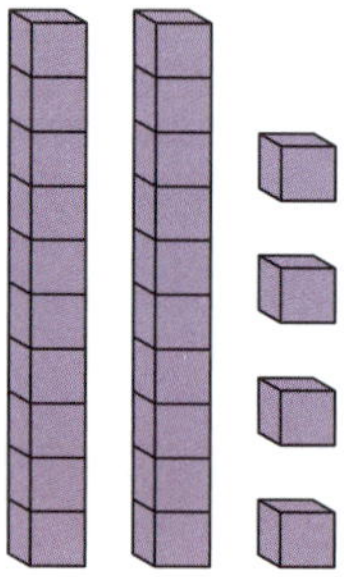

¿Dónde están los grupos de diez en cada imagen?
¿Dónde están los unidades que sobran?

¿Cómo escribirías el número de decenas y unidades en este expansor para representar el mismo número?

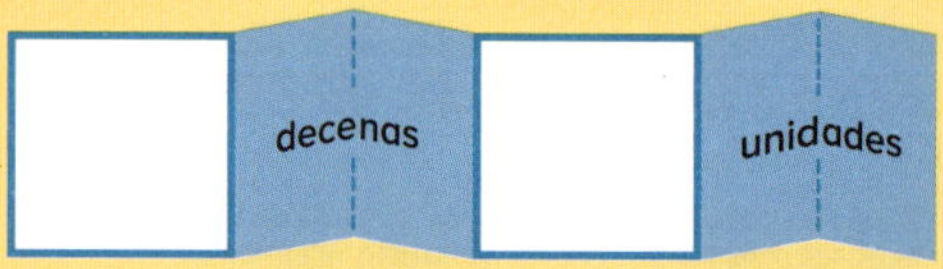

Intensifica

1. Escribe en el expansor el número de decenas y unidades que corresponda.

a.

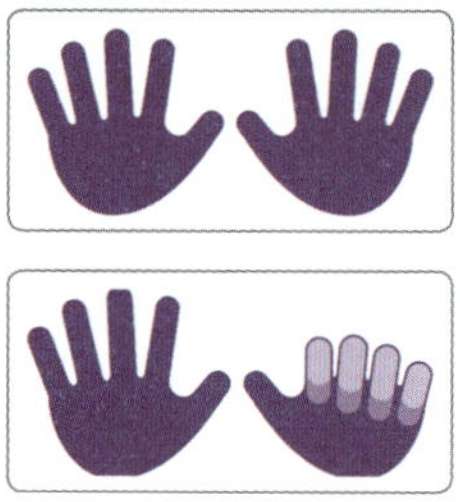

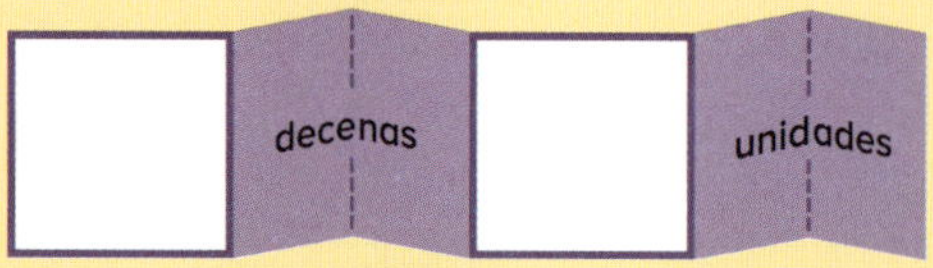

b.

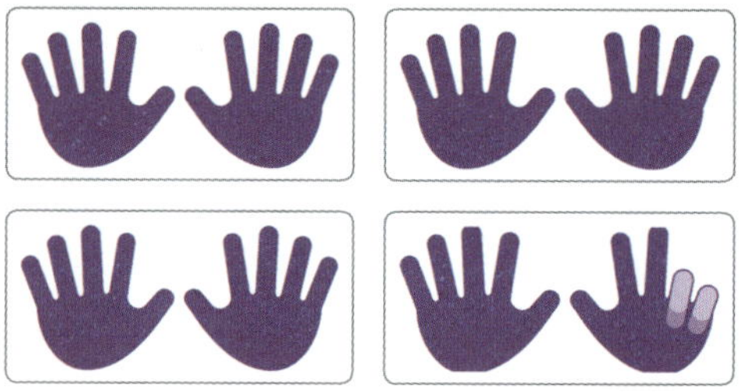

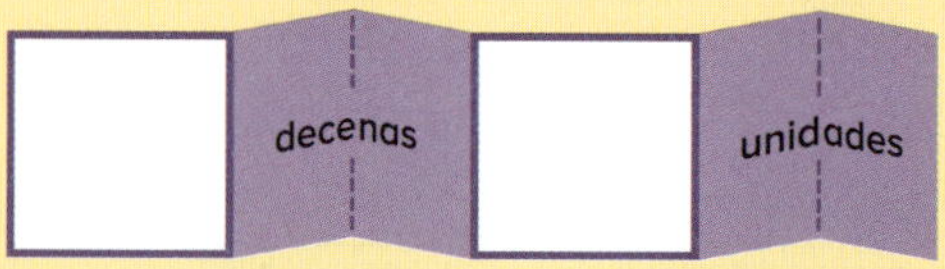

2. Escribe los números de decenas y unidades que correspondan.

a.

[ ] decenas [ ] unidades

b.

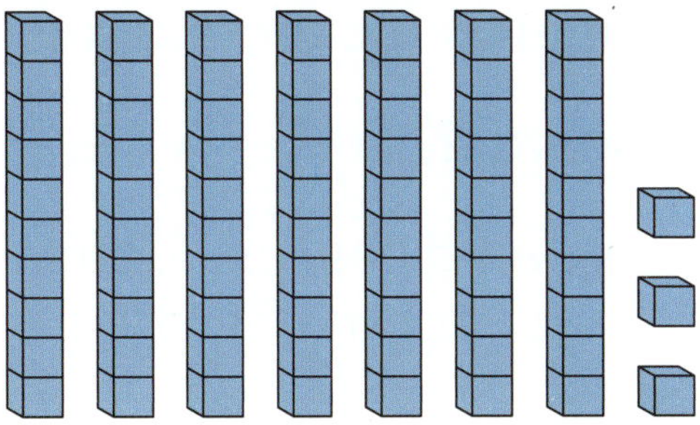

[ ] decenas [ ] unidades

c.

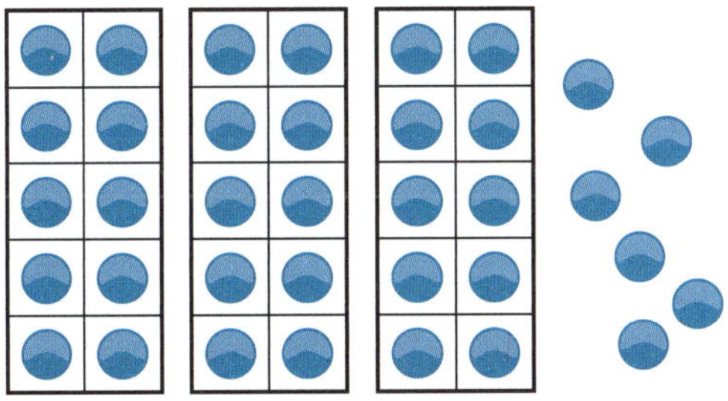

[ ] decenas [ ] unidades

d.

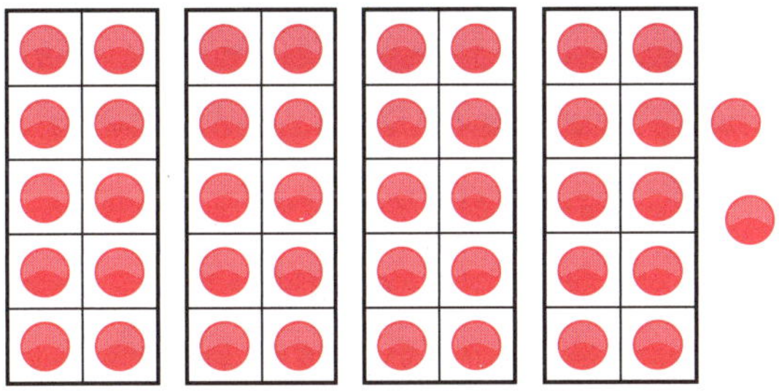

[ ] decenas [ ] unidades

e.

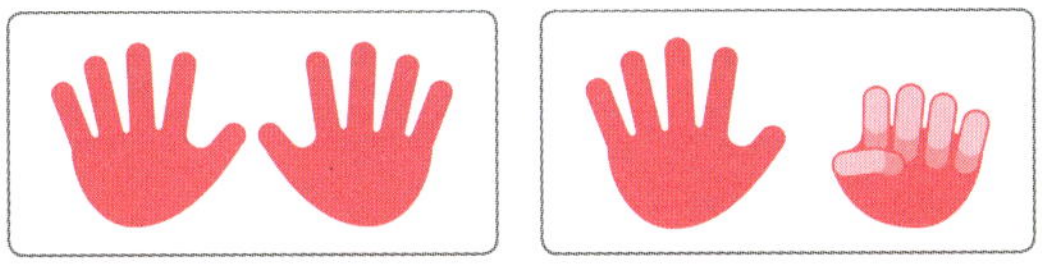

[ ] decenas [ ] unidades

f.

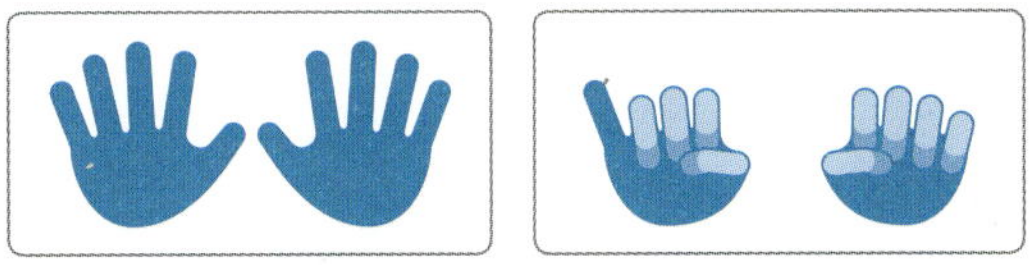

[ ] decenas [ ] unidades

Paso avanzado Escribe el número de decenas y unidades en el expansor.

a. seis decenas y siete unidades

[ ] decenas [ ] unidades

b. nueve unidades y tres decenas

[ ] decenas [ ] unidades

3.3 Escribiendo decenas y unidades, y los nombres de los números

Lee el número en cada expansor.

¿Qué observas?

¿En que orden dices las cuatro unidades en cada número?

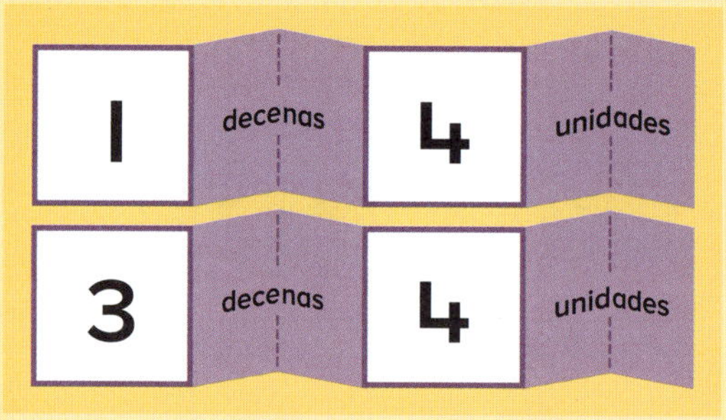

Piensa cómo escribirías estos números con palabras. ¿En qué posición escribirías las cuatro unidades?

Intensifica

1. Observa el número de contadores dentro y fuera de los marcos de diez. Escribe los números correspondientes en el expansor y luego completa el nombre del número.

a.

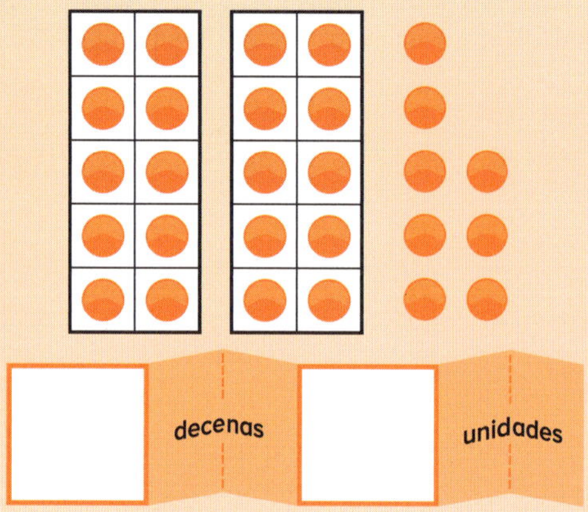

veinti

b.

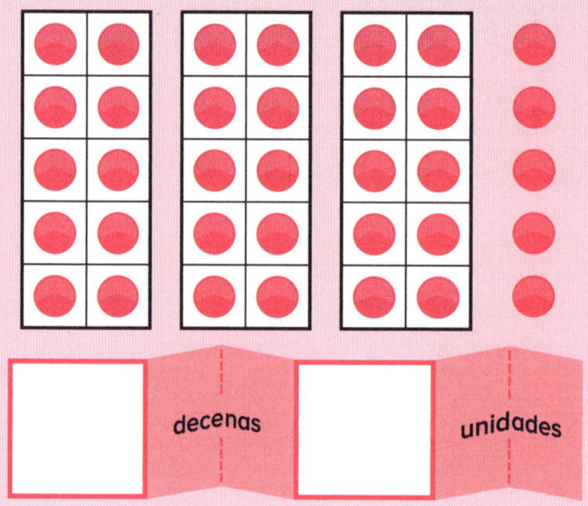

treinta y

c.

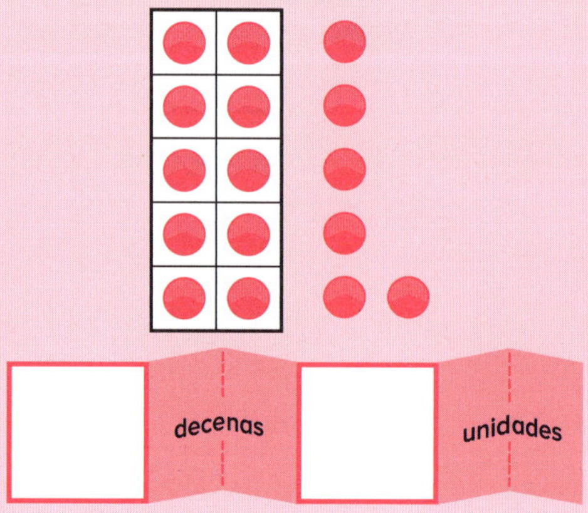

dieci

d.

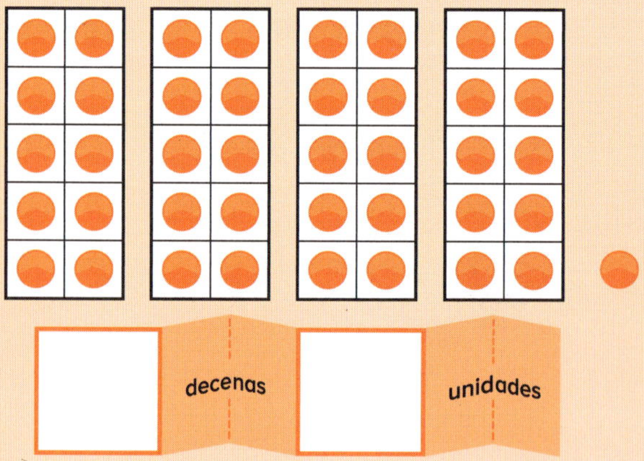

cuarenta y

2. Escribe los números correspondientes en cada expansor. Luego escribe el nombre del número.

a.

[ ] decenas [ ] unidades

treinta y ______

b.

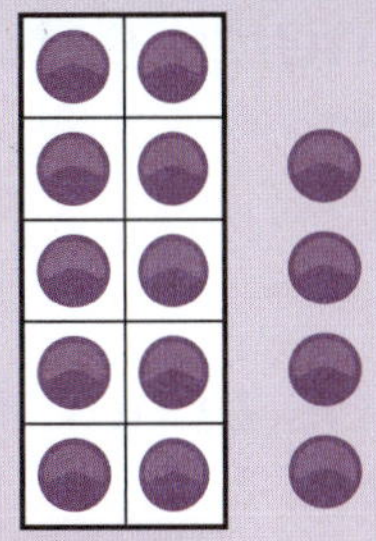

[ ] decenas [ ] unidades

______ catorce

c.

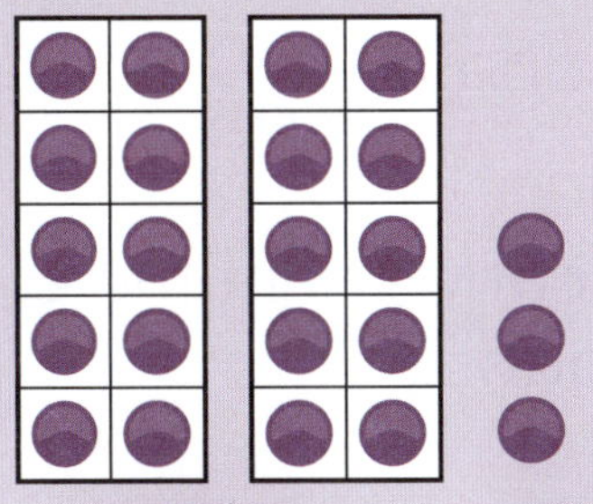

[ ] decenas [ ] unidades

veinti ______

d.

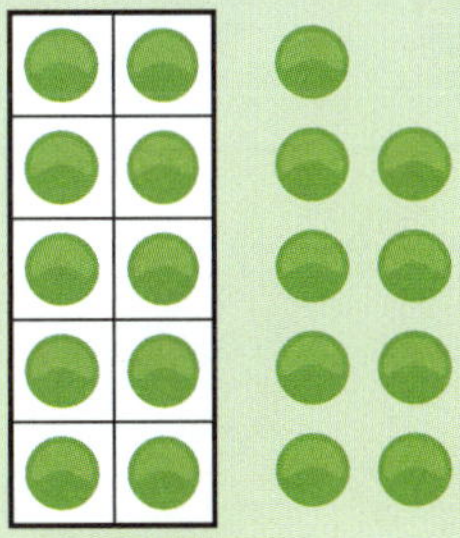

[ ] decenas [ ] unidades

dieci ______

Paso avanzado Lee el nombre cada número. Luego escribe en cada expansor los números correspondientes.

a. **diecisiete**

[ ] decenas [ ] unidades

b. **sesenta y tres**

[ ] decenas [ ] unidades

c. **doce**

[ ] decenas [ ] unidades

d. **noventa y dos**

[ ] decenas [ ] unidades

e. **setenta y dos**

[ ] decenas [ ] unidades

f. **cincuenta y siete**

[ ] decenas [ ] unidades

3.4 Escribiendo decenas y unidades (con ceros)

¿Qué número indica esta imagen?

¿Cómo lo sabes?

¿Cómo indicarías el número en este expansor?

¿Cómo escribirías el nombre del número?

____

¿Qué número indica esta imagen?

¿Cómo lo sabes?

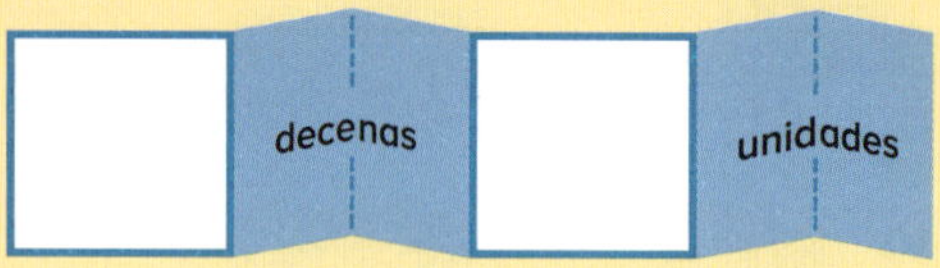

¿Cómo indicarías el número en este expansor?

____

¿Cómo escribirías el nombre del número?

Observa estos nombres de números.

¿Cuántas decenas hay en estos números? ¿Cómo lo sabes?

diez **once** **doce** **trece** **catorce** **quince**

dieciséis **diecisiete** **dieciocho** **decinueve**

¿En qué se diferencian estos números?

veinte **treinta** **cuarenta** **cincuenta**

sesenta **setenta** **ochenta** **noventa**

Intensifica Escribe el número de decenas y unidades en el expansor. Luego escribe el nombre del número que corresponda.

a.

☐ decenas ☐ unidades ____________________

b.

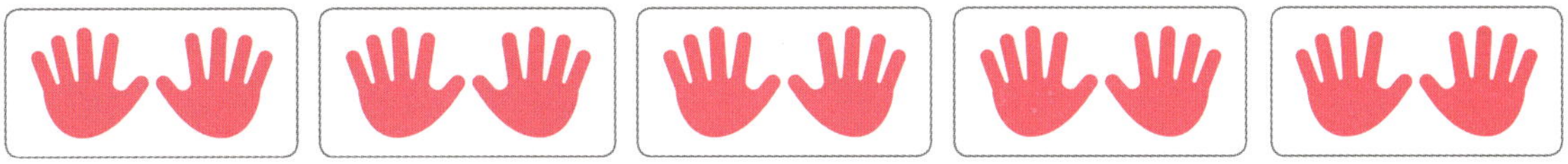

☐ decenas ☐ unidades ____________________

c.

☐ decenas ☐ unidades ____________________

d.

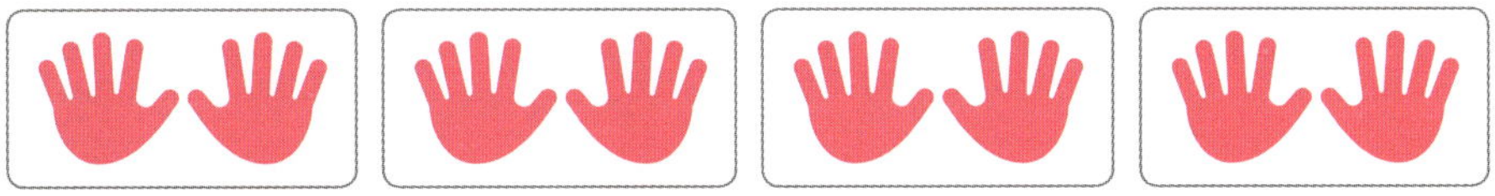

☐ decenas ☐ unidades ____________________

Paso avanzado Observa el número de decenas y unidades. Escribe en el expansor el número que corresponda.

a. una decena y cuatro unidades ☐ decenas ☐ unidades

b. ocho decenas y seis unidades ☐ decenas ☐ unidades

3.5 Representando decenas y unidades

Observa la imagen de los bloques.

¿Cuántas bloques de decenas hay?

¿Cuántos bloques de unidades hay?

¿Qué número indican?

¿Cómo indicarías ese número en este expansor abierto?

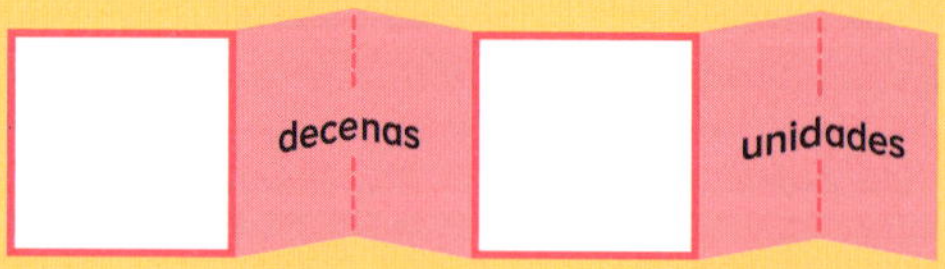

¿Cómo indicarías el mismo número en estos expansores?

Intensifica

1. Escribe el número de decenas y unidades en los expansores abiertos y cerrados.

a.

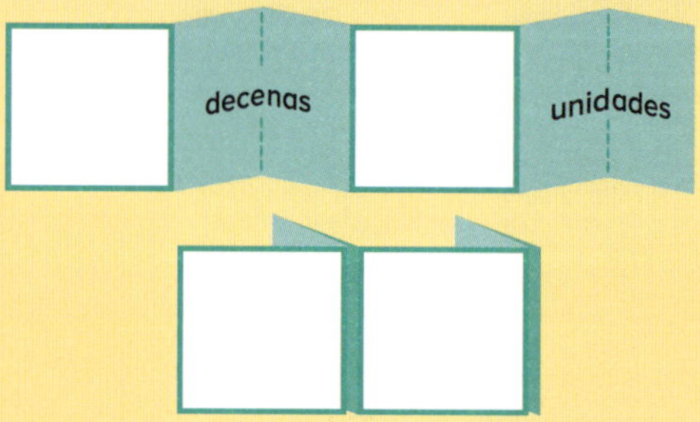

b.

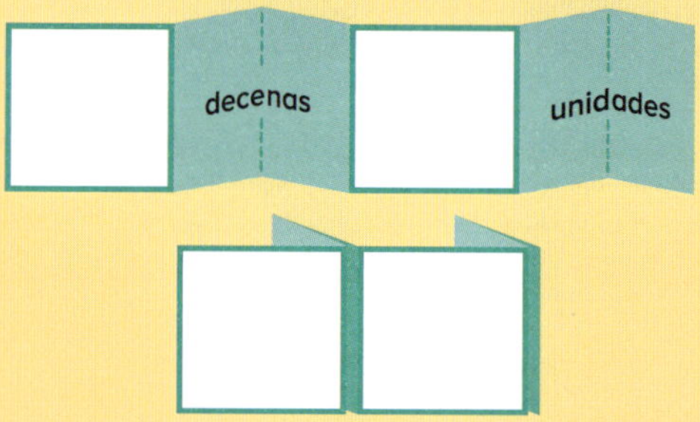

2. Colorea las decenas y unidades que correspondan al número en el expansor.

a. 8 3

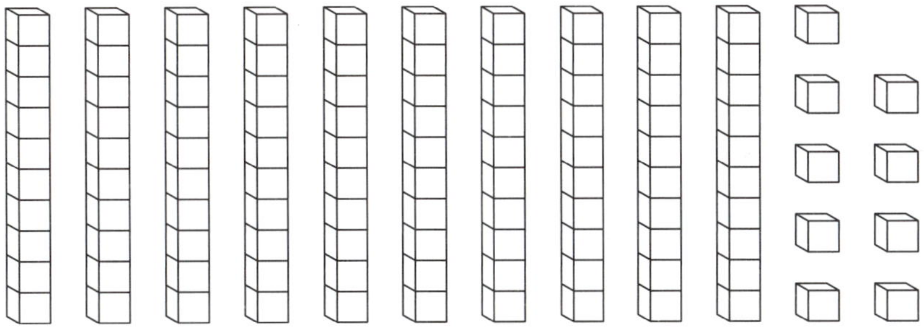

b. 1 4

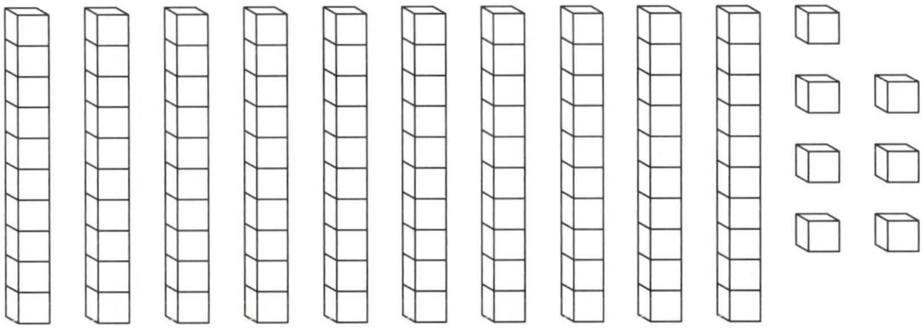

c. 6 0

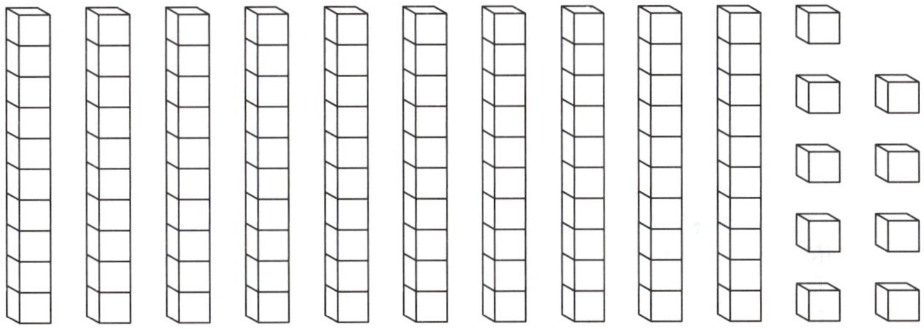

Paso avanzado Escribe el nombre del número que corresponda al expansor.

a. 9 4 ______________________

b. 1 2 ______________________

c. 3 6 ______________________

3.6 Trabajando con grupos de diez

Observa estos objetos. ¿Qué notas?

¿Qué otras cosas se encuentran en grupos de 10?

¿Cuántas canicas hay en este paquete?

¿Cómo lo sabes?

¿Cómo podrías indicar 48 canicas?

Utilizaría 4 paquetes de 10 más 8 canicas.

Intensifica

1. Dibuja paquetes de 10 y algunas canicas más para representar el número en cada expansor.

a.

b.

2. Dibuja paquetes de 10 y algunas canicas más para representar el número en cada expansor. Luego escribe el nombre del número.

a.

b.

c.

Paso avanzado

La profesora Emily va a hacer tarjetas de identificación con el nombre de cada alumno.
Hay 25 alumnos en la clase. Las tarjetas se venden en paquetes de 10.

¿Cuántos paquetes tendrá que comprar la profesora?
Haz un dibujo que indique lo que piensas.

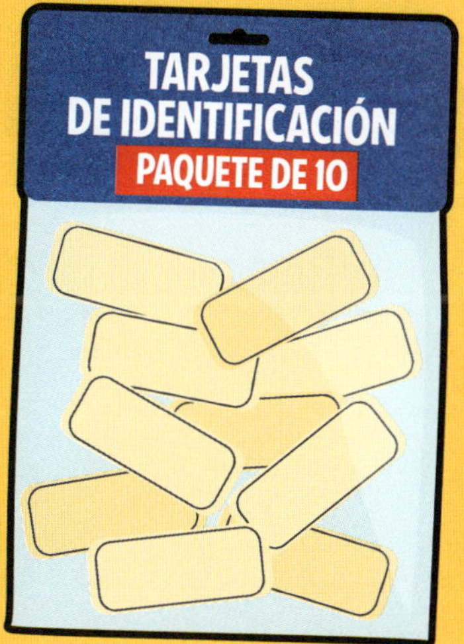

3.7 Trabajando con decenas y unidades (*dimes* y *pennies*)

Observa las monedas.

¿Cuántos *pennies* ves?
¿Cuántos centavos hay en un *pennie*?

¿Cuántos *dimes* ves?
¿Cuántos centavos hay en un *dime*?

¿Qué escribirías en este expansor para indicar el número total de centavos?

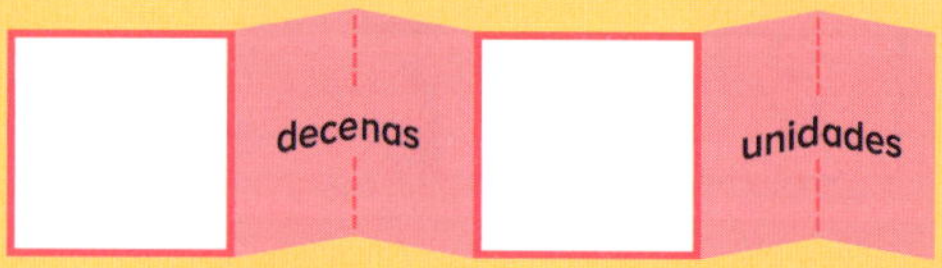

¿Cómo lo sabes?

¿Cómo indicarías la misma cantidad en estos expansores?

¿Qué notas acerca de los números en estos expansores?

Intensifica 1. Escribe el número de *dimes* y *pennies*.

Hay ____ *dimes* y ____ *pennies*.

2. Escribe el número de *dimes* y *pennies*.
Luego escribe el número de centavos en los expansores.

a.

Hay ____ *dimes* y ____ *pennies*.

[ ] decenas [ ] unidades   [ ][ ] centavos

b.

Hay ____ *dime* y ____ *pennies*.

[ ] decenas [ ] unidades   [ ][ ] centavos

c.

Hay ____ *dimes* y ____ *pennies*.

[ ] decenas [ ] unidades   [ ][ ] centavos

Paso avanzado Escribe con palabras el número total de centavos.

______________________________ centavos

3.8 Introduciendo la medición del tiempo en horas (relojes análogos)

A este tipo de reloj se le llama reloj análogo. ¿En dónde verías un reloj análogo?

¿Qué números ves en este reloj?
¿Qué crees que indican los números?

¿Cuál manecilla indica la **hora**?

La manecilla larga es el **minutero** porque indica los minutos.

Cuando el minutero apunta al 12, indica el **comienzo** de otra hora.

Este reloj marca **la hora exacta**, se dice que es **la hora en punto**.

¿Qué hora marca el reloj? ¿Cómo lo sabes?

Intensifica **1.** Escribe la hora que se indican en cada reloj.

a.

____ en punto

b.

____ en punto

c.

____ en punto

2. El **minutero** es la manecilla **larga**. Dibuja el minutero en cada reloj para que marque la hora en punto. Luego escribe la hora.

a.

____ en punto

b.

____ en punto

c.

____ en punto

d.

____ en punto

e.

____ en punto

f.

____ en punto

Paso avanzado Encierra los relojes que marcan la hora en punto.

3.9 Trabajando con la medición del tiempo en horas (relojes análogos)

Observa estos relojes análogos.

¿Cuáles relojes marcan la hora en punto?

¿Cómo lo sabes?

¿Qué hora marca este reloj?

¿Cómo lo sabes?

Intensifica

1. Lee la hora. Dibuja una  en el reloj si marca la hora que se indica. Dibuja una  en el reloj si marca una hora diferente.

a. 3 en punto

b. 7 en punto

c. 5 en punto

d. 2 en punto

e. 6 en punto

f. 10 en punto

2. Dibuja manecillas en los relojes para que marquen la hora indicada.

a. 9 en punto

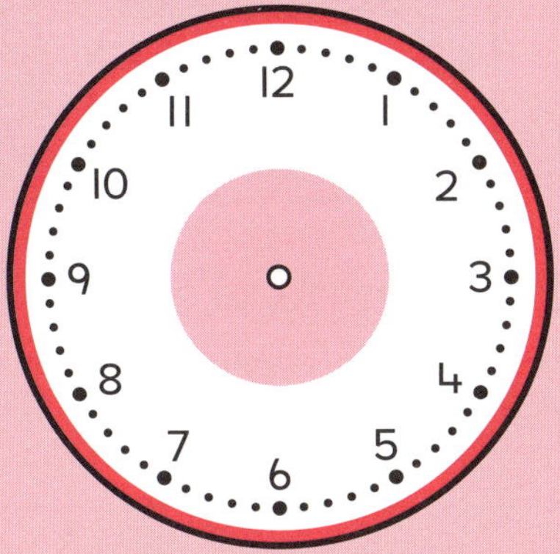

b. 5 en punto

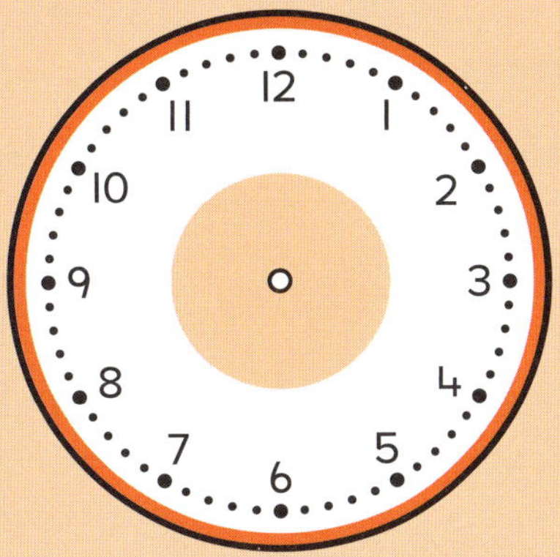

c. 1 en punto

d. 11 en punto

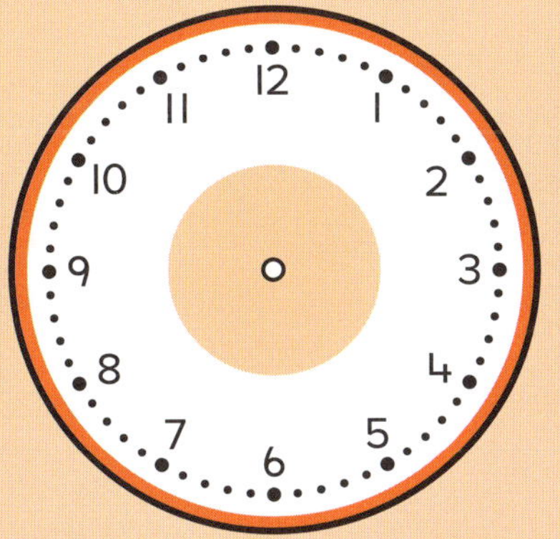

e. 6 en punto

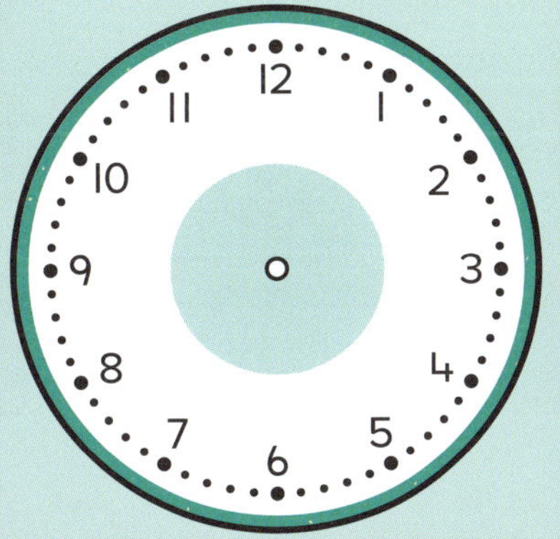

f. 4 en punto

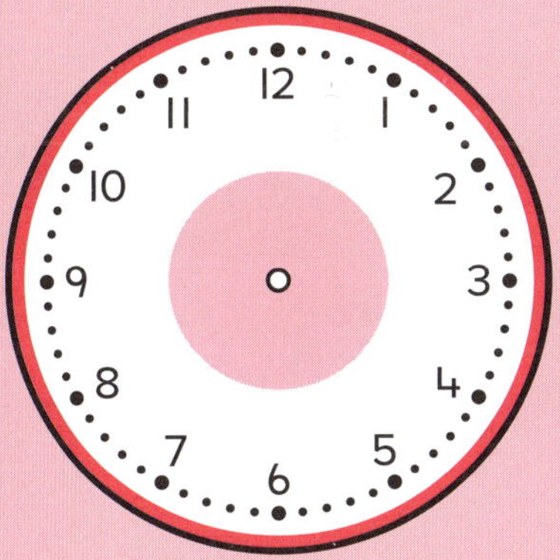

Paso avanzado

Completa estas oraciones para indicar lo que haces durante estas horas de la mañana.

A las 2 en punto de la mañana estoy ______________________________

A las 8 en punto de la mañana estoy ______________________________

____

A las 10 en punto de la mañana estoy ______________________________

____

3.10 Leyendo la hora (relojes digitales)

A este tipo de reloj se le llama reloj digital.
¿En qué se diferencia este reloj de un reloj análogo?

A los puntos que van entre los números se les llama **dos puntos**.

¿Qué indica el número que está a la izquierda de los dos puntos?
¿Qué indican los números que están a la derecha?

¿Qué sabes acerca de la hora en este reloj?
¿Qué hora marca el reloj?

Intensifica

1. Traza una línea para unir cada reloj digital y cada reloj análogo con la etiqueta correspondiente.

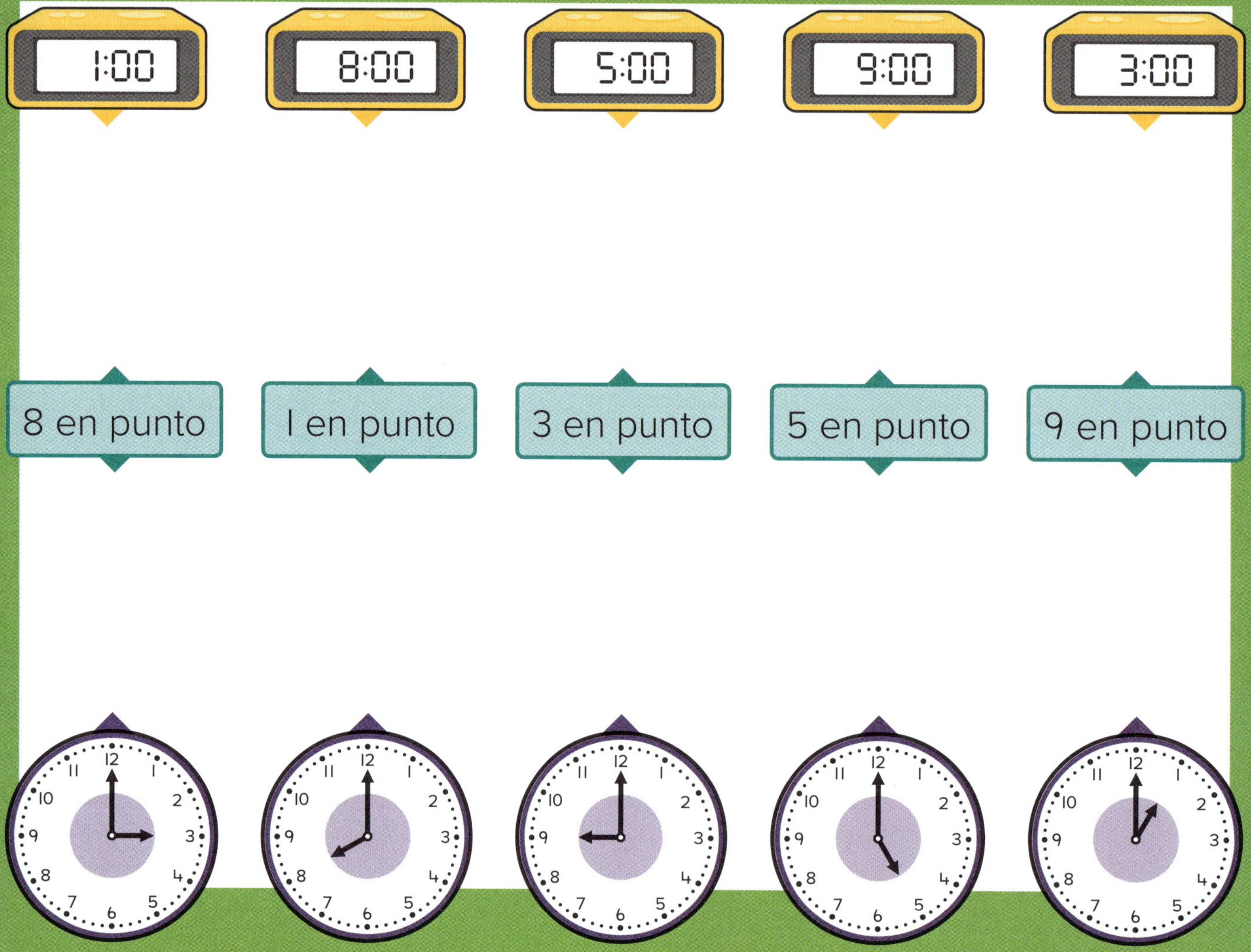

2. Traza líneas para unir los relojes que marcan la misma hora.

Paso avanzado Escribe la hora. Luego completa el enunciado.

a.

_____ en punto

Una hora más tarde serán las _____ en punto.

b.

_____ en punto

Una hora más tarde serán las _____ en punto.

c.

_____ en punto

Una hora más tarde serán las _____ en punto.

3.11 Leyendo y escribiendo la hora en relojes digitales y análogos

¿Qué hora marca este reloj?
¿Cómo lo sabes?

¿Cómo escribirías la hora en palabras?

¿Cómo indicarías la misma hora en este reloj digital?

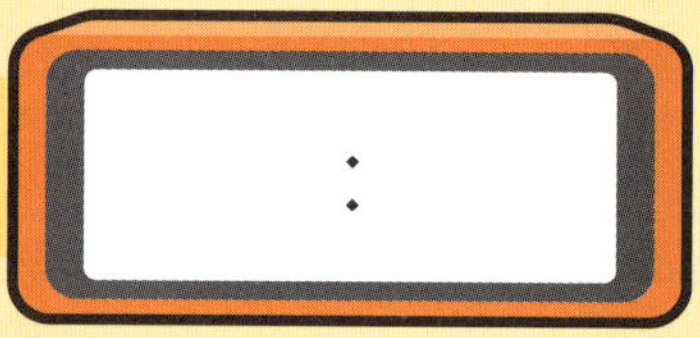

Intensifica

1. Escribe cada hora en el reloj digital correspondiente.

a.

b.

c.

d.

e.

f.

2. Dibuja las manecillas en cada reloj que marquen las horas indicadas.

a. 9 en punto

b. 10 en punto

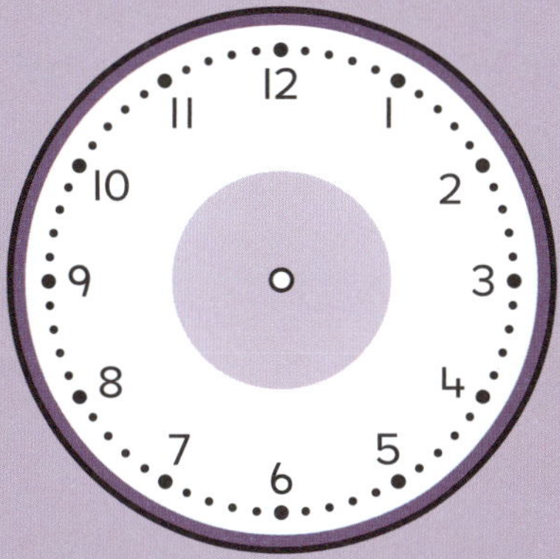

c. 5 en punto

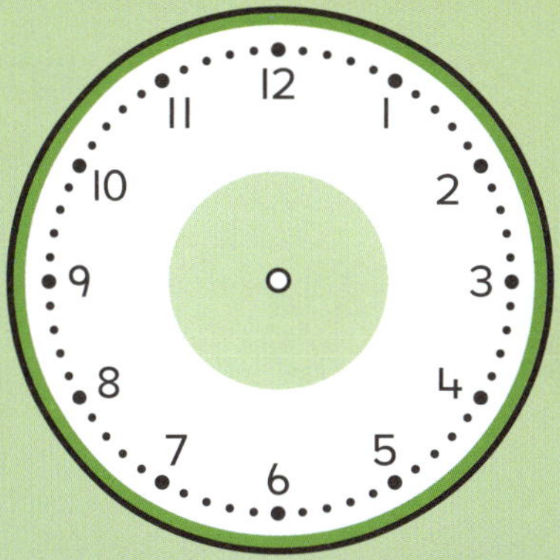

3. Escribe estas horas en los relojes digitales.

a. 6 en punto

b. 12 en punto

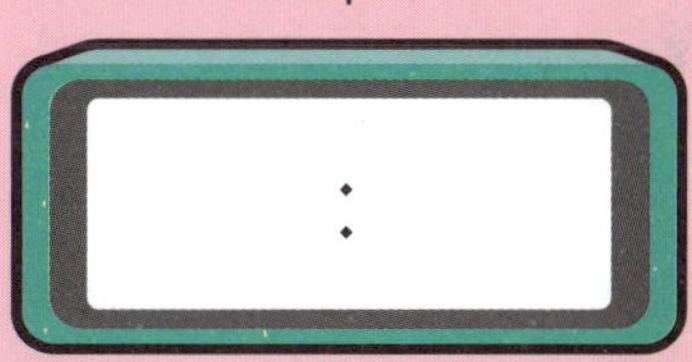

c. 3 en punto

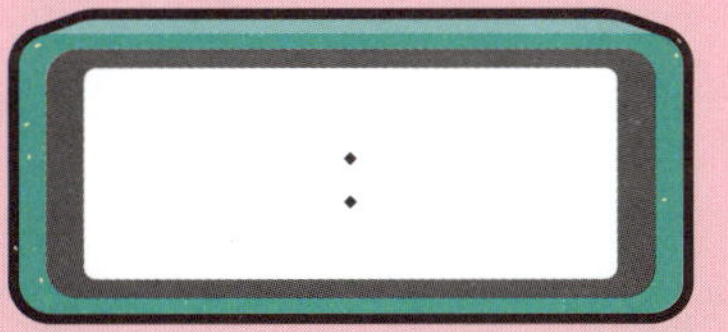

d. 11 en punto

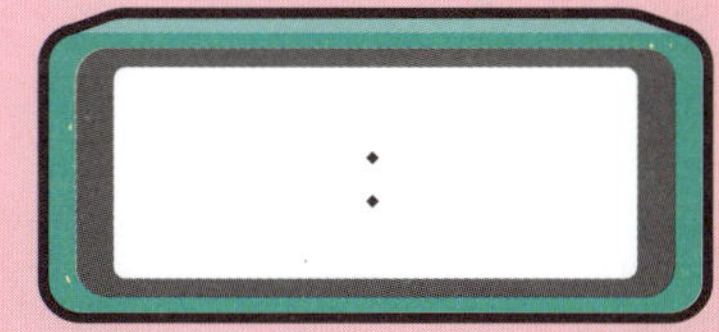

Paso avanzado

Observa el reloj análogo.
Escribe la hora que es **una hora antes** y **una hora después**.

una hora antes

una hora después

3.12 Conociendo eventos secuenciales

Piensa acerca de estas actividades.

comer

regresar a casa del colegio

jugar afuera

despertar

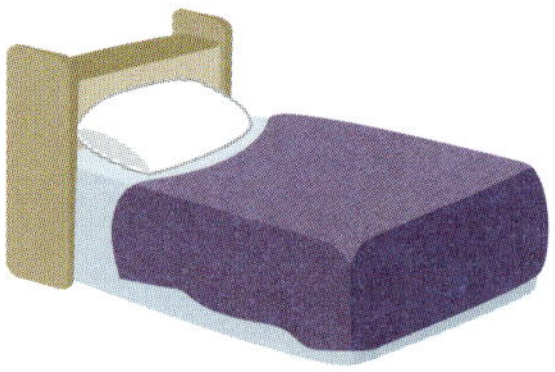

¿Qué actividad sucede alrededor de las doce en punto?

¿Qué actividad sucede después de eso?

¿Cuál actividad se realiza antes?

¿A qué horas suceden las otras actividades?

¿Qué hora marca este reloj? ¿Cómo lo sabes?

¿Qué hora es una hora antes de esta hora?

¿Qué hora es una hora después de esta hora? ¿Cómo lo sabes?

Intensifica

1. Piensa en estas cuatro horas de la mañana. Escríbelas en orden, comenzando con la que marca el reloj de **primero** hasta la que marca de **último**.

- 11 en punto
- 3 en punto
- 2 en punto
- 7 en punto

primero

______

______

______

______

último

2. Observa el diario de abajo. Luego escribe las horas en la historia en orden cronológico para que ésta adquiera sentido.

3 en punto | 9 en punto | 5 en punto | 7 en punto | 11 en punto

Lunes

Hoy me levanté a las _______________ y desayuné. Me fui al colegio en mi bicicleta y me preparé para iniciar las clases a las _______________. Luego de la sesión de leer y compartir, iniciamos con matemáticas a las _______________. Salí del colegio a las _______________ y me fui en mi bicicleta directo a casa. A las _______________ fui a entrenar fútbol.

Paso avanzado

Escribe una actividad que realices a las 8 en punto de la mañana y otra que realices a las 8 en punto de la noche.

A las 8 en punto de la mañana _______________

____

A las 8 en punto de la noche _______________

____

4.1 Desarrollando el lenguaje de la resta

¿Qué está sucediendo en esta imagen?

¿Cuántas gallinas puedes ver?

¿Cuántas gallinas están saliendo del gallinero?

¿Cuántas gallinas quedarán en el gallinero? ¿Cómo lo sabes?

Intensifica

1. Escribe el número total de gallinas. **Tacha** las gallinas que se fueron. Escribe el número de gallinas que quedaron.

a.

8 gallinas en total. Se fueron **3**. Quedan ____ gallinas.

b.

9 gallinas en total. Se fueron **2**. Quedan ____ gallinas.

2. Escribe el número total de gallinas. **Tacha** las gallinas que se fueron. Escribe el número de gallinas que quedó.

a.

____ gallinas en total. Se fueron **3**. Quedan ____ gallinas.

b.

____ gallinas en total. Se fueron **4**. Quedan ____ gallinas.

Paso avanzado

a. Escribe los números correspondientes para completar el siguiente historia de resta.

____ gallinas en total. ____ se fueron. Quedaron ____ gallinas.

b. Haz un dibujo que ilustre la historia.

4.2 Utilizando el lenguaje de la resta

¿Qué está pasando en esta imagen?

¿Cuántos pastelitos puedes ver?

¿Cuántos pastelitos tomó el pequeño zorro?

¿Cuántos pastelitos quedan en la bandeja?

Intensifica

1. Escribe el número de pastelitos que tomó (X).
Luego escribe el número que quedó.

a.

de 5 tomó ____ = ____

b.

de 6 tomó ____ = ____

c.

de 7 tomó ____ = ____

d.

de 9 tomó ____ = ____

2. Tacha el número de pastelitos que indica cada enunciado. Luego escribe el número de los que quedan.

a.

de 9 tomó 2 = ____

b.

de 10 tomó 4 = ____

c.

de 8 tomó 3 = ____

d.

de 12 tomó 5 = ____

Paso avanzado

Observa la imagen y la operación numérica.

Encierra los números que no corresponden a la imagen.

de 6 se quitan 2 = 4

4.3 Trabajando con el símbolo de resta (–)

Observa esta operación de resta.

$$7 - 2 = 5$$

Lee estas historias.

¿De qué manera se relaciona cada una de las historias con la operación de resta?

¿Qué otra historia se podría representar con esta operación de resta?

¿Qué significa el símbolo "–"?

¿Qué indica cada uno de los números en la operación de resta?

Intensifica **I.** Completa cada operación de resta.

a.

4 – 1 = ____

b.

5 – 2 = ____

2. Escribe la operación de resta que corresponda a cada imagen.

a.

___ − ___ = ___

b.

___ − ___ = ___

c.

___ − ___ = ___

d.

___ − ___ = ___

e.

___ − ___ = ___

f.

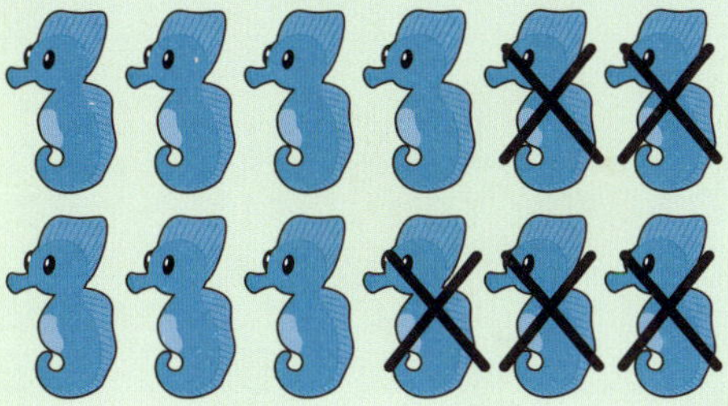

___ − ___ = ___

Paso avanzado

Observa estas operaciones de resta.
Escribe números para indicar las posibles soluciones.

6 − ___ = ___	6 − ___ = ___	6 − ___ = ___	6 − ___ = ___
6 − ___ = ___	6 − ___ = ___	6 − ___ = ___	

4.4 Escribiendo operaciones de resta relacionadas

Observa esta imagen. ¿Qué ves?

¿De qué manera se relaciona cada operación de resta con la imagen?

¿Qué indican los números en cada operación?

¿Qué permanece igual en cada operación?

¿Qué cambió?

$6 - 1 = 5$

$6 - 5 = 1$

Intensifica **1.** Escribe los números que correspondan a cada imagen.

a.

___ ranas en total
___ ranas están afuera
___ ranas están adentro

$7 - 2 =$ ___

___ ranas en total
___ ranas están adentro
___ ranas están afuera

$7 - 5 =$ ___

b.

___ ovejas en total
___ ovejas están afuera
___ ovejas están adentro

$9 - 4 =$ ___

___ ovejas en total
___ ovejas están adentro
___ ovejas están afuera

$9 - 5 =$ ___

2. Escribe los números que faltan.

a.

$5 - 1 =$ ____

$5 - 4 =$ ____

b.

$8 - 5 =$ ____

$8 - 3 =$ ____

c.

$12 - 9 =$ ____

$12 - 3 =$ ____

d.

$11 - 4 =$ ____

$11 - 7 =$ ____

Paso avanzado

Haz un dibujo de resta.
Luego escribe dos operaciones de resta correspondientes.

____ − ____ = ____

____ − ____ = ____

4.5 Resolviendo problemas que involucren suma o resta

¿Qué historia podrías contar que describiera esta imagen?

¿Tu historia utiliza adición o sustracción?

¿Qué operacións numéricas puedes escribir que representen tu historia?

Intensifica

1. Haz un dibujo que represente la historia.
Luego escribe el una operación numérica que corresponda.

Hay 6 manzanas en el árbol.
Hay 4 manzanas en el suelo.
¿Cuántas manzanas hay en total?

2. Haz un dibujo y escribe una operación numérica que corresponda a la historia.

a. Hay 7 canicas en una bolsa. 2 de las canicas son azules. Las otras canicas son rojas. ¿Cuántas canicas son rojas?

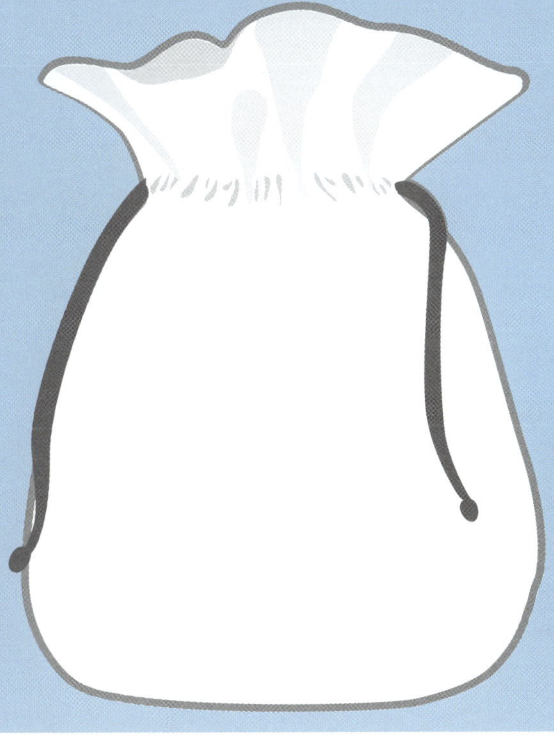

____

b. Hay 11 peces en el estanque. 4 peces están escondidos. ¿Cuántos peces puedes ver?

____

Paso avanzado

Colorea **+** o **–** para describir cómo resolverías cada problema.

a. Hay 4 globos rojos y 3 globos verdes. ¿Cuántos globos hay en total? + –

b. Había 7 fresas. Alguien se comió 2 de ellas. ¿Cuántas fresas quedan? + –

c. Había 11 naves espaciales en el cielo. Luego aterrizaron 3. ¿Cuántas naves continúan volando? + –

d. Cinco amigos están jugando fútbol. Llegan 4 más a jugar con ellos. ¿Cuántos amigos están jugando en total? + –

4.6 Escribiendo operaciones numéricas de suma y resta

Observa la imagen.

¿Qué historias de suma escribirías?
¿Qué historias de resta escribirías?

Intensifica

a. Escribe una historia de suma que corresponda a la imagen de la página 90. Escribe el operación numérica correspondiente.

b. Escribe una historia de resta que corresponda a la imagen de la página 90. Escribe el operación numérica correspondiente.

Paso avanzado

Haz un dibujo que ilustre esta operación básica.

7 – 6 = 1

4.7 Identificando los conceptos de lleno y vacío

¿Cómo describirías la cantidad de personas en cada carro?

¿Cuál carro está lleno? ¿Cuál carro está vacío?

¿Cuál carro no está ni lleno, ni vacío? ¿Cómo lo sabes?

Intensifica

1. Traza líneas que conecten cada imagen con la etiqueta correspondiente.

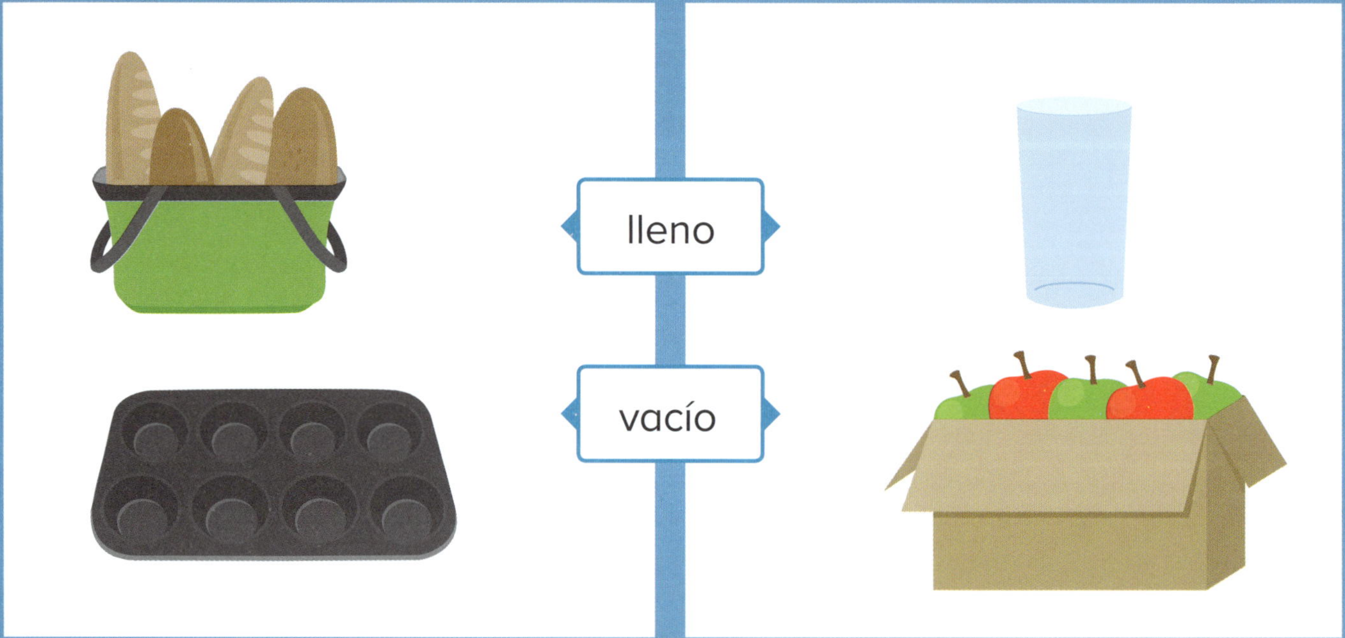

2. Escribe **lleno** o **vacío**, según corresponda, debajo de cada imagen.

a.

____

b.

____

c.

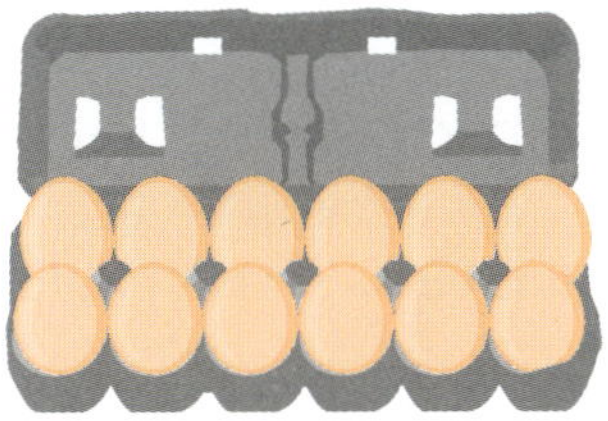

____

d.

____

e.

____

f.

____

Paso avanzado

Colorea cada recipiente de manera que represente lo que indica su etiqueta.

lleno

casi vacío

medio lleno

casi lleno

4.8 Explorando el concepto de capacidad

Una caja de zapatos de tamaño regular, fue encontrada escondida en una casa antigua.

¿Qué objetos podría contener?

¿Qué objetos **no** podría contener?

¿Cómo lo sabes?

Intensifica

1. Encierra los objetos que **no van a caber** dentro de esta caja.

2. Encierra los objetos que **sí van a caber** en la caja de la página 94.

Paso avanzado

Dibuja un objeto que **sí va a caber** dentro de tu bolso del colegio, pero **no va a caber** en una pequeña caja de cereal.

4.9 Trabajando con el concepto de capacidad

Describe la capacidad de cada caja.

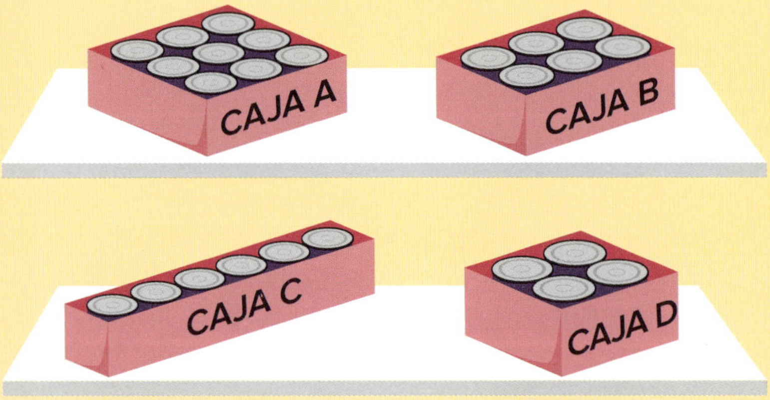

La capacidad es la cantidad de algo que un recipiente puede contener.

¿Cuál caja tiene mayor capacidad?

¿Qué notas en las cajas B y C?

Intensifica 1. Escribe la capacidad que tiene cada caja.

a.

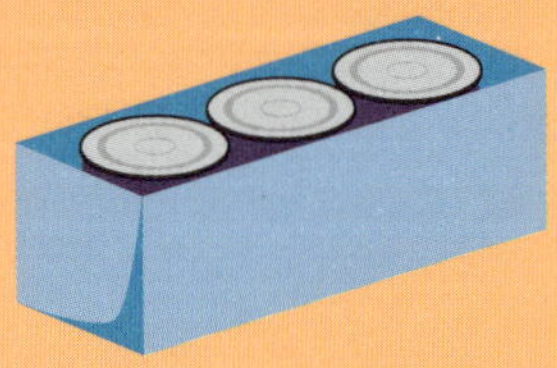

_______ latas

b.

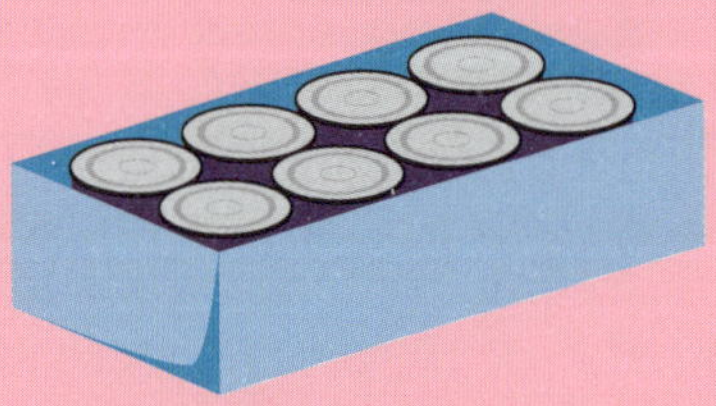

_______ latas

c.

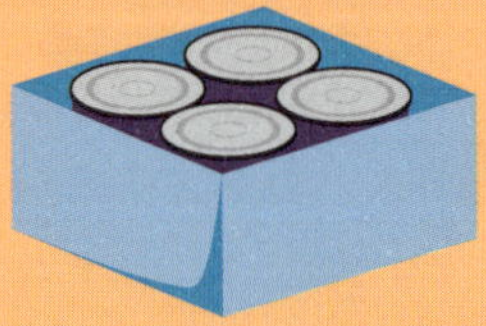

_______ latas

d.

_______ latas

e.

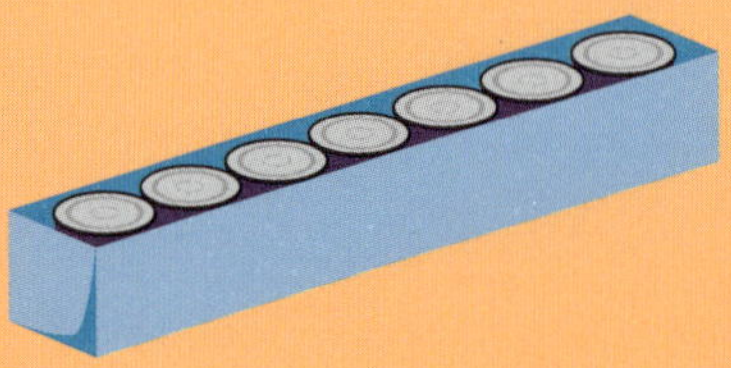

_______ latas

f.

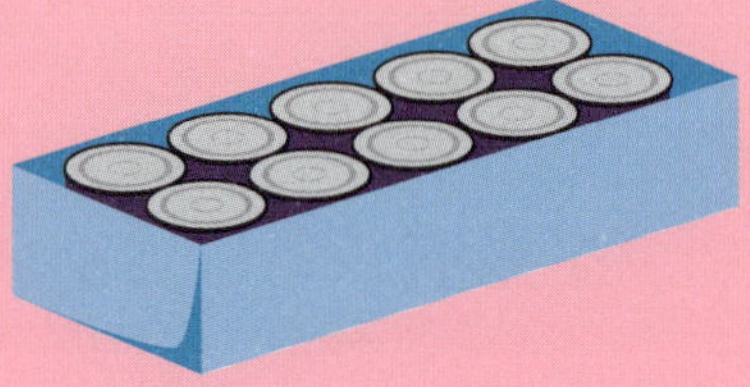

_______ latas

2. En cada par, encierra la caja que tiene la **mayor** capacidad.

a.

b.

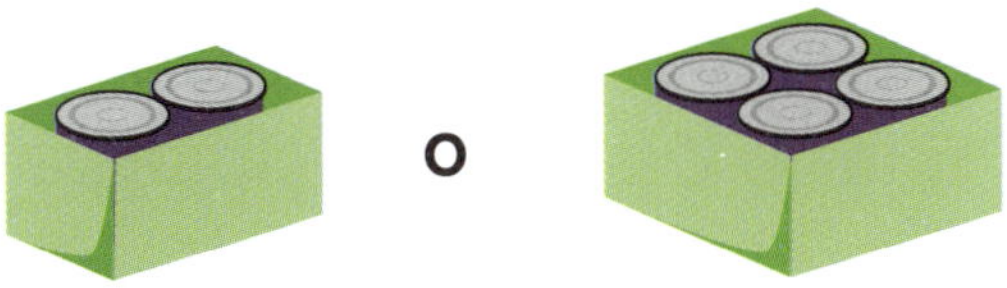

c.

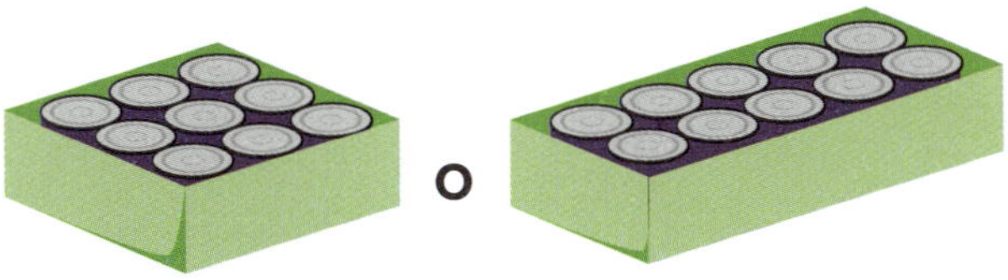

d.

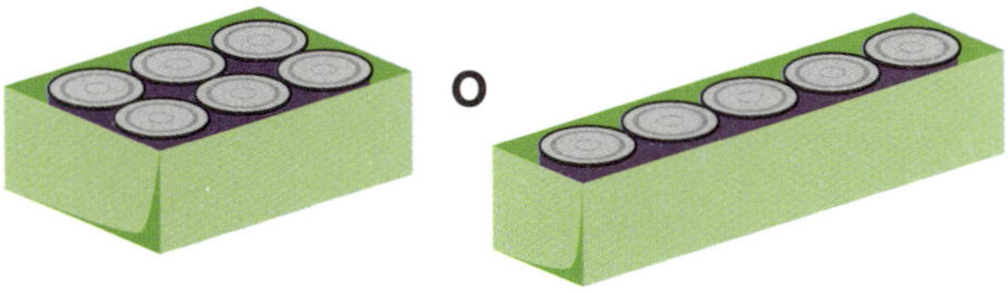

3. Escribe el nombre de las cajas en orden de **menor** capacidad a **mayor** capacidad.

__________ __________ __________ __________

Paso avanzado Haz una lista de otros objetos que podrías utilizar para medir la capacidad de la caja de zapatos.

4.10 Midiendo la capacidad usando unidades no estándares

Observa estos recipientes.

¿Cómo podrías utilizar la taza para saber la capacidad de cada recipiente?

¿Cómo podrías registrar los resultados?

¿Qué otro objeto podrías utilizar para medir la capacidad de cada recipiente?

Intensifica

1. Escribe el número de tazas que caben en cada recipiente.

Recipiente	Número de tazas de agua
a. 	 _______ tazas
b. 	 _______ tazas
c. 	 _______ tazas
d. 	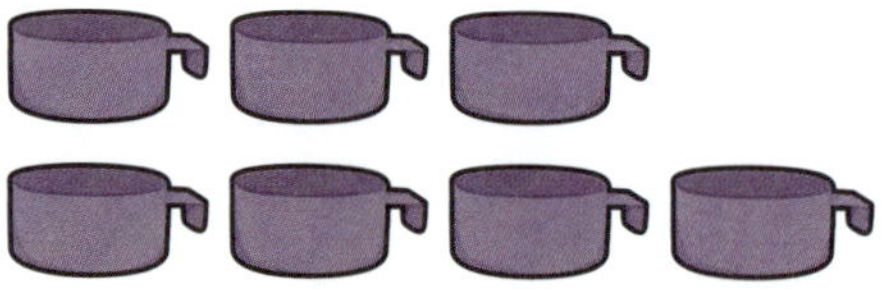 _______ tazas

2. Escribe el número de tazas para estos recipientes.

a. 		______ taza
b. 	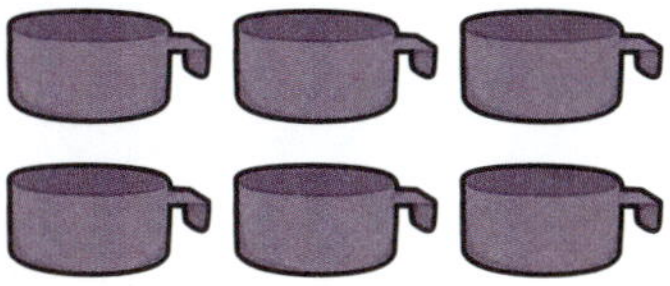	______ tazas
c. 		______ tazas

3. Compara estos recipientes de las preguntas 1 y 2. En cada par, encierra el recipiente al que le cabe la mayor cantidad.

a.  o 

b.  o 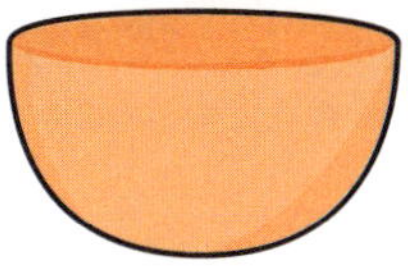

c. 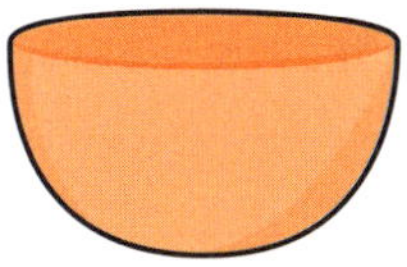 o 

d.  o 

Paso avanzado Observa los recipientes de las preguntas 1 y 2.

a. Colorea el ○ que indica cuántas  tomará para llenar dos .

○ **5** ○ **8** ○ **6** ○ **10**

b. Colorea el ○ que indica cuántas  tomará para llenar dos .

○ **2** ○ **6** ○ **5** ○ **3**

4.11 Comparando el peso en la balanza de platillos

¿Es el balón más pesado o menos pesado que el libro? ¿Cómo lo sabes?

Imagina que el balón y el libro pesan lo mismo.
¿Cómo se vería la imagen? ¿Cómo lo sabes?

Intensifica

1. Observa la balanza. Colorea el ◯ junto a las palabras que mejor describan el peso del juguete.

a.

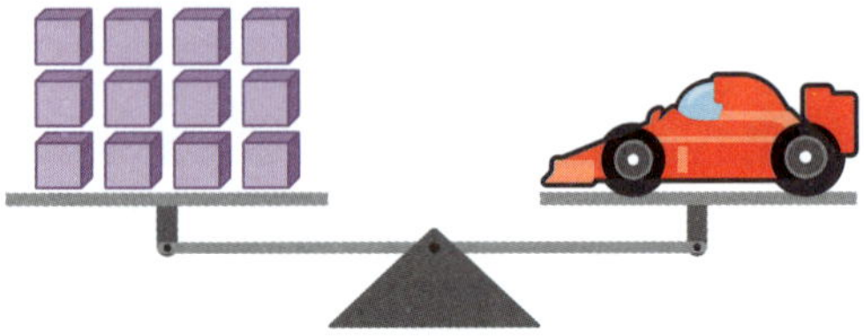

◯ más que 12 cubos
◯ menos que 12 cubos
◯ igual que 12 cubos

b.

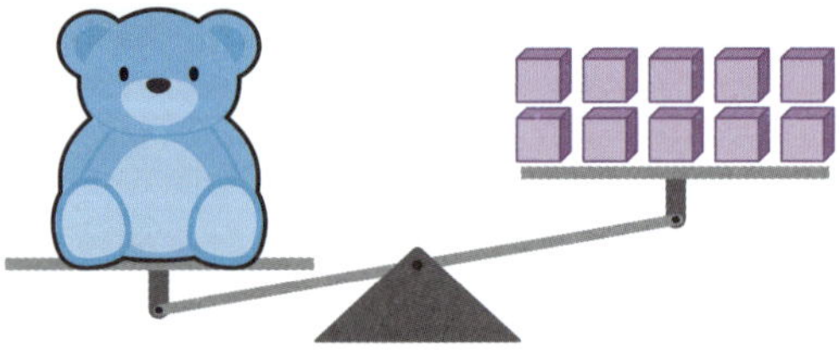

◯ más que 10 cubos
◯ menos que 10 cubos
◯ igual que 10 cubos

c.

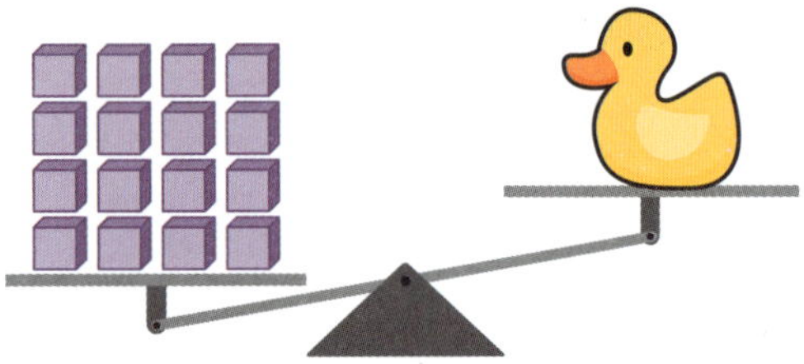

◯ más que 16 cubos
◯ menos que 16 cubos
◯ igual que 16 cubos

d.

◯ más que 9 cubos
◯ menos que 9 cubos
◯ igual que 9 cubos

2. Escribe el número de cubos. Luego colorea el ⬭ junto a las palabras que mejor describan el peso del juguete.

a.

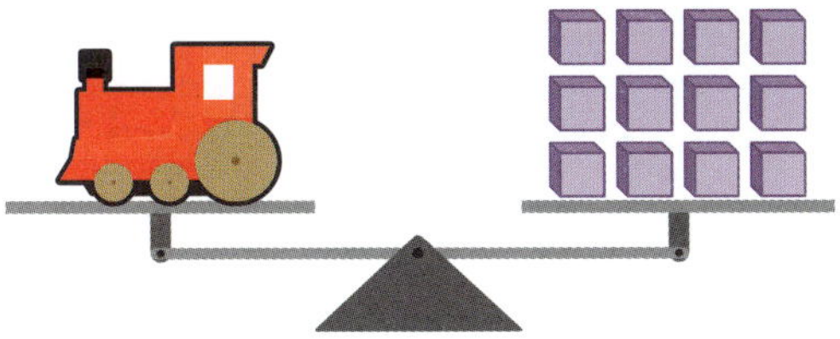

⬭ más que ____ cubos

⬭ menos que ____ cubos

⬭ igual que ____ cubos

b.

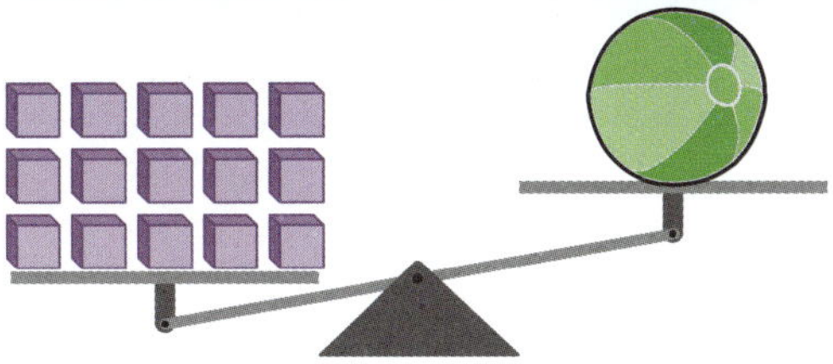

⬭ más que ____ cubos

⬭ menos que ____ cubos

⬭ igual que ____ cubos

c.

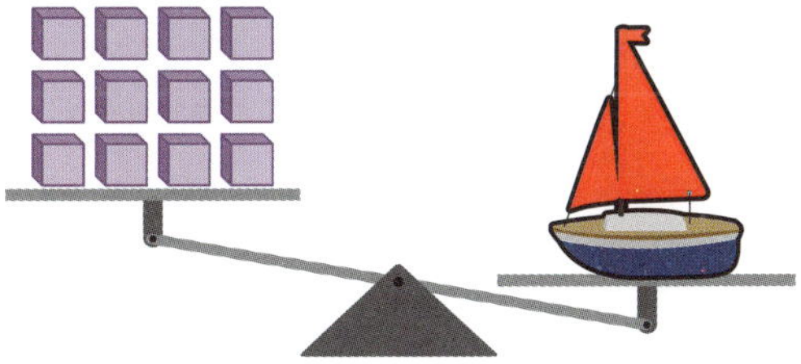

⬭ más que ____ cubos

⬭ menos que ____ cubos

⬭ igual que ____ cubos

d.

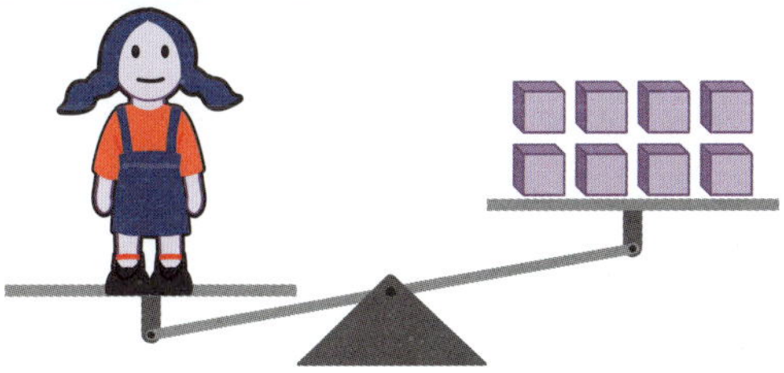

⬭ más que ____ cubos

⬭ menos que ____ cubos

⬭ igual que ____ cubos

Paso avanzado

¿Cuántos cubos puede pesar este juguete? Escribe tres respuestas posibles.

____ cubos

____ cubos

____ cubos

4.12 Comparando el peso usando unidades no estándares

¿Qué crees que está pasando en esta imagen?

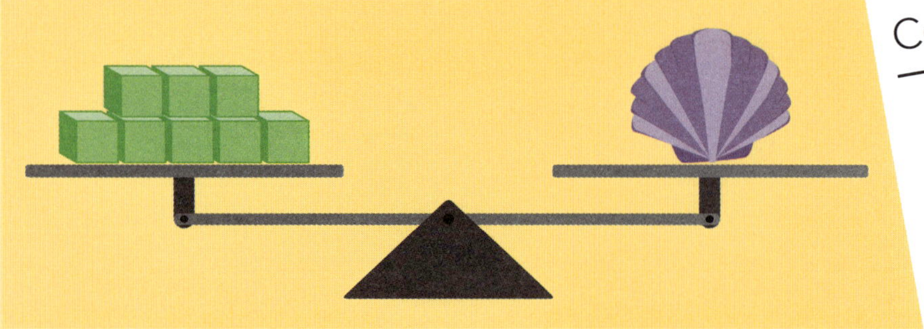

¿Qué indican los cubos?

¿Cuánto pesa cada concha?

¿Cuál concha es más pesada?  o 
¿Cómo lo sabes?

Intensifica

1. Escribe el número total de cubos que equilibraría cada concha.

Concha	Número de cubos	Total
		______
		______
		______
		______

2. Observa la tabla de la pregunta 1. En cada par de conchas abajo, encierra la que es **más pesada**.

a.  o 

b.  o 

c.  o 

d.  o 

3. ¿Cuál es el peso total de estas conchas?

a.  y 

Total = ____ cubos

b.  y 

Total = ____ cubos

c.  y 

Total = ____ cubos

d.  y 

Total = ____ cubos

Paso avanzado

Observa la tabla de la pregunta 1 en la página 102. Dibuja una concha en el platillo izquierdo para que la imagen de la balanza sea correcta.

a.

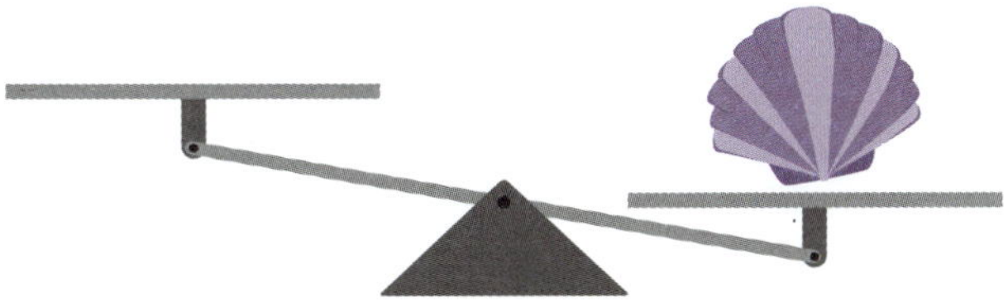

b.

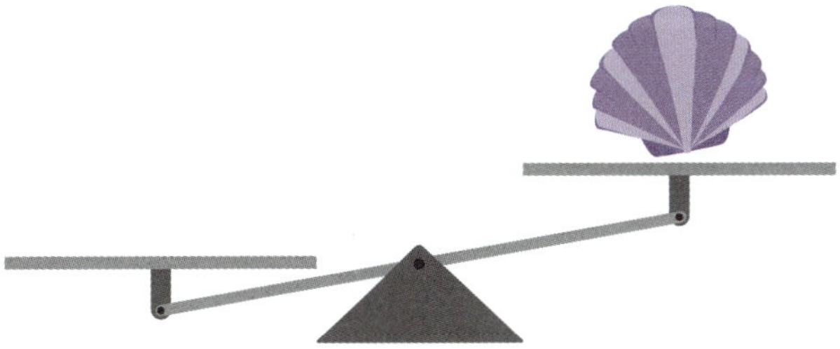

5.1 Escribiendo operaciones de suma con dobles

Una mano indica un grupo de cinco dedos.

Cuando duplicas cinco obtienes dos grupos de cinco.

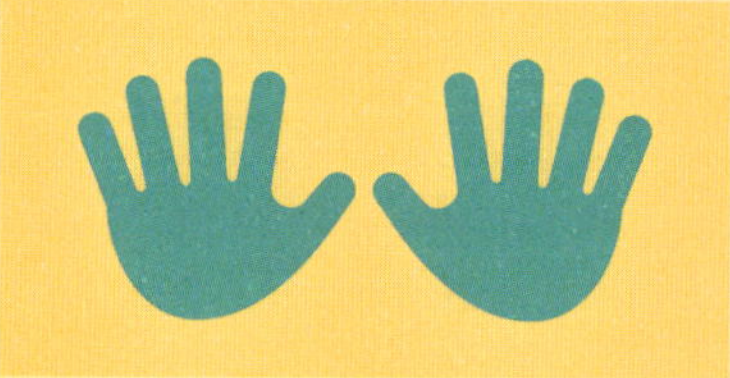

¿Qué operación de suma escribirías para indicar el número total de dedos?

¿Qué dobles representan estas imágenes?

¿Qué otros dobles has visto?

Intensifica

1. Escribe números que representen los dobles.

a.

3 + 3 = ____

doble 3 = ____

b.

____ + ____ = ____

doble ____ = ____

2. Dibuja la misma cantidad de puntos en la otra ala.
Luego escribe los números.

a.

___ + ___ = ___

doble ___ = ___

b.

___ + ___ = ___

doble ___ = ___

c.

___ + ___ = ___

doble ___ = ___

d.

___ + ___ = ___

doble ___ = ___

Paso avanzado

Dibuja una mariposa que indique puntos del doble de 8.
Luego escribe las operaciones básicas que correspondan.

___ + ___ = ___

doble ___ = ___

5.2 Introduciendo la estrategia del doble-más-1 en la suma

¿Qué operación básica de dobles indican estos bloques?

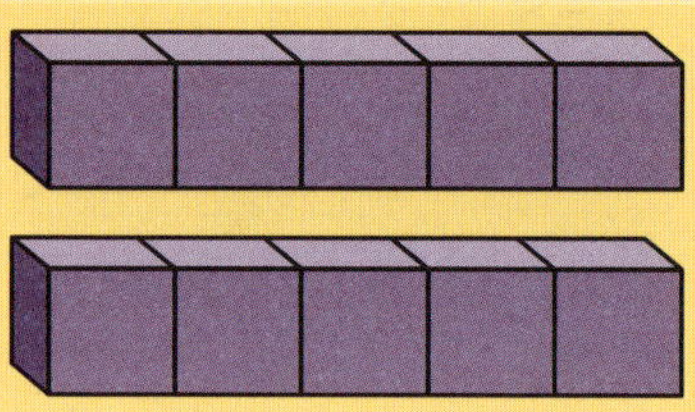

¿Qué operación numérica puedes escribir para indicar este doble?

____ + ____ = ____

¿Cómo puedes utilizar esa operación básica de dobles para calcular el número total de estos bloques?

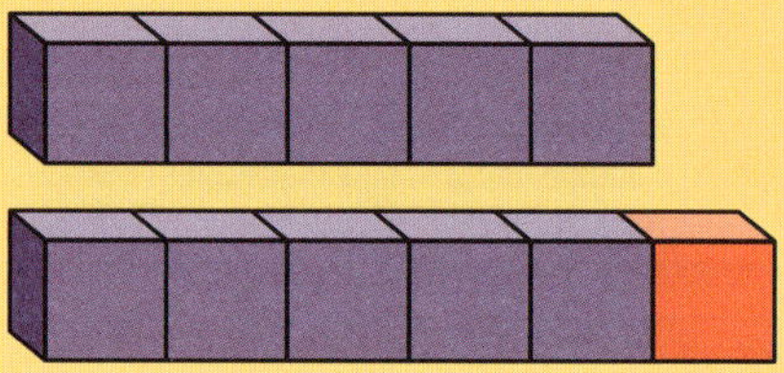

¿Qué operación numérica puedes escribir que corresponda a esta suma?

Intensifica

1. Escribe las respuestas.

a. El doble de 4 es ____.

b. El doble de 9 es ____.

c. El doble de 6 es ____.

d. El doble de 5 es ____.

e. El doble de 3 es ____.

f. El doble de 7 es ____.

g. El doble de 10 es ____.

h. El doble de 8 es ____.

2. Escribe la operación básica de dobles. Dibuja **un punto más** en un lado del dominó. Escribe la operación básica de **doble-más-1** y su operación conmutativa.

a.

___ + ___ = ___

___ + ___ = ___

___ + ___ = ___

b.

___ + ___ = ___

___ + ___ = ___

___ + ___ = ___

c.

___ + ___ = ___

___ + ___ = ___

___ + ___ = ___

d.

___ + ___ = ___

___ + ___ = ___

___ + ___ = ___

e.

___ + ___ = ___

___ + ___ = ___

___ + ___ = ___

f.

___ + ___ = ___

___ + ___ = ___

___ + ___ = ___

Paso avanzado Escribe el doble que podrías utilizar para calcular cada respuesta. Luego escribe el total.

a.

___ + ___ = ___

10 + 11 = ___

b.

___ + ___ = ___

12 + 13 = ___

5.3 Reforzando la estrategia del doble-más-1 en la suma

Observa esta sección de una cinta numerada.

¿Qué operaciónes numéricas puedes completar que sean operaciones básicas de dobles?

¿Qué números escribirías?

¿Cómo podrías completar la operación que no es una operación básica de dobles?

Intensifica

1. Encierra los dominós que indican una operación básica del **doble-más-1.**

a.

b.

c.

d.

e.

f.

g.

h.
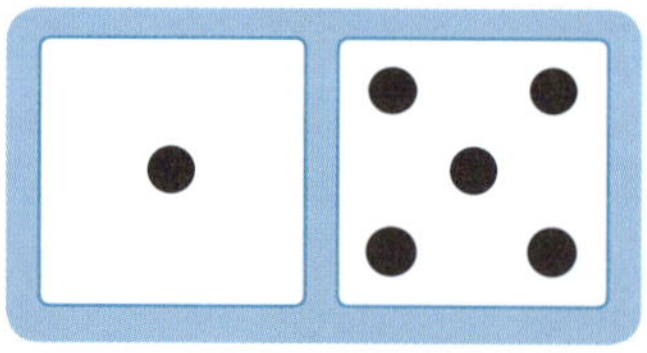

i.

2. Escribe la operación básica de dobles que usarías para calcular el total de puntos en cada dominó. Luego escribe el total para cada operación básica del **doble-más-1**.

a.

Doble ____ es ____

entonces

4 + 5 = ____

b.

Doble ____ es ____

entonces

2 + 3 = ____

c.

Doble ____ es ____

entonces

8 + 9 = ____

d.

Doble ____ es ____

entonces

7 + 6 = ____

e.

Doble ____ es ____

entonces

3 + 4 = ____

f.

Doble ____ es ____

entonces

6 + 5 = ____

Paso avanzado

Escribe operaciones básicas de contar hacia adelante, que también sean operaciones básicas de dobles o del doble-más-1.

____________________ ____________________

____________________ ____________________

____________________ ____________________

5.4 Introduciendo la estrategia del doble-más-2 en la suma

¿Qué operación básica de dobles representan estos bloques?

¿Qué operación numérica puedes escribir para indicar este doble?

____ + ____ = ____

¿Cómo puedes usar ese número doble para calcular el número total de estos bloques?

¿Qué operación numérica puedes escribir que corresponda lo anterior?

Intensifica

I. Escribe las respuestas.

a. El doble de cuatro es ____. El doble de cuatro más dos es ____.

b. El doble de siete es ____. El doble de siete más dos es ____.

c. El doble de cinco es ____. El doble de cinco más dos es ____.

d. El doble de nueve es ____. El doble de nueve más dos es ____.

e. El doble de ocho es ____. El doble de ocho más dos es ____.

2. Escribe la operación básica de dobles y dibuja **dos puntos más** en un lado del dominó. Escribe la operación básica del **doble-más-2** y su operación conmutativa.

a.

___ + ___ = ___

___ + ___ = ___

___ + ___ = ___

b.

___ + ___ = ___

___ + ___ = ___

___ + ___ = ___

c.

___ + ___ = ___

___ + ___ = ___

___ + ___ = ___

d.

___ + ___ = ___

___ + ___ = ___

___ + ___ = ___

e.

___ + ___ = ___

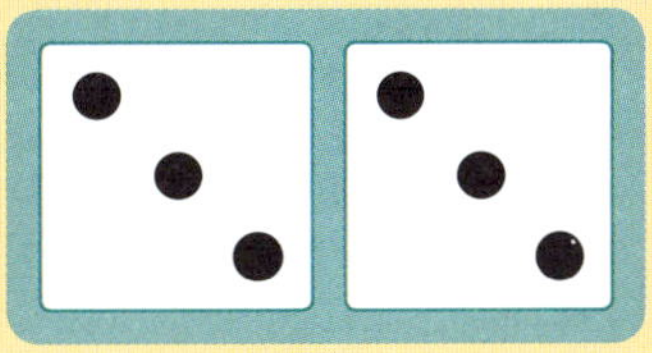

___ + ___ = ___

___ + ___ = ___

f.

___ + ___ = ___

___ + ___ = ___

___ + ___ = ___

Paso avanzado Escribe los números correspondientes.

a. Si me duplicas y me sumas 2, la respuesta es 18.

¿Qué número soy? ___

b. Si me duplicas y me sumas 2, la respuesta es 22.

¿Qué número soy? ___

5.5 Reforzando la estrategia del doble-más-2 en la suma

Observa estos números.

5	8	14	11	6	15

¿Cuál número es igual al doble de 4?

¿Cuál número es la suma de 3 y 5?

¿Qué notas?

La **suma** es el total en una operación de suma. Por ejemplo: 12 es la suma de 7 + 5.

¿Cuáles números obtendrás si doblas esos números? ¿Cómo lo sabes?

¿Cuáles números tendrás si al doble de esos números le sumas 1?

¿Cuáles números tendrás si al doble de esos números le sumas 2?

Intensifica

1. Encierra los dominós que representen una operación básica del **doble-más-2**.

a.

b.

c.

d.

e.

f.

g.

h.

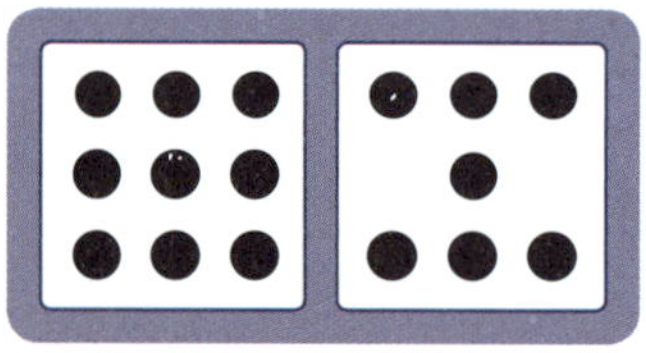

i.

2. Escribe la operación básica de dobles que puedes usar para calcular el total en cada dominó. Escribe el total para cada operación básica del **doble-más-2**.

a.

Doble ____ es ____

entonces

5 + 3 = ____

b.

Doble ____ es ____

entonces

6 + 4 = ____

c.

Doble ____ es ____

entonces

7 + 9 = ____

d.

Doble ____ es ____

entonces

8 + 6 = ____

e.

Doble ____ es ____

entonces

5 + 7 = ____

Paso avanzado

Alyssa tiene $6. Su mamá le da $8 más para comprar un juguete. Encierra los juguetes que Alyssa podría comprar.

5.6 Comparando estrategias de suma

Observa estos juguetes y sus precios.

¿Cómo podrías calcular el costo total de la cubeta y la muñeca?

¿Cómo podrías calcular el costo total de la pelota y el oso?
¿De qué otra manera podrías calcular el resultado?

¿Qué otros totales puedes calcular utilizando esa estrategia?

Intensifica

I. Utiliza los juguetes y los precios de arriba para calcular el costo total.

a.

$ ____ + $ ____ = $ ______

b.

$ ____ + $ ____ = $ ______

c.

$ ____ + $ ____ = $ ______

d.

$ ____ + $ ____ = $ ______

2. Utiliza los juguetes y precios de la página 114 para calcular el costo total.

a.

$ _____ + $ _____ = $ _______

b.

$ _____ + $ _____ = $ _______

c.

$ _____ + $ _____ = $ _______

d.

$ _____ + $ _____ = $ _______

e.

$ _____ + $ _____ = $ _______

f.

$ _____ + $ _____ = $ _______

Paso avanzado Escribe **verdadero** o **falso** para cada enunciado.

a. Contar hacia adelante es una manera de calcular el costo total de la **muñeca** y el **oso**. _______________

b. Puedes duplicar y sumar 1 para encontrar el costo total de la **muñeca** y la **cubeta**. _______________

c. El precio del **robot** más el precio de la **pelota** es una operación básica de dobles. _______________

5.7 Investigando giros y direcciones

Observa los osos bailarines en la imagen de abajo.
¿Dónde está la mano derecha de cada oso?

¿Qué te ayudó a saber cuál mano era la derecha?

Imagina que te ves en un espejo.
¿Qué notarías acerca de la derecha y la izquierda?

Intensifica I. Encierra las patas izquierdas de cada animal.

a.

b.

c.

2. Lee hacia donde gira la abeja. Luego colorea la primera flor a la que la abeja apuntará.

a. Gira a la derecha.

b. Gira a la izquierda.

c. Gira a la izquierda.

d. Gira a la derecha.

e. Gira a la derecha.

f. Gira a la izquierda.

Paso avanzado Imagina que cada abeja de arriba gira una vez más en la misma dirección. Encierra la siguiente flor a la que apuntará cada abeja.

5.8 Identificando características de los ángulos

Cada esquina de esta forma tiene dos lados.

La manera como se unen los lados hace que las esquinas se vean de esa manera.

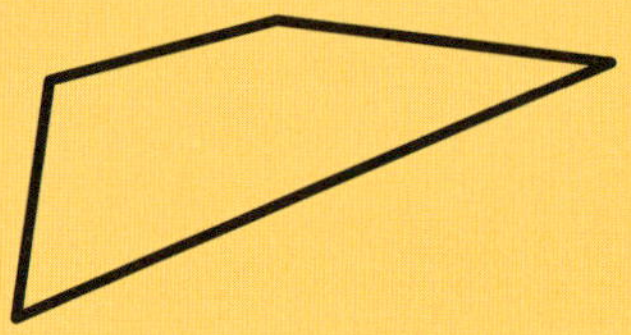

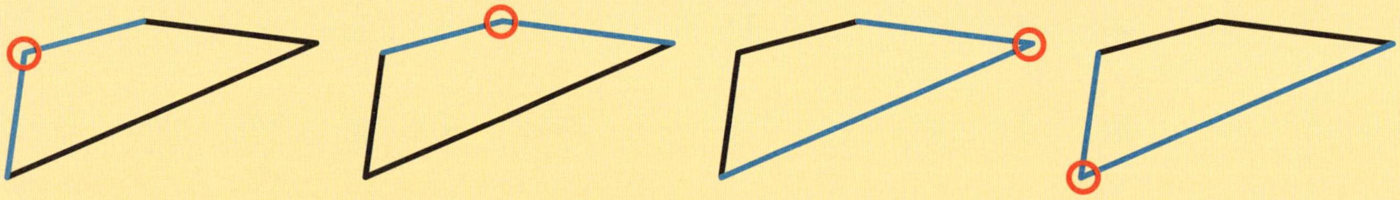

¿Cómo describirías la esquina que se forma cuando los lados están muy juntos?

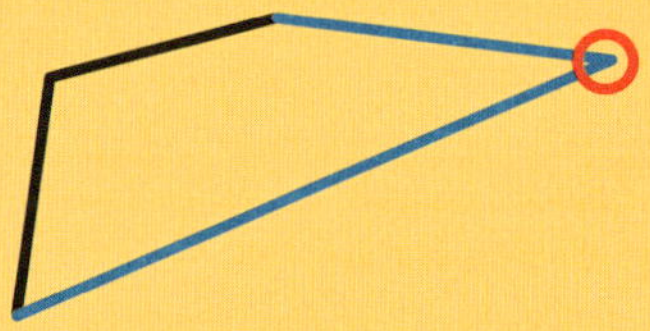

¿Cómo describirías la esquina que se forma cuando los lados están muy separados?

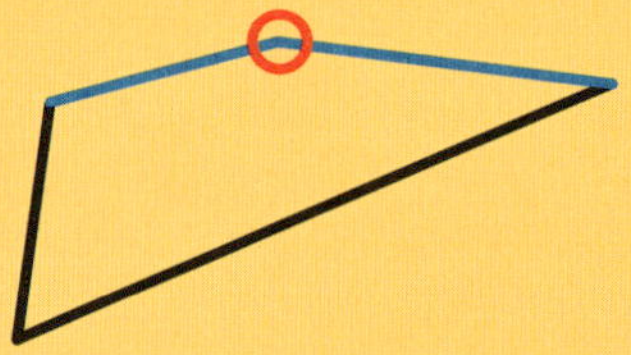

Intensifica

1. Elige una esquina en cada forma.
Colorea los dos lados que forman la esquina.
Encierra el punto donde se unen los dos lados.

a.

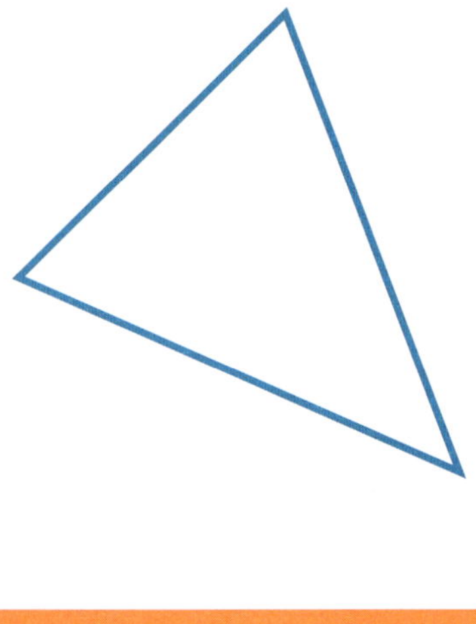

b.

c.

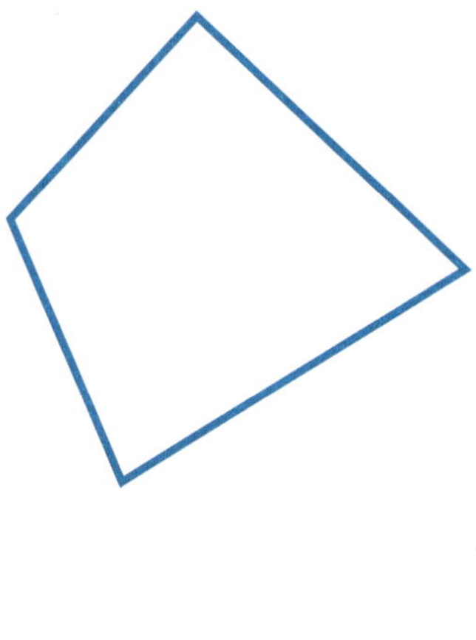

2. Encierra con rojo todas las esquinas que crees son **muy puntiagudas**.

a.

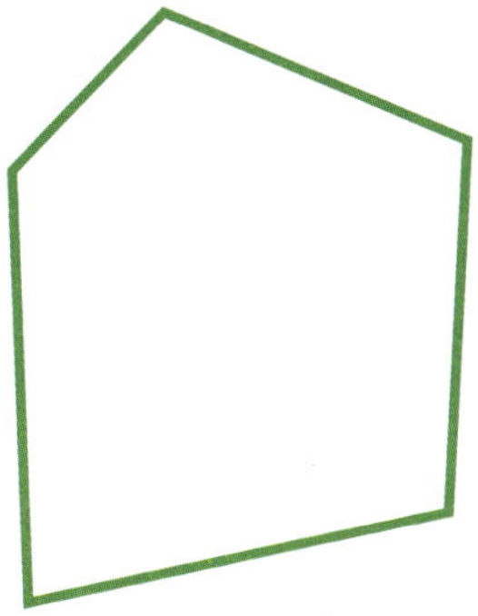

b.

c.

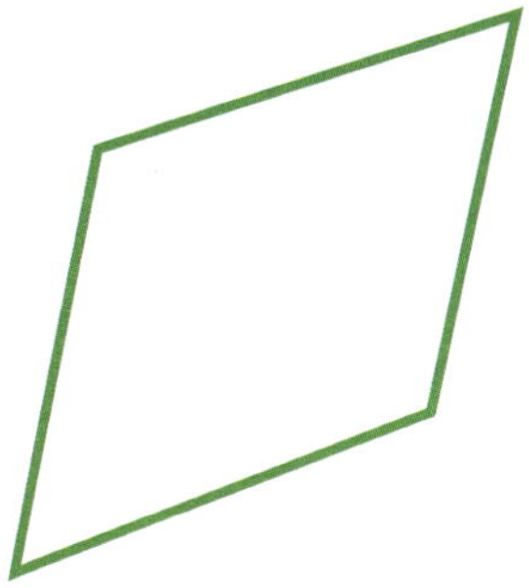

d.

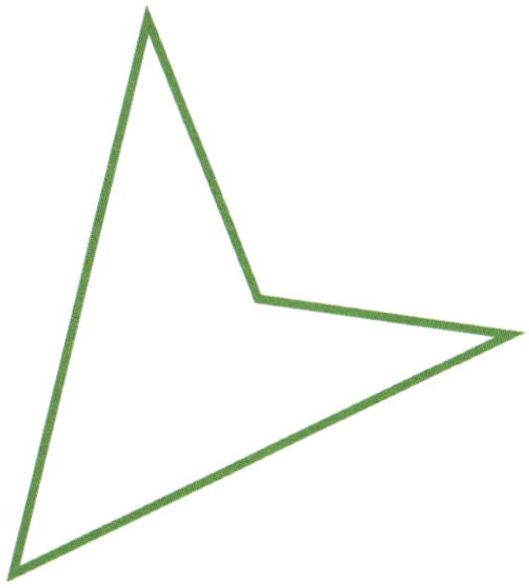

e.

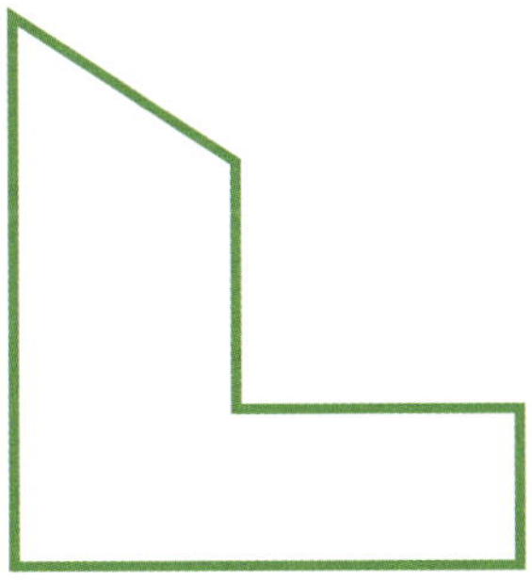

f.

3. Observa las formas de arriba. Encierra con azul todas las esquinas que crees que no son tan **no son tan puntiagudas**.

Paso avanzado

Dibuja tres formas diferentes de manera que cada una tenga una esquina que sea **muy puntiaguda.**

5.9 Analizando formas 2D

¿Qué palabras utilizarías para describir estos vehículos?

Podríamos utilizar palabras como **grande** y **pequeño**, o **largo** y **corto**. También podríamos describir el color o la cantidad de ruedas.

Observa las siguientes formas 2D.

¿Qué características reconoces en cada forma?

¿Qué palabras puedes usar para describirlas?

Intensifica

1. Observa cada forma.
Escribe **falso** o **verdadero** para cada descripción.

Forma A

- Tiene cinco lados. ____________
- Todos los lados tienen la misma longitud. ____________
- Todos los lados son rectos. ____________

Forma B

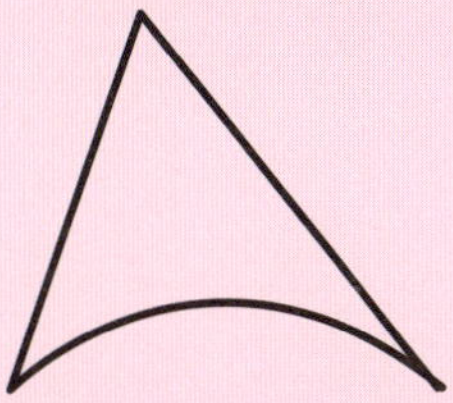

- Es un triángulo. ____________
- Es una forma cerrada. ____________
- Uno de sus lados es curvo. ____________

Forma C

- Tiene cuatro esquinas. ____________
- Tiene partes rectas. ____________
- Es un rectángulo. ____________

2. Dibuja dos formas diferentes que tengan las siguientes características.

Tiene cinco lados.
Todos los lados son rectos.
Una esquina es muy puntiaguda.

Paso avanzado

Escribe una característica verdadera más de las formas de la pregunta 1.

Forma A ________________________________

Forma B ________________________________

5.10 Clasificando formas 2D

En su cocina, Ethan clasifica las cosas en grupos.

Él coloca las cucharas en una parte de la gaveta.

Él coloca los tenedores en otra parte de la gaveta.

¿Qué otras cosas se clasifican en grupos en tu casa?

Sara clasificó estas formas 2D en dos grupos.
¿Cómo calculó adónde iba cada una?

Intensifica Tu profesor te dará algunas tarjetas. Clasifícalas en dos grupos y pégalas en los recuadros de la página 123. Luego escribe un nombre para cada grupo.

Paso avanzado

Encierra dos de estas formas.
¿Qué tienen en común?

5.11 Identificando formas 2D

¿Qué clase de forma es ésta?

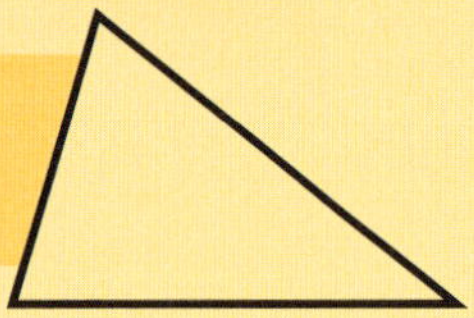

Si le damos la vuelta, ¿se convierte en una forma diferente, o queda igual?

Intensifica

1. Observa las formas de abajo. Escribe una **T** dentro de cada triángulo. Escribe una **C** dentro de cada rectángulo cuadrado. Escribe una **N** dentro de cada rectángulo no cuadrado. Algunas formas no tendrán una letra adentro.

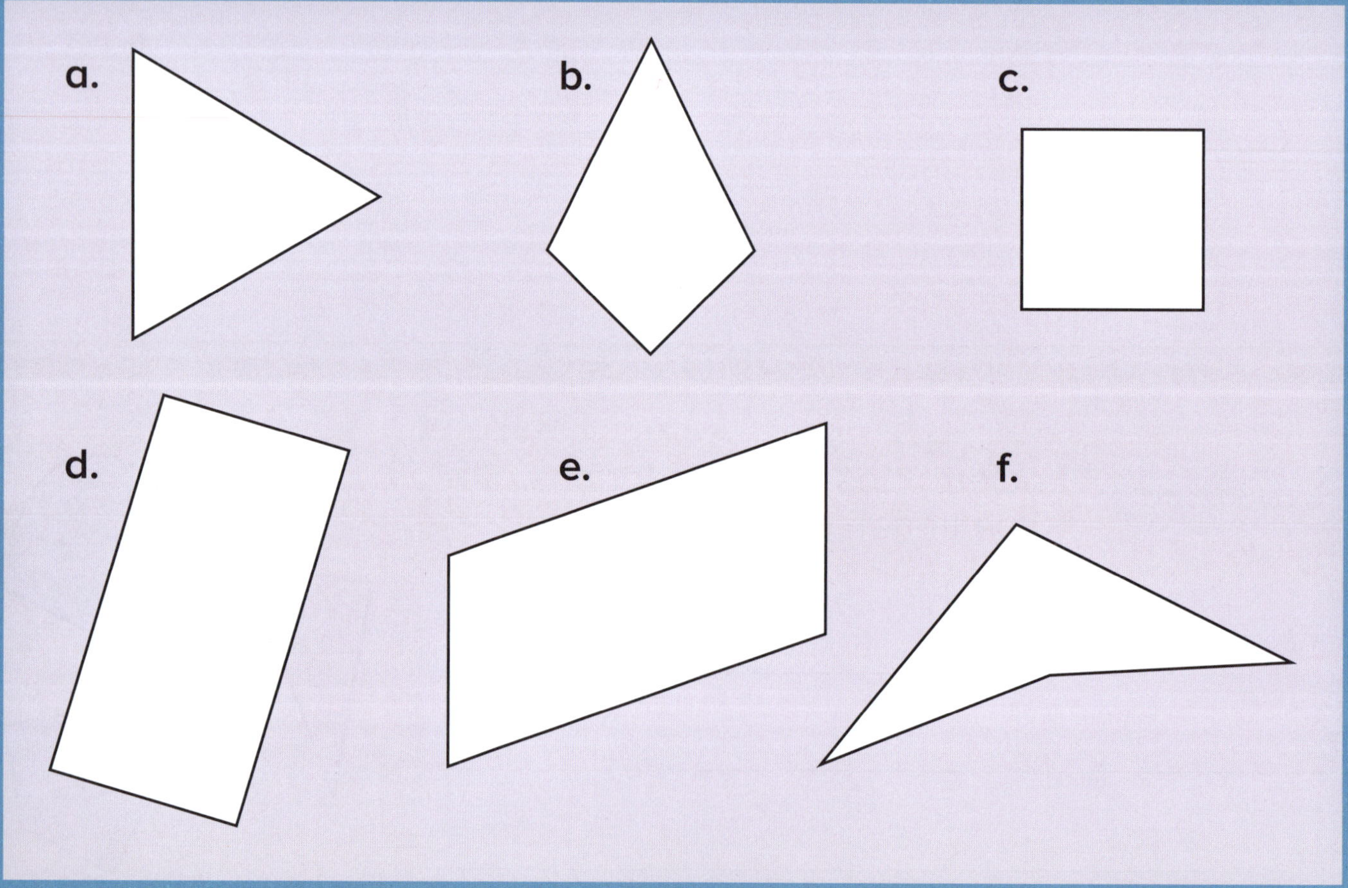

2. Lee la letra dentro de cada forma. Luego, utiliza tu regla para dibujar uno o dos lados rectos para completar la forma.

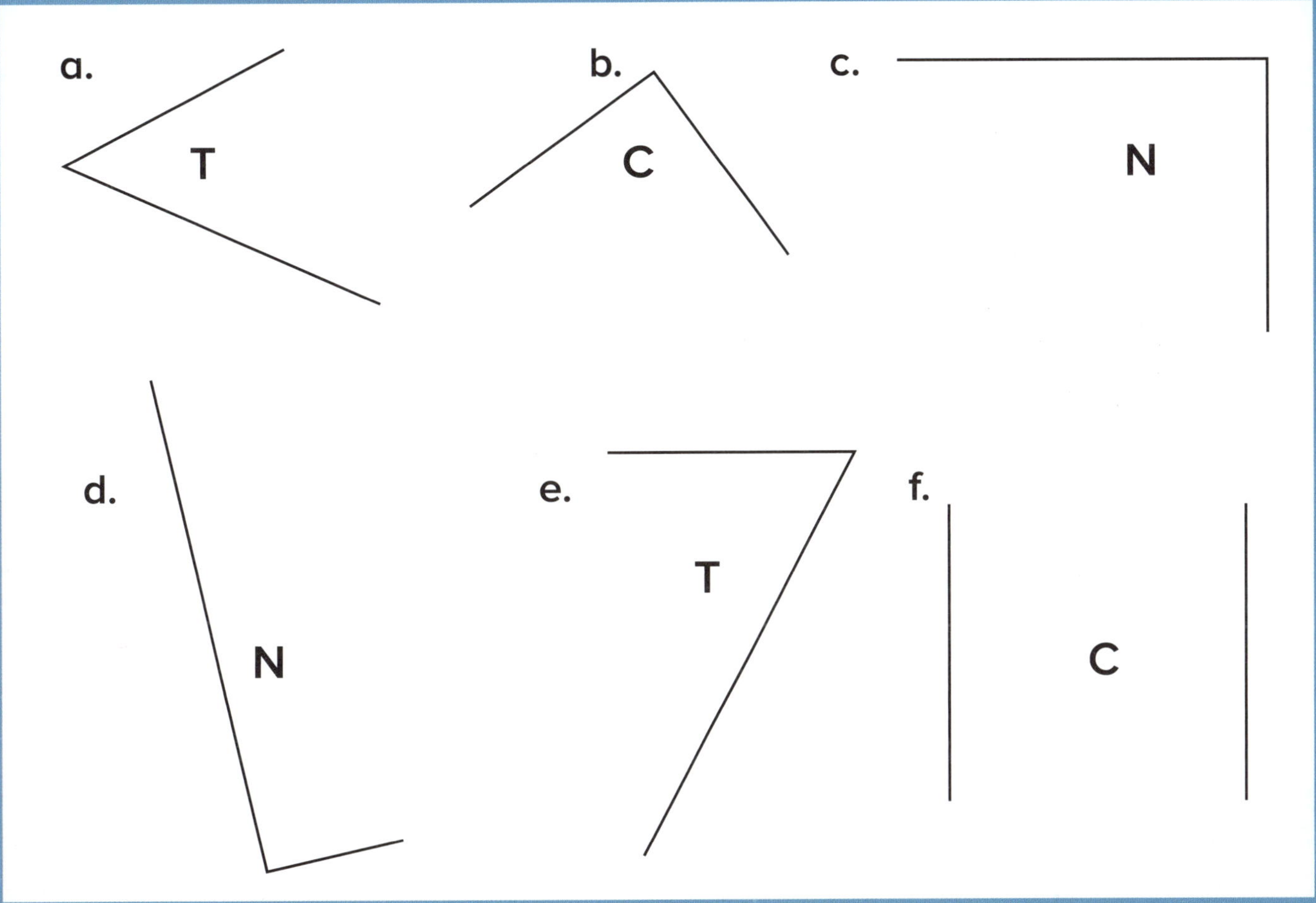

Paso avanzado Dibuja cinco triángulos **diferentes**.

5.12 Uniendo formas 2D

Esta forma se dibujó trazando alrededor de un patrón formado por dos bloques.

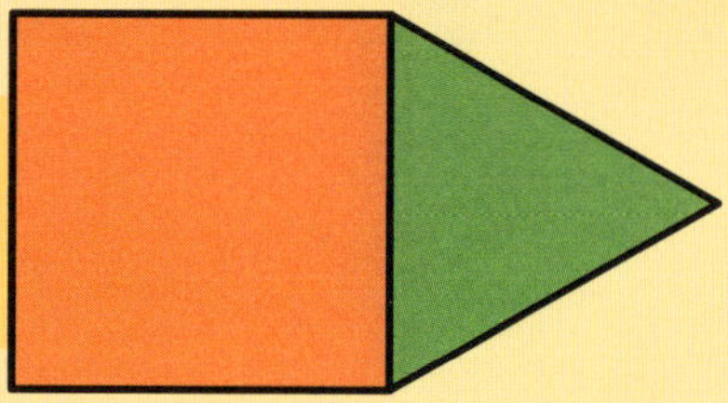

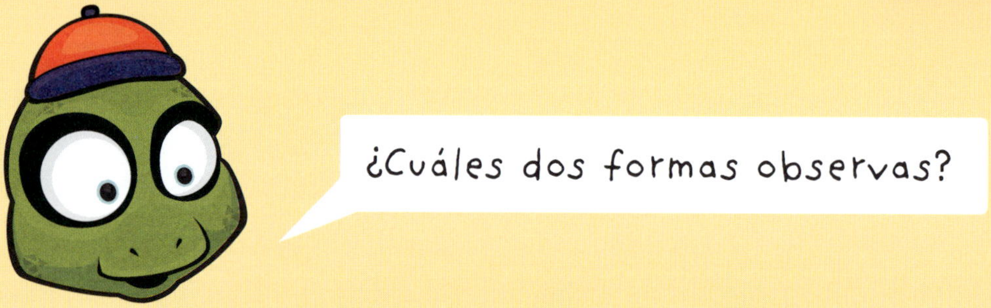

¿Cuántos lados tiene la nueva forma?

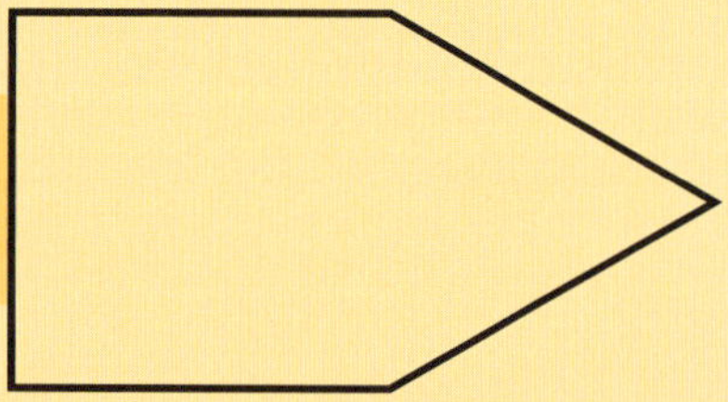

Intensifica

I. Elige otros **dos bloques diferentes** como patrón.

a. Une los bloques. Luego traza una línea a su alrededor en el recuadro de abajo.

b. ¿Cuántos lados tiene tu nueva forma? ______

2. Elige **tres** bloques de patrón diferentes.

a. Une los bloques y traza una línea a su alrededor.

b. ¿Cuántos lados tiene tu nueva forma? ____

3. Elige **tres** bloques de patrón diferentes.

a. Une los bloques y traza una línea a su alrededor.

b. ¿Cuántos lados tiene tu nueva forma? ____

Paso avanzado

Cada forma de abajo se hizo utilizando **tres** bloques de patrón unidos. Traza líneas en las formas para indicar los bloques que se utilizaron.

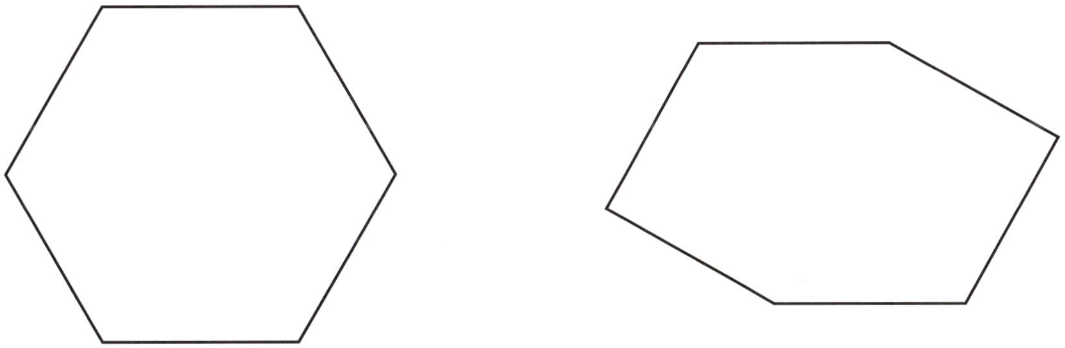

Trabajando con decenas y unidades

Observa esta imagen.

¿Cuántos grupos de decenas están levantados?

¿Cuántos dedos extras están levantados?

Escribe el número en este expansor y en la tabla de valor posicional de abajo. Luego escribe el número.

☐ decenas ☐ unidades

decenas	unidades
___	___

___

¿Cuántas decenas y unidades hay en este número? 45

¿Cómo lo sabes?

Intensifica

1. Escribe las decenas y unidades en el expansor. Luego escribe el número sin el expansor.

a.

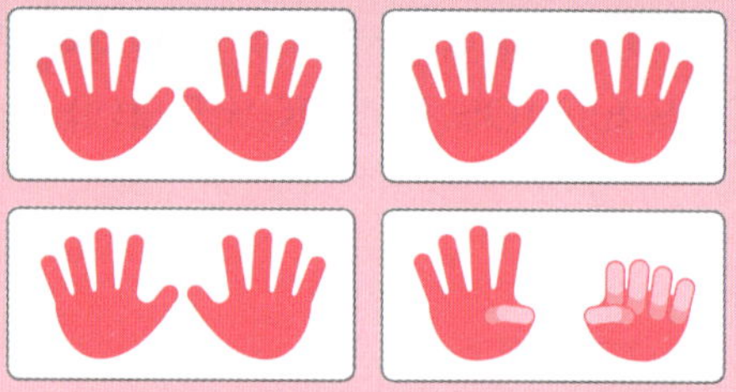

3 decenas 4 unidades

___

b.

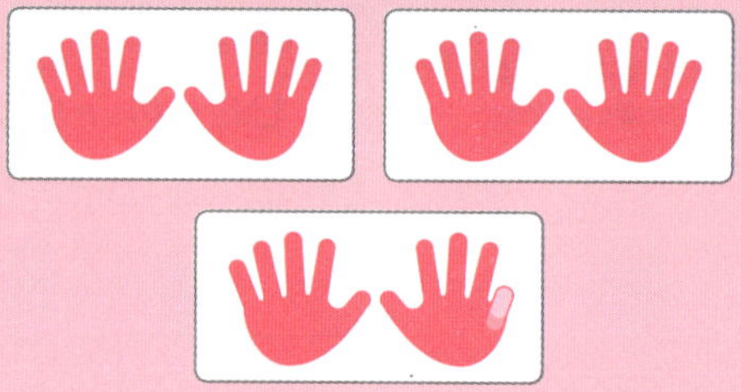

2 decenas ☐ unidades

___

2. Escribe el número de decenas y unidades.
Luego escribe el número que corresponda.

a.

decenas | unidades

b.

decenas | unidades

c.

decenas | unidades

d.

decenas | unidades

e.

decenas | unidades

f.

decenas | unidades

Paso avanzado Lee el número de decenas y unidades.
Escribe los números correspondientes.

a. dos decenas y siete unidades ______

b. seis unidades y ocho decenas ______

c. tres decenas y cuatro unidades ______

d. cinco unidades y nueve decenas ______

6.2 Representando números de dos dígitos

Observa estos nombres de números.

treinta y siete | diecinueve | cincuenta y dos

¿Cuál número tiene la mayor cantidad de decenas? ¿Cómo lo sabes?

Observa estos números.

80 | 18 | 81

¿Qué representa el 8 en cada número? ¿Cómo lo sabes?

Intensifica

1. Colorea las decenas y unidades que correspondan a cada nombre de número.

a. cuarenta y siete

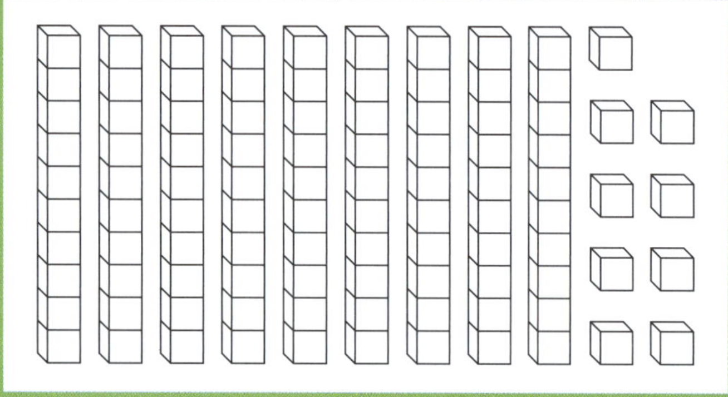

b. sesenta y dos

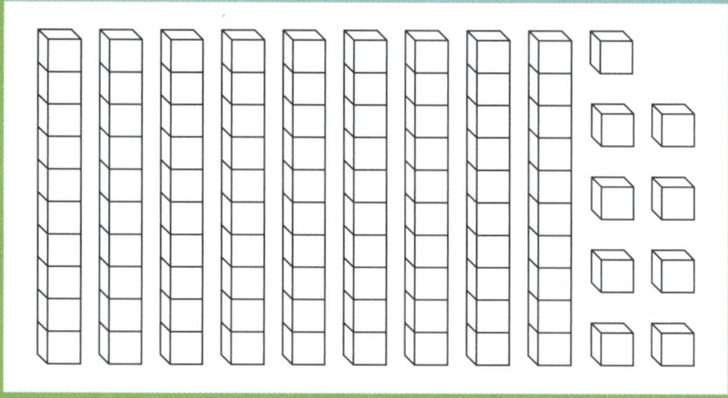

c. diecisiete

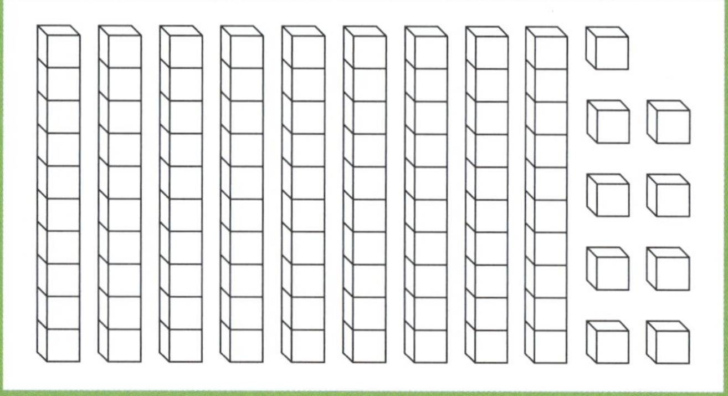

d. veintiséis

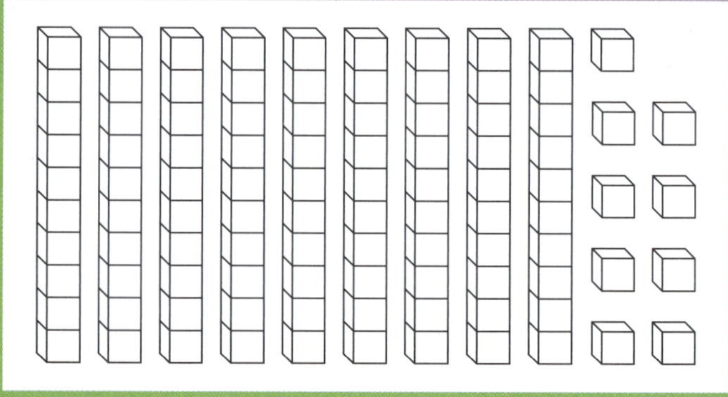

2. Colorea las decenas y unidades que correspondan a cada número.

a. 98

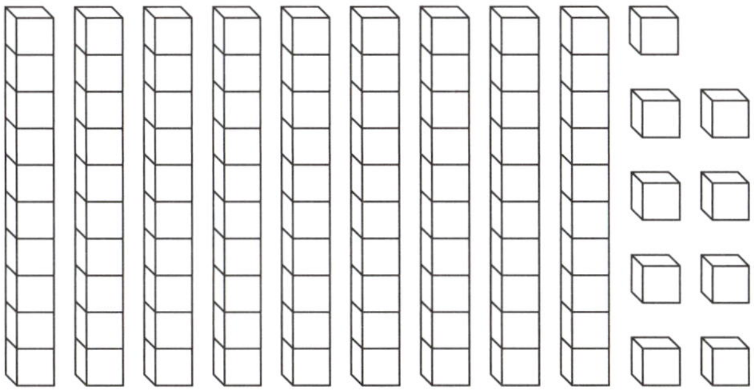

b. 61

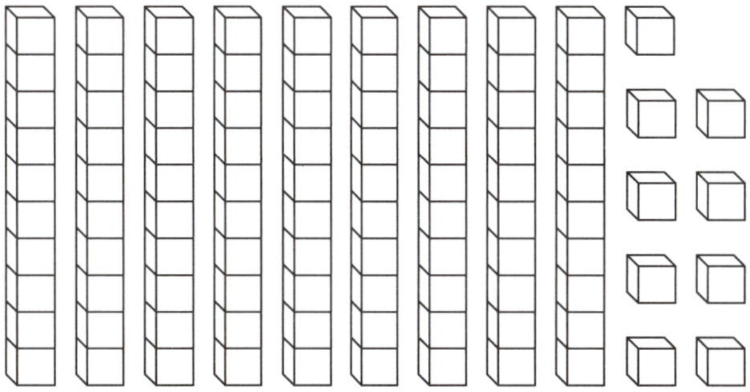

c. 56

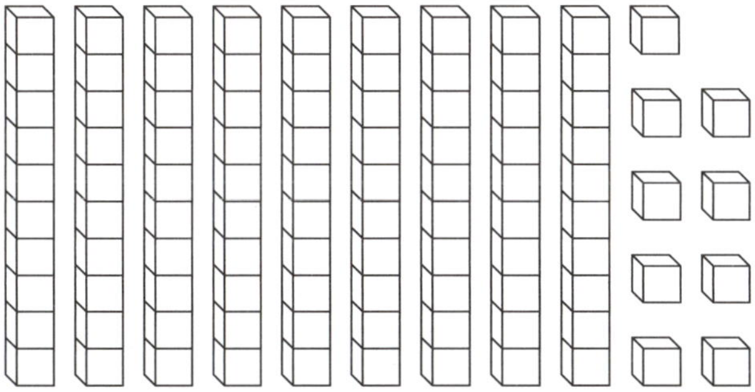

d. 11

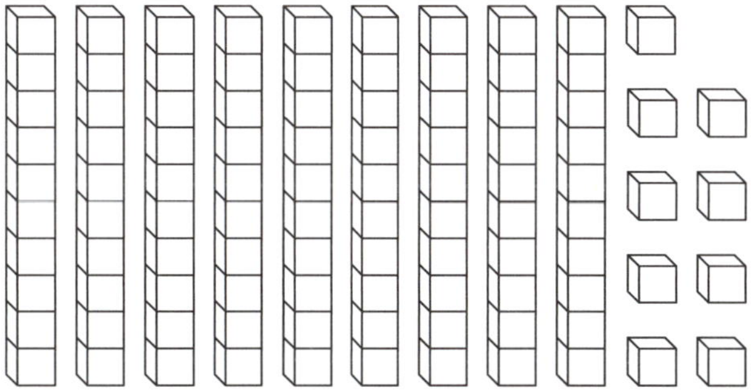

e. 75

f. 40

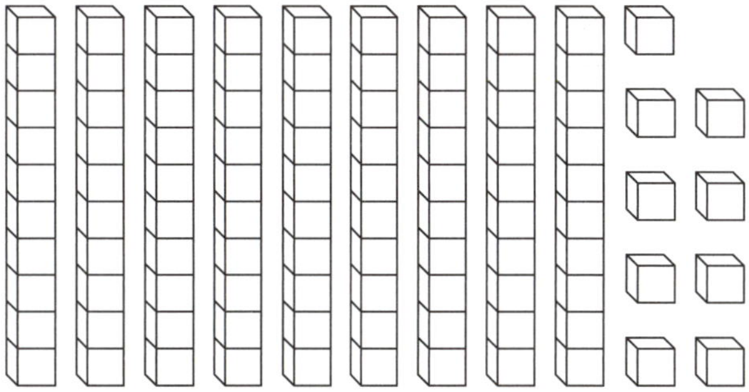

Paso avanzado

Escribe el número de decenas y unidades para que corresponda a cada nombre de número.

a. treinta y dos

decenas	unidades
____	____

b. veintiuno

decenas	unidades
____	____

c. quince

decenas	unidades
____	____

d. cincuenta

decenas	unidades
____	____

6.3 Comparando cantidades usando una balanza de platillos

¿Qué números se representan en esta balanza de platillos? ¿Cómo lo sabes?

¿Cuál número es mayor?
¿Cómo lo sabes?

¿Hay otra forma en que lo puedas averiguar?

Intensifica

1. Escribe números que correspondan al número de bloques. Luego encierra el número **mayor**.

a.

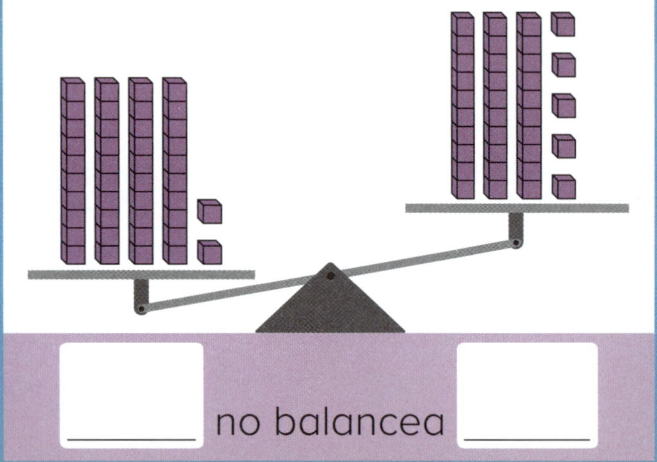

b.

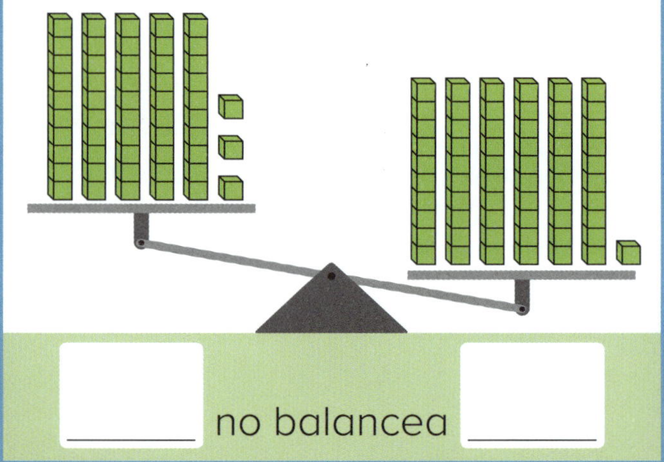

2. Escribe números que correspondan al número de bloques. Luego encierra el número que sea **menor**.

a.

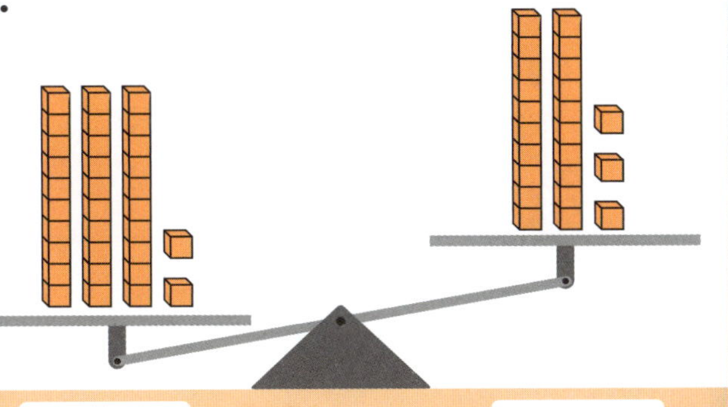

____ no balancea ____

b.

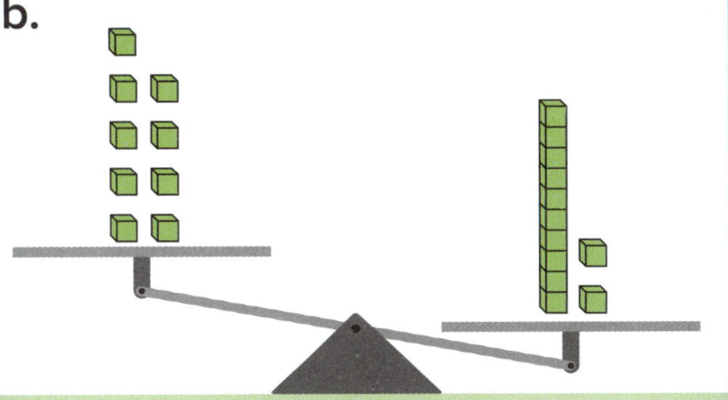

____ no balancea ____

c.

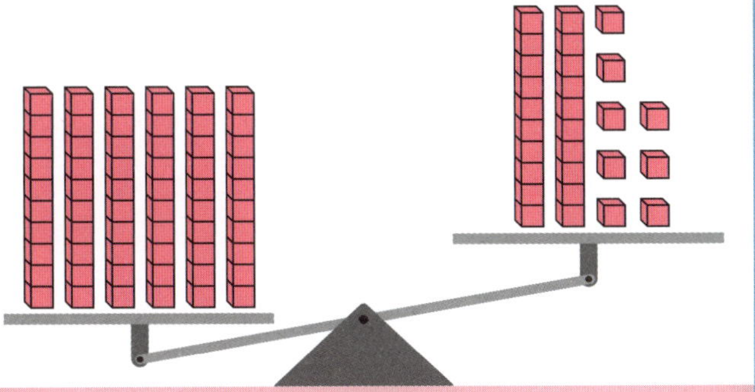

____ no balancea ____

d.

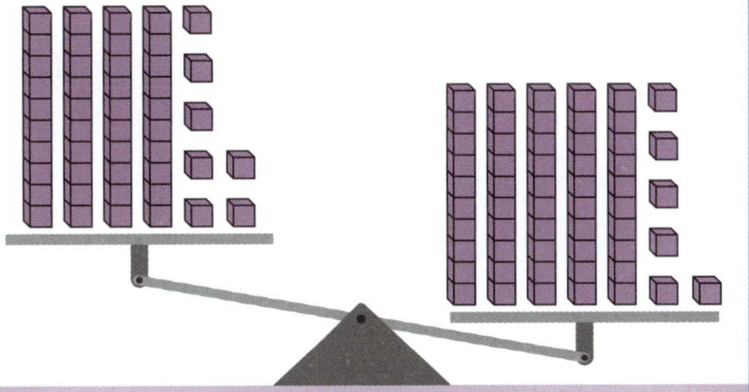

____ no balancea ____

Paso avanzado

Dibuja más bloques para que lo que representan las imágenes de las balanzas se correcto. Luego escribe los números.

a.

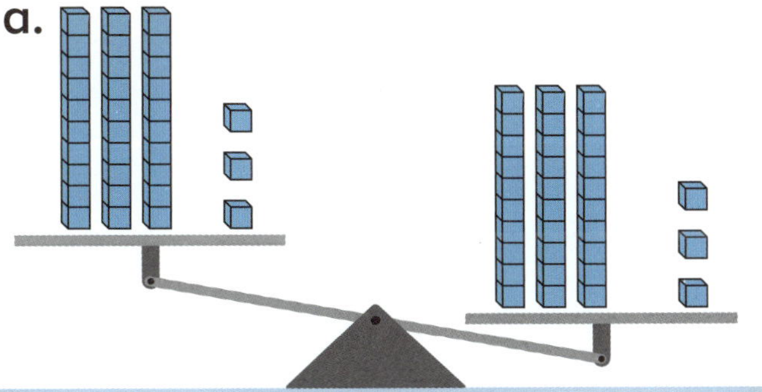

____ no balancea ____

b.

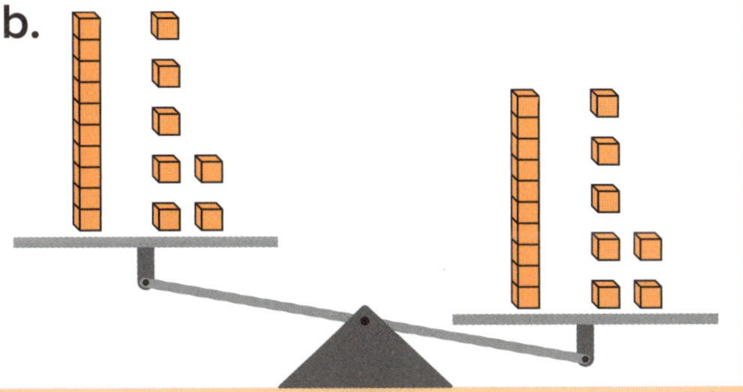

____ no balancea ____

6.4 Comparando cantidades menores que 100

¿Cuántos bloques de decenas son morados?
¿Cuántos bloques de unidades son morados?
¿Cuántos bloques de decenas y unidades son azules?

¿Cuál color indica la mayor cantidad?
¿Cómo lo sabes?

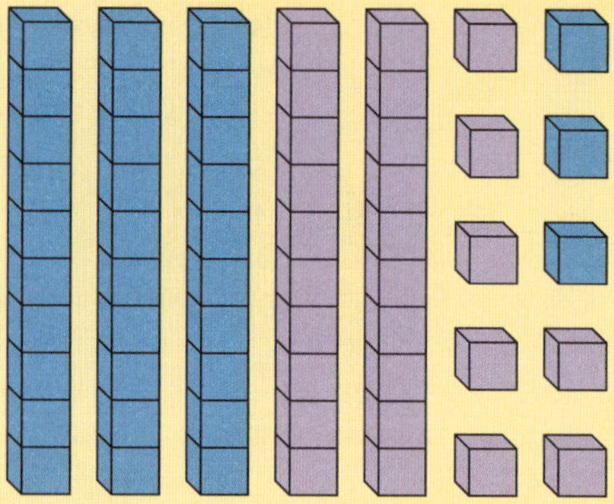

Primero observé las decenas. Hay 3 decenas azules y solamente 2 decenas moradas.

Intensifica 1. Colorea los bloques correspondientes al nombre del número. Luego escribe los números para completar la declaración.

a. veinticuatro

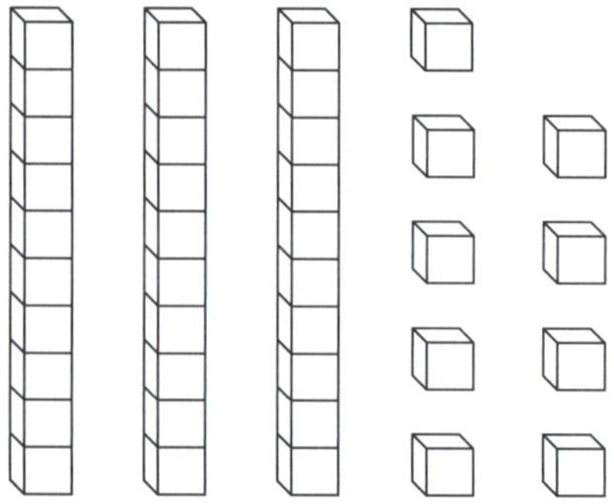

treinta y siete

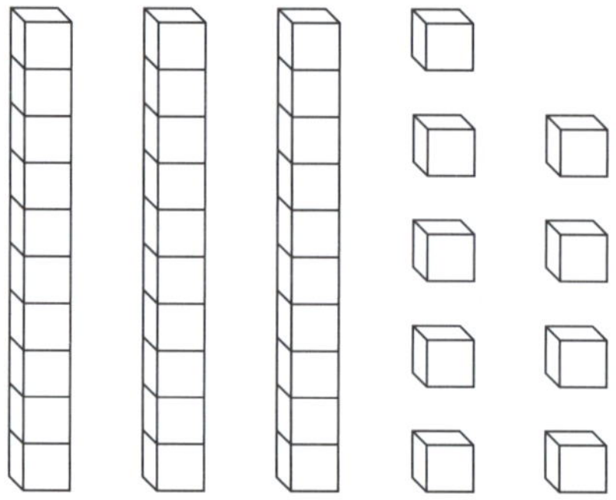

_______ es mayor que _______

b. cincuenta y uno

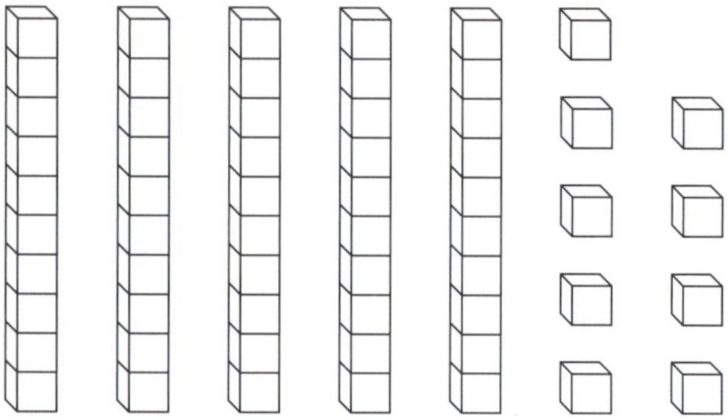

cuarenta y seis

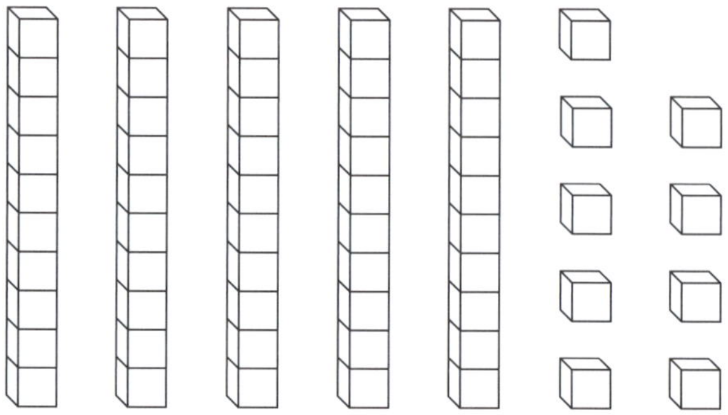

_______ es mayor que _______

2. Colorea bloques que correspondan al nombre del número. Luego escribe los números para completar la declaración.

a.

trece

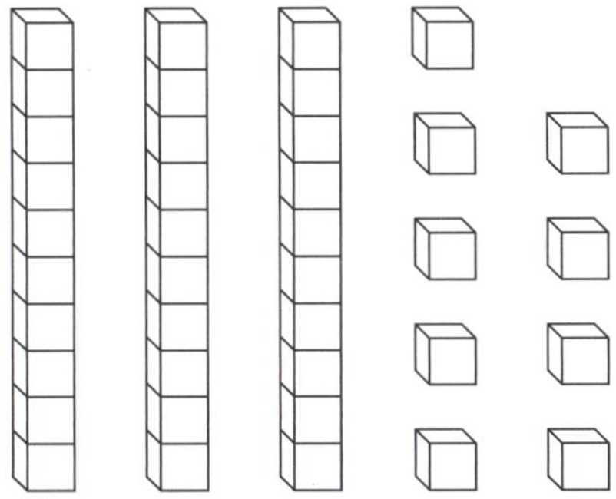

treinta y tres

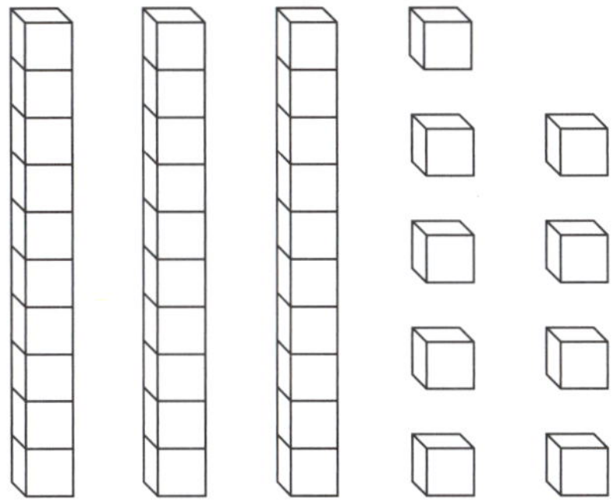

_______ es menor que _______

b.

sesenta

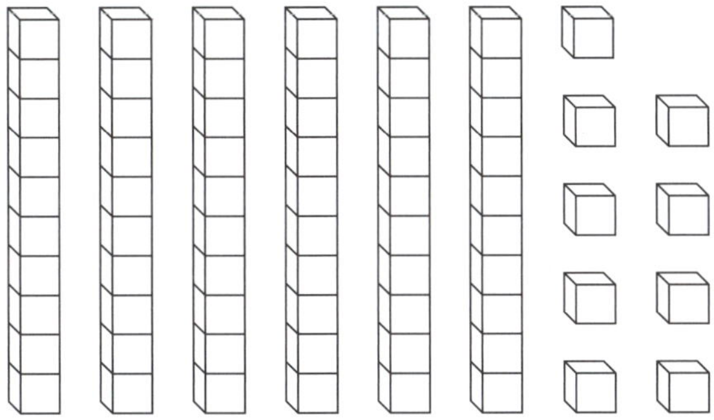

dieciséis

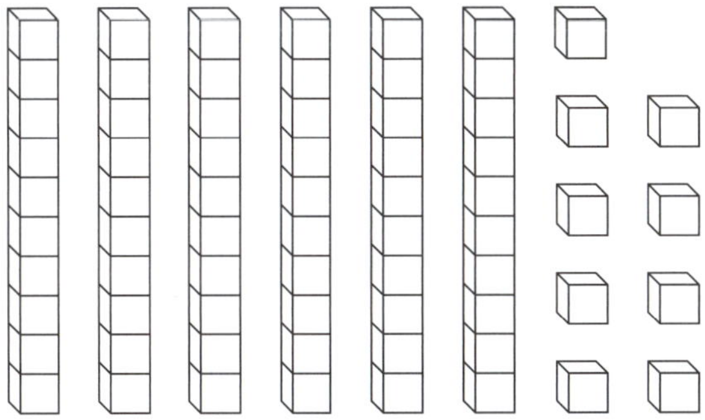

_______ es menor que _______

Paso avanzado

¿En qué dirección está la casa número 58? Dibuja una flecha sobre la calle para indicar la dirección.

6.5 Comparando números de dos dígitos (valor posicional)

Compara el número de decenas y unidades en cada tabla de valor posicional.

decenas	unidades
5	1

decenas	unidades
3	8

¿El 51 es **mayor que** o **menor que** el 38?
¿Cómo lo sabes?

¿Cuál posición es la que primero miras cuando comparas dos números?

¿Y qué harías si en la posición de las decenas los dos dígitos fueran iguales?

Intensifica

1. Compara los números en las tablas.
Encierra las expresiones que son verdaderas.

a.

decenas	unidades
7	5

es mayor que

es menor que

decenas	unidades
5	2

b.

decenas	unidades
4	6

es mayor que

es menor que

decenas	unidades
5	0

c.

decenas	unidades
2	9

es mayor que

es menor que

decenas	unidades
2	2

d.

decenas	unidades
3	8

es mayor que

es menor que

decenas	unidades
6	8

2. Compara los números. Escribe **es mayor que** o **es menor que** para crear declaraciones verdaderas.

a. 88 ______________________ 90

b. 14 ______________________ 40

c. 67 ______________________ 29

d. 26 ______________________ 29

e. 33 ______________________ 19

3. Escribe otros números para crear declaraciones verdaderas.

a. ______ es menor que ______

b. ______ es mayor que ______

c. ______ es mayor que ______

d. ______ es menor que ______

Paso avanzado

Escribe dígitos en las casillas para crear declaraciones verdaderas. Utiliza cada dígito una sola vez.

0	1	2	3
4	5	6	7
8	8	9	9

___ ___ es menor que ___ ___

___ ___ es mayor que ___ ___

___ ___ es menor que ___ ___

6.6 Ordenando números de dos dígitos

¿Qué indica esta imagen?

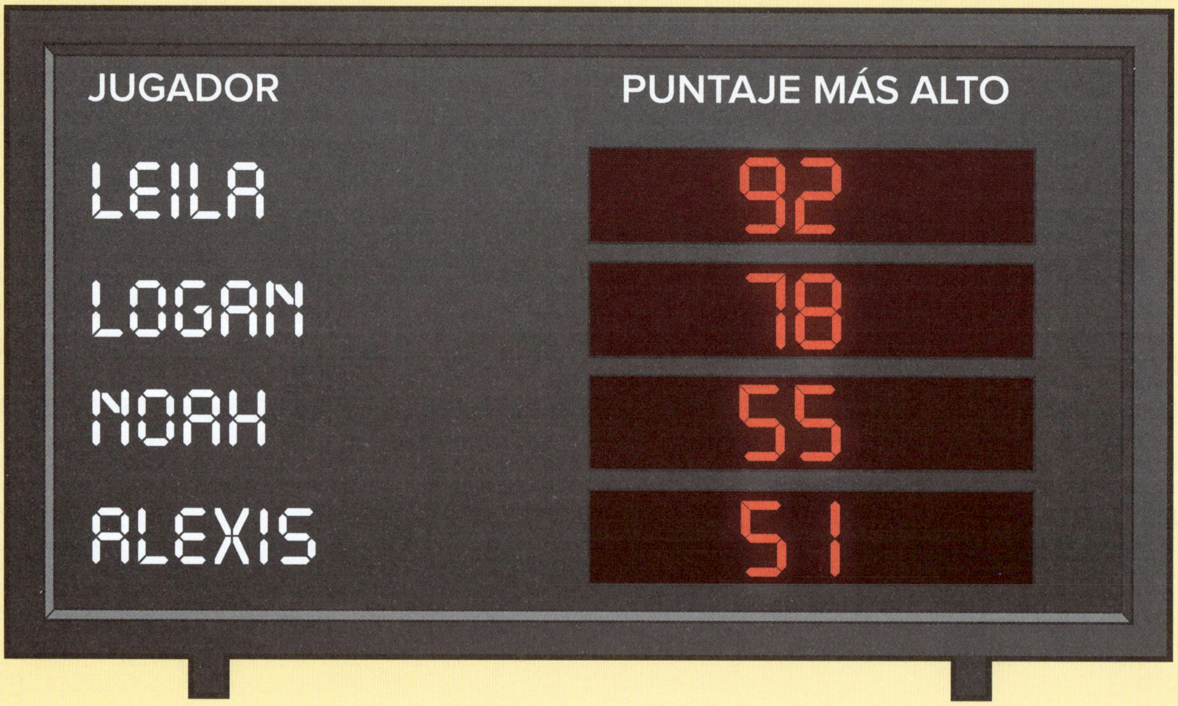

¿Qué notas acerca de estos puntajes?

Intensifica

1. Escribe estos números en orden de **menor** a **mayor**.

a. 22 15 28 31

____ ____ ____ ____

b. 54 63 45 72

____ ____ ____ ____

c. 18 33 41 39

____ ____ ____ ____

d. 78 71 69 80

____ ____ ____ ____

2. Escribe estos números en orden de **mayor** a **menor**.

a. 29 31 24 19

____ ____ ____ ____

b. 48 42 46 55

____ ____ ____ ____

c. 65 70 73 61

____ ____ ____ ____

d. 90 82 88 18

____ ____ ____ ____

3. Escribe números que vayan de **menor** a **mayor**.

13, 17, 27, ____, ____, 52

4. Escribe números que vayan de **mayor** a **menor**.

88, ____, 61, 36, ____, 4

Paso avanzado

Lee la historia. Luego escribe cada nombre sobre el puntaje que corresponda.

a. El puntaje de **John** fue **mayor** que el de **Peta**.
El puntaje de **Emily** fue **menor** que el de **Peta**.

____	____	____
13	22	34

b. El puntaje de **Anton** fue **mayor** que el de **Sofía**, pero **menor** que el de **Dixon**.

____	____	____
35	42	57

6.7 Trabajando con el valor posicional en una tabla de cien

Observa abajo la tabla de cien. Pasa tu dedo a lo largo de todos los números que tienen el 6 en la posición de las unidades.

Pasa tu dedo a lo largo de todos los números que tienen el 6 en la posición de las decenas.

¿Qué notaste?

1	2	3	4	5	6	7	8	9	10
11	12	13	14	15	16	17	18	19	20
21	22	23	24	25	26	27	28	29	30
31	32	33	34	35	36	37	38	39	40
41	42	43	44	45	46	47	48	49	50
51	52	53	54	55	56	57	58	59	60
61	62	63	64	65	66	67	68	69	70
71	72	73	74	75	76	77	78	79	80
81	82	83	84	85	86	87	88	89	90
91	92	93	94	95	96	97	98	99	100

Colorea dos números cualquiera sobre la tabla de cien.

¿Qué dígitos están en las posiciones de las decenas y las unidades?

¿Cuál de tus dos números es mayor?

¿Alguno de los dos números es mayor que el 50? ¿Cómo lo sabes?

Intensifica Utiliza la tabla de cien de la página 140 para ayudarte a contestar estas preguntas.

1. Lee la pista y luego escribe el número.

a. Tengo el 2 en la posición de las decenas y el 5 en la posición de las unidades. ____

b. Tengo cuatro unidades y tres decenas. ____

c. Tengo el 9 en la posición de las unidades y el 2 en la posición de las decenas. ____

2. a. Escribe todos los números menores de 100 que tienen el 8 en la posición de las **decenas**.

____, ____, ____, ____, ____, ____, ____, ____, ____, ____

b. ¿Qué notas acerca de estos números?

____

3. a. Escribe todos los números menores de 100 que tienen el 8 en la posición de las **unidades**.

____, ____, ____, ____, ____, ____, ____, ____, ____, ____

b. ¿Qué notas acerca de estos números?

____

Paso avanzado

a. Observa la tabla de cien en la página 140. Escribe los números de **dos dígitos** que tienen el mismo dígito en las posiciones de las decenas y las unidades.

____, ____, ____, ____, ____, ____, ____, ____, ____

b. ¿Qué patrón observaste?

____

6.8 Contando de 5 en 5 y de 10 en 10

Observa la cinta numerada de abajo.

¿Cuántos cincos puedes encontrar? ¿Cuáles números tienen un cinco?
¿Cuántos ceros puedes encontrar? ¿Cuáles números tienen un cero?

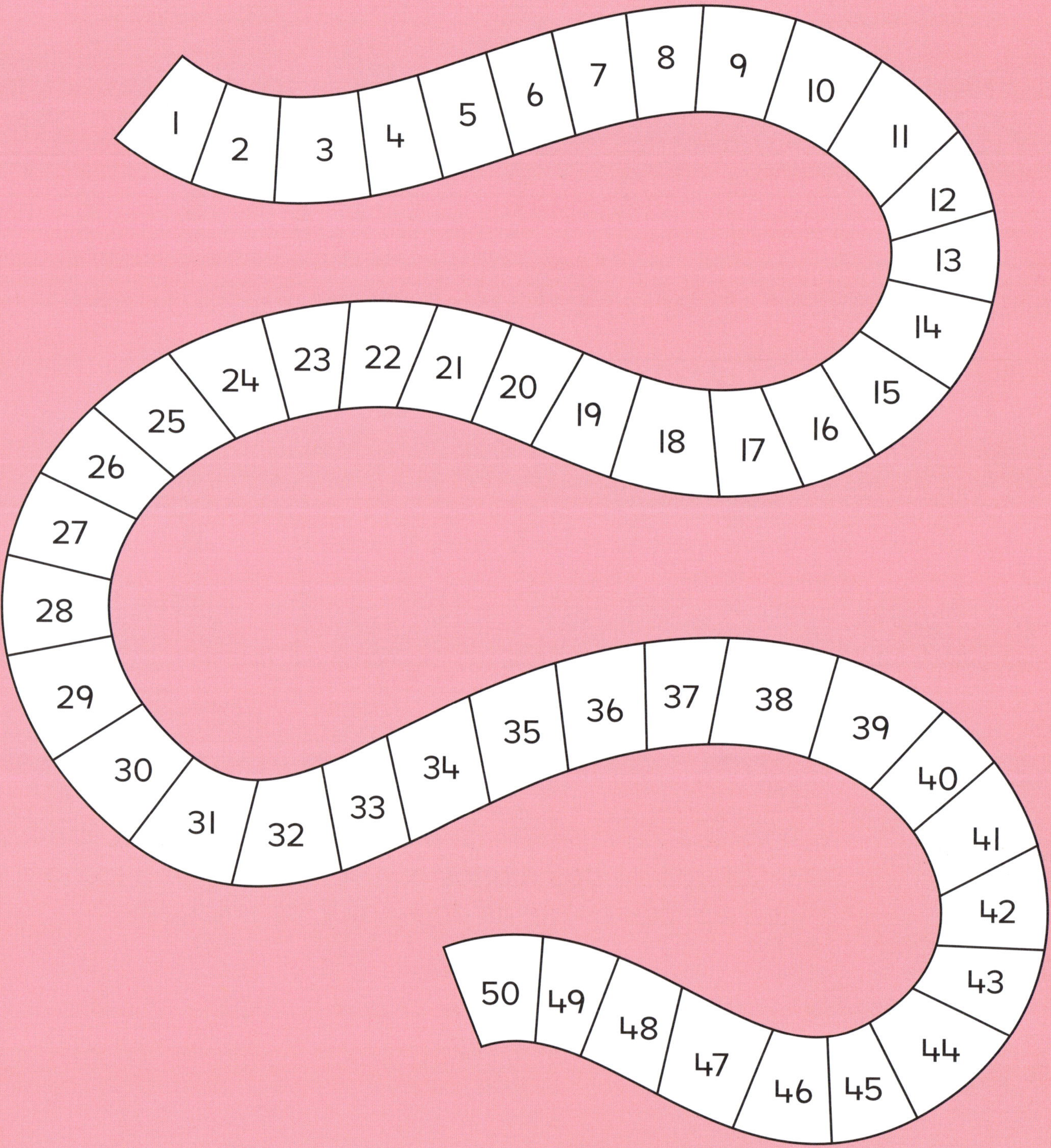

Intensifica Utiliza la cinta numerada de la página 142 para ayudarte a contestar estas preguntas.

1. **a.** Comienza en el 10. Dibuja un ● en los números que dices cuando cuentas de 10 en 10.

   b. Escribe los números que dices cuando cuentas de 10 en 10.

   10, ____, ____, ____, ____

   c. Observa los números anteriores. Escribe el patrón que ves.

   ____

   ____

2. **a.** Comienza en el 5. Dibuja un ● en los números que dices cuando cuentas de 5 en 5.

   b. Escribe los números que dices cuando cuentas de 5 en 5.

   5, ____, ____, ____, ____, ____, ____, ____, ____, ____

   c. Observa los números anteriores. Escribe el patrón que ves.

   ____

   ____

Paso avanzado Imagina que la cinta numerada de la página 142 sigue hasta el 100.

a. Escribe los números que dirías si siguieras contando de 10 en 10.

50, ____, ____, ____, ____, ____

b. Escribe los números que dirías si siguieras contando de 5 en 5.

50, ____, ____, ____, ____, ____, ____, ____, ____, ____, ____

6.9 Contando de 2 en 2

Observa la cinta numerada de abajo.

¿Cuántos doses puedes encontrar? ¿Cuáles números tienen un dos?

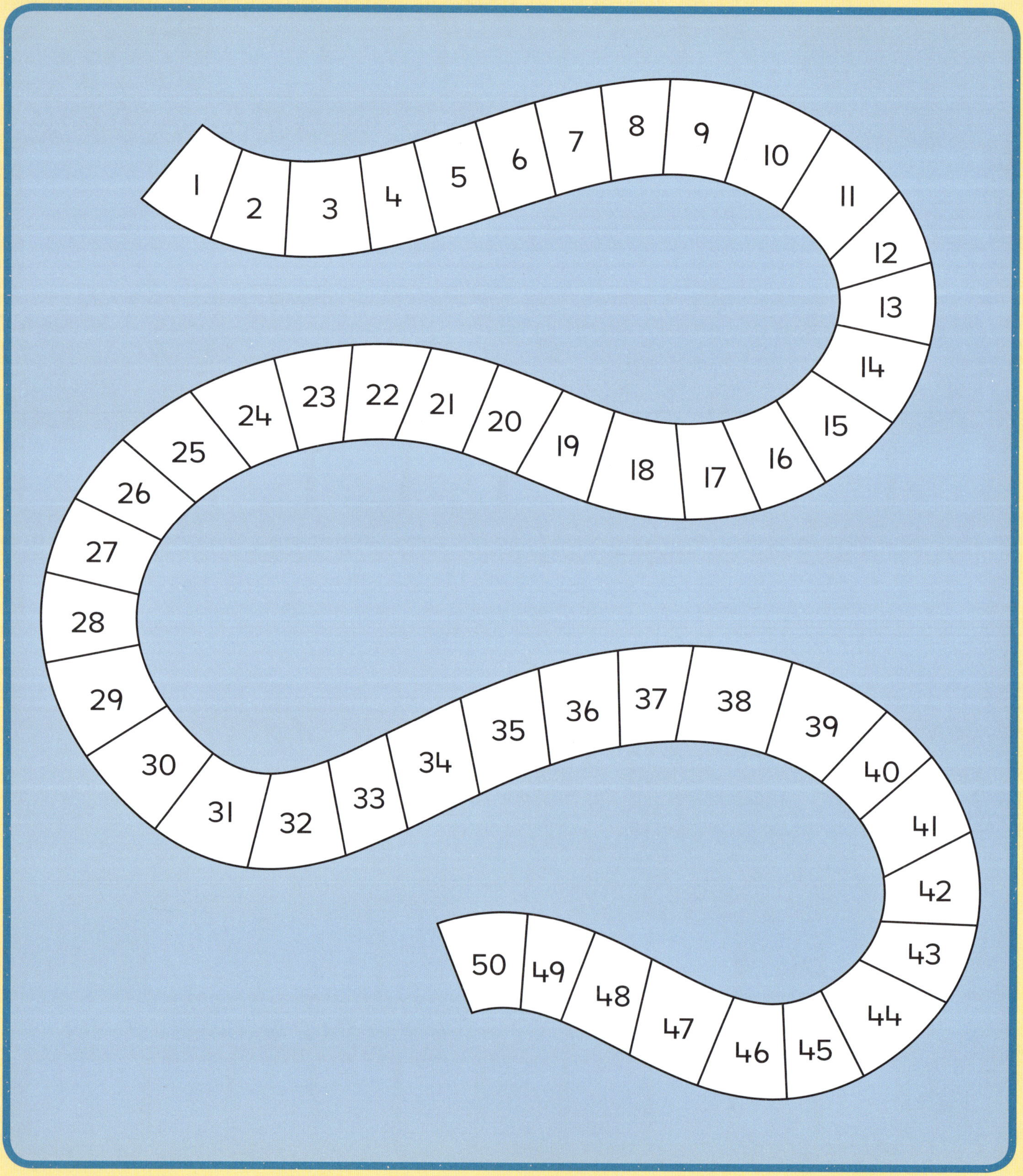

Intensifica Utiliza la cinta numerada de la página 144 para ayudarte a contestar estas preguntas.

1. Comienza en el 2. Dibuja un ● en los números que dices cuando cuentas de 2 en 2.

2. a. **Observa los números con puntos anaranjados.**
Escribe los números que se encuentran entre el 12 y el 40.

12, ___, ___, ___, ___, ___, ___, ___,
___, ___, ___, ___, ___, ___, 40

b. Observa los números anteriores. Escribe el patrón que ves.

___

___

3. Imagina que la cinta numerada de la página 144 sigue hasta el 100. Encierra los números que dices al contar de 2 en 2.

53 62 56 79 90 81 68

99 74 60 88 57 75

Paso avanzado Utiliza la cinta numerada de la página 144.

a. Comienza en el 3. Dibuja un ● en los números que dices cuando cuentas de 2 en 2.

b. **Observa los números con puntos azules.**
Escribe acerca de lo que notas.

___

___

6.10 Resolviendo juegos numéricos en una tabla de cien

Colorea tres números mayores que 10 sobre esta tabla de cien.

Cada número debe estar en una fila diferente.

1	2	3	4	5	6	7	8	9	10
11	12	13	14	15	16	17	18	19	20
21	22	23	24	25	26	27	28	29	30
31	32	33	34	35	36	37	38	39	40
41	42	43	44	45	46	47	48	49	50
51	52	53	54	55	56	57	58	59	60
61	62	63	64	65	66	67	68	69	70
71	72	73	74	75	76	77	78	79	80
81	82	83	84	85	86	87	88	89	90
91	92	93	94	95	96	97	98	99	100

¿Qué cosas sabes acerca de tus números?

¿Cuál número tiene la mayor cantidad de unidades?

¿Cuál número tiene la mayor cantidad de decenas?

¿Cuál número es el mayor?

¿Cuál número es el menor?

¿Cómo lo sabes?

Intensifica Utiliza la tabla de cien en la página 146 para ayudarte a contestar estas preguntas.

1. Lee la pista. Escribe el número que corresponda.

a. Tengo el 7 en la posición de las decenas y el 3 en la posición de las unidades. ____

b. Soy mayor que el 44 pero menor que el 46. ____

c. Estoy entre el 33 y el 39. Me cuentas cuando comienzas en el 5 y cuentas de 5 en 5. ____

d. Estoy en la misma fila que el 56. Me cuentas cuando comienzas en el 10 y cuentas de 10 en 10. ____

2. Escribe todos los números que corresponden a estas pistas.

a. Soy menor que el 43 y tengo 4 decenas.

____ ____ ____

b. Soy mayor que el 69 y tengo el 8 en la posición de las unidades.

____ ____ ____

c. Soy mayor que el 86. Me cuentas cuando comienzas en el 50 y cuentas de 5 en 5.

____ ____ ____

d. Soy mayor que el 27 y menor que el 31.

____ ____ ____

Paso avanzado Elige y escribe un número mayor que 10. Escribe pistas acerca de tu número. ____

____

____

____

6.11 Explorando patrones repetitivos

En los patrones repetitivos existe una parte que se repite una y otra vez.

¿Cuál es la parte que se repite en este patrón?

Encierra la parte. Luego dibuja las dos formas que siguen en el patrón.

Intensifica

1. Encierra la parte que se repite en cada uno de estos patrones.

a.

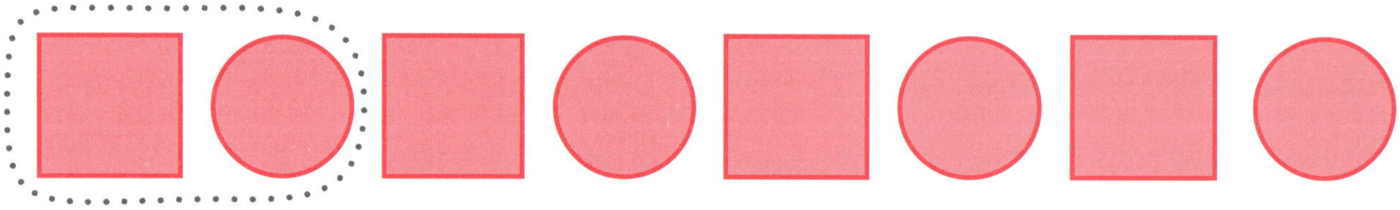

b.

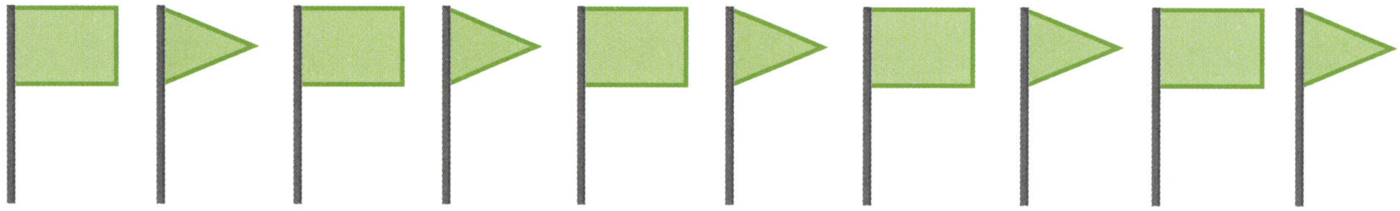

c.

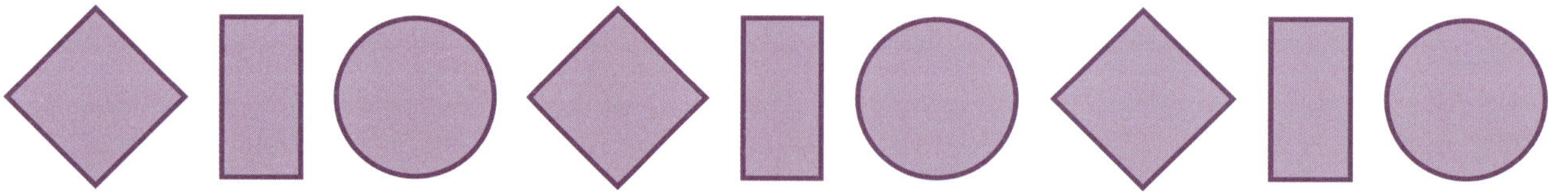

2. Dibuja la imagen que falta en cada patrón.
Luego encierra la parte que se repite en cada uno.

a.

b.

3. Dibuja dos patrones repetitivos **distintos** usando 2 o 3 formas.
Encierra la parte que se repite en cada uno.

Paso avanzado

Dibuja un ♡ y un △ para crear otro patrón repetitivo.
Encierra la parte que se repite en cada patrón.

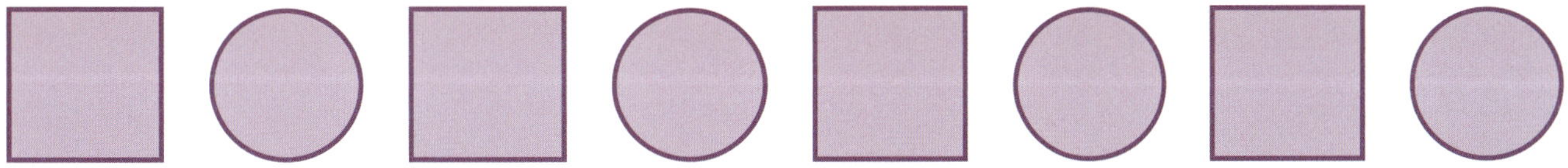

6.12 Explorando patrones crecientes y decrecientes

Éste es un **patrón creciente**. Haz el dibujo que sigue.

¿Cómo describirías este patrón a un amigo?

Éste es un **patrón decreciente**. Haz el dibujo que sigue.

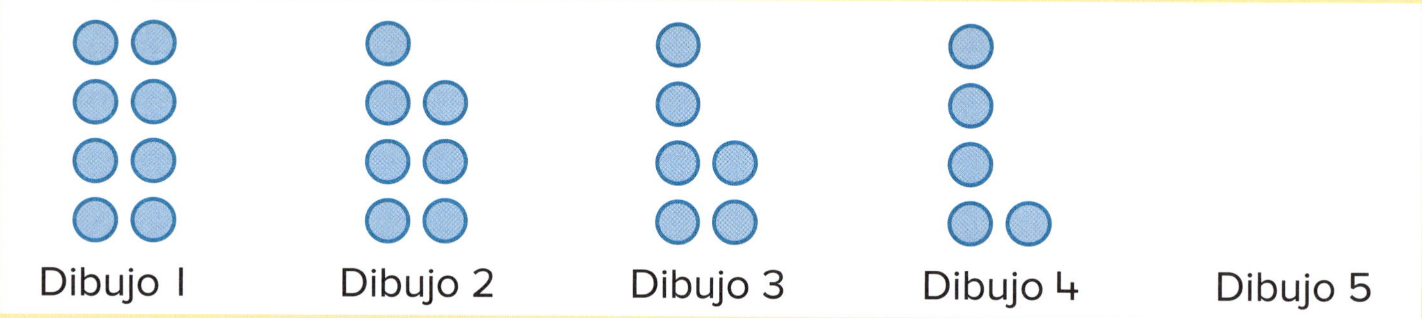

¿Cómo se verá el siguiente dibujo? ¿Cómo lo sabes?

Observa este patrón numérico. ¿Éste es un patrón creciente o decreciente? ¿Cómo lo sabes?

1, 3, 5, 7, 9, 11, 13

¿Qué es un patrón de números decreciente?

Intensifica

1. Haz el dibujo que sigue en este patrón.

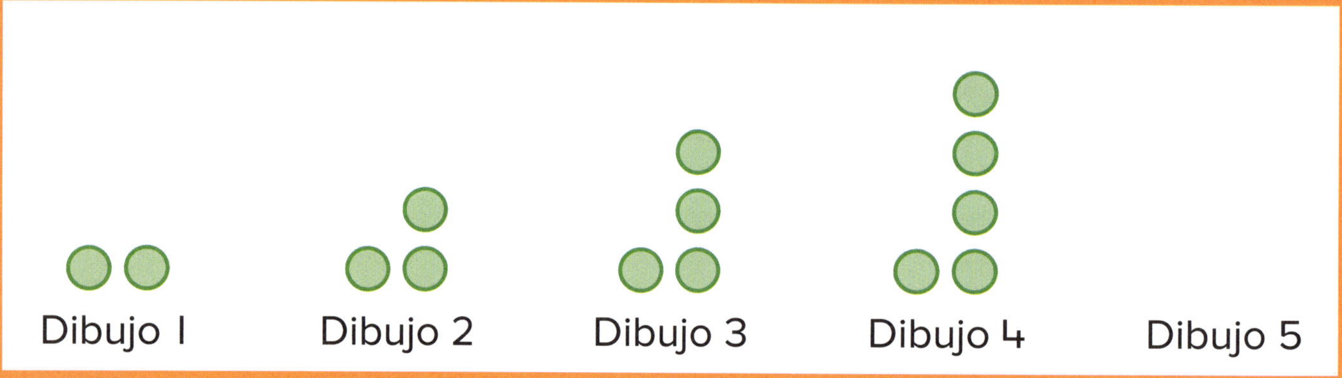

2. Haz el dibujo que falta en cada patrón.

a.

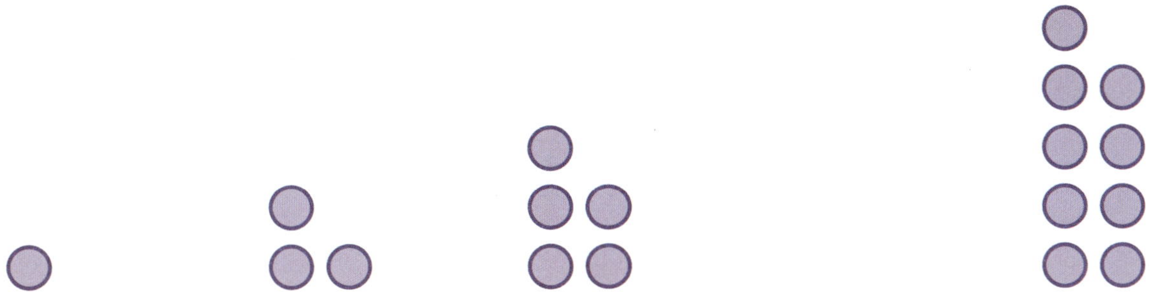

Dibujo 1 | Dibujo 2 | Dibujo 3 | Dibujo 4 | Dibujo 5

b.

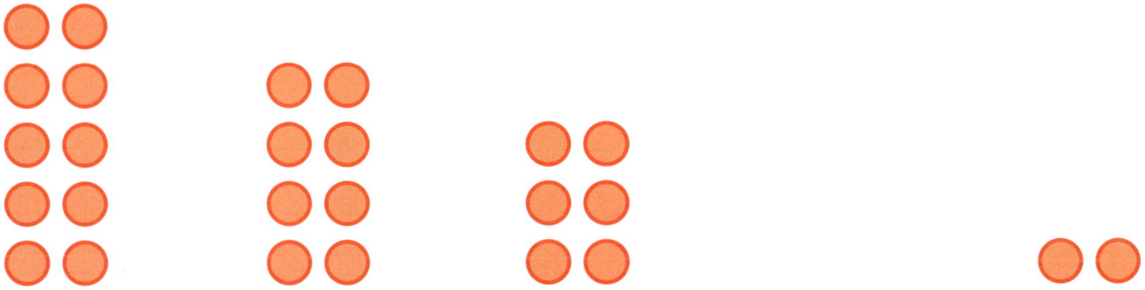

Dibujo 1 | Dibujo 2 | Dibujo 3 | Dibujo 4 | Dibujo 5

3. Escribe los números que faltan en cada patrón.

a. 5, 10, 15, 20, 25, ____, 35, 40, ____

b. 22, 20, 18, 16, ____, 12, 10, ____, 6

c. 3, ____, 7, 9, ____, 13, 15, 17, 19

d. 90, 80, 70, ____, 50, ____, ____, 20

Paso avanzado Escribe otro patrón numérico **creciente**.

____, ____, ____, ____, ____, ____, ____, ____

7.1 Explorando combinaciones de diez

Observa estos bloques.

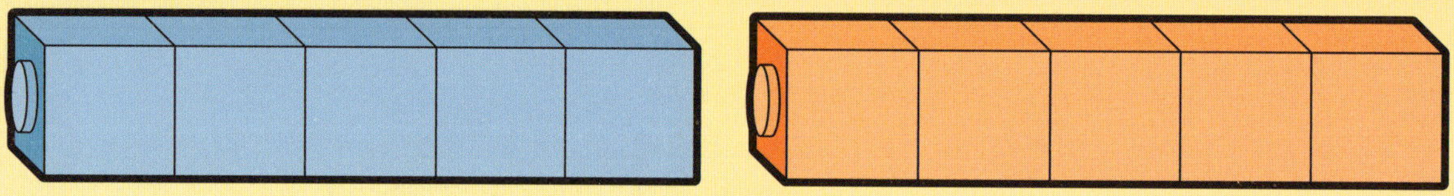

¿Qué operación de suma corresponde a la imagen?

¿De qué otra manera podrías separar los bloques?

¿Qué otra operación de suma podrías escribir?

Intensifica

1. Colorea algunos de los bloques.
Luego escribe la operación de suma que corresponda.

a. ___ + ___ = 10

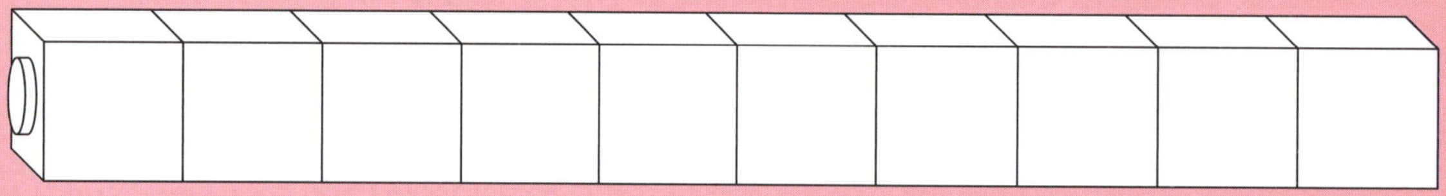

b. ___ + ___ = 10

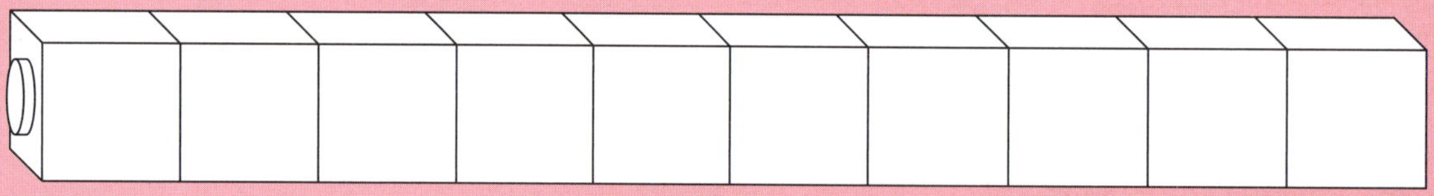

c. ___ + ___ = 10

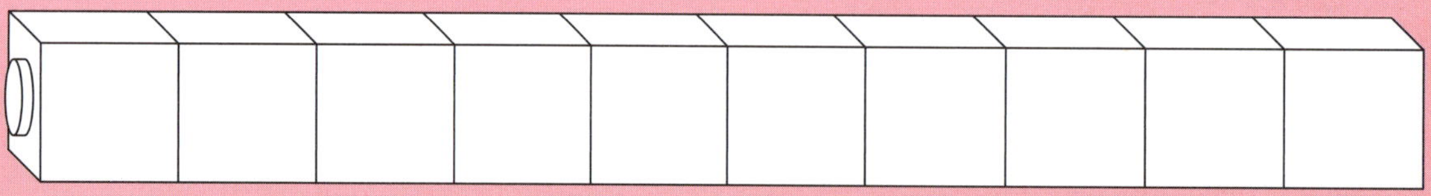

2. Colorea algunos de los bloques para formar tres partes. Luego escribe la operación de suma que corresponda.

a. ___ + ___ + ___ = 10

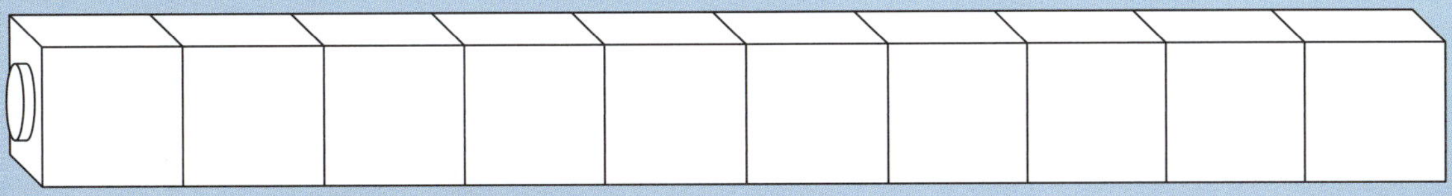

b. ___ + ___ + ___ = ___

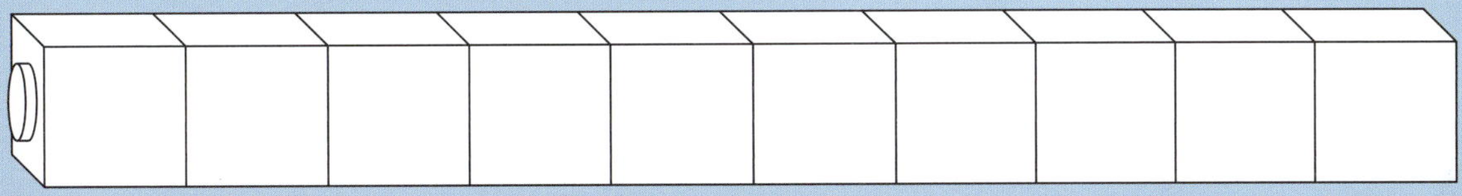

c. ___ + ___ + ___ = ___

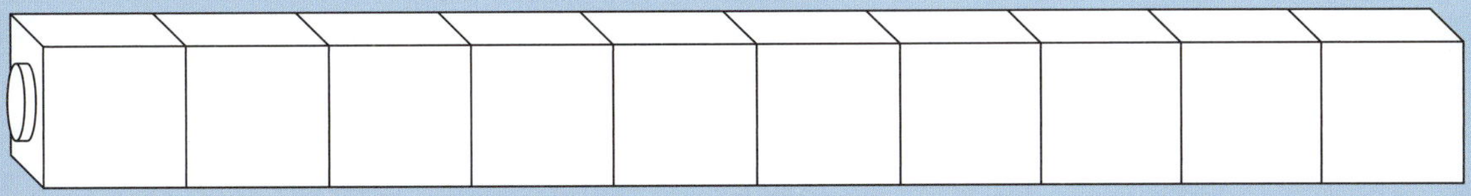

d. ___ + ___ + ___ = ___

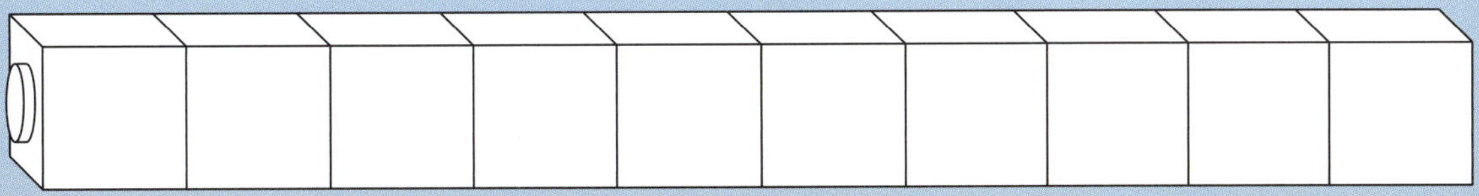

Paso avanzado

Piensa en diferentes formas en que puedes dividir **11** bloques. Luego completa las operaciones de suma correspondientes.

___ + ___ = 11

11 = ___ + ___

___ + ___ + ___ = 11

11 = ___ + ___ + ___

7.2 Usando la propiedad asociativa de la suma para sumar tres números enteros

¿Cuántas mariquitas hay en total?

¿Cómo lo sabes?

¿Qué operación de suma escribirías para indicar cómo sumaste? ______

Intensifica

1. Dibuja ↷ para indicar dos grupos que formen 10. Escribe una operación que indique tu suma y el total.

a.

___ + ___ + ___ = ___

b.

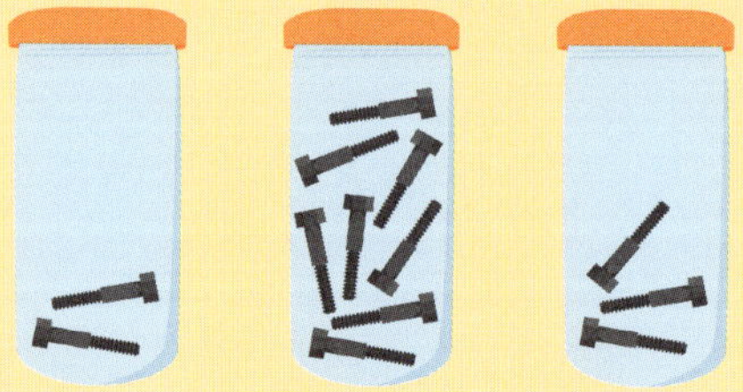

___ + ___ + ___ = ___

c.

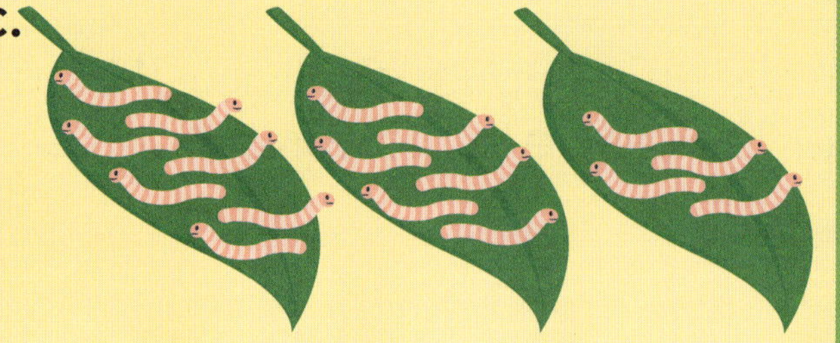

___ + ___ + ___ = ___

d.

___ + ___ + ___ = ___

2. Calcula el total.
Escribe una operación de suma para indicar cómo sumaste.

a.

___ + ___ + ___ = ___

b.

___ + ___ + ___ = ___

c.

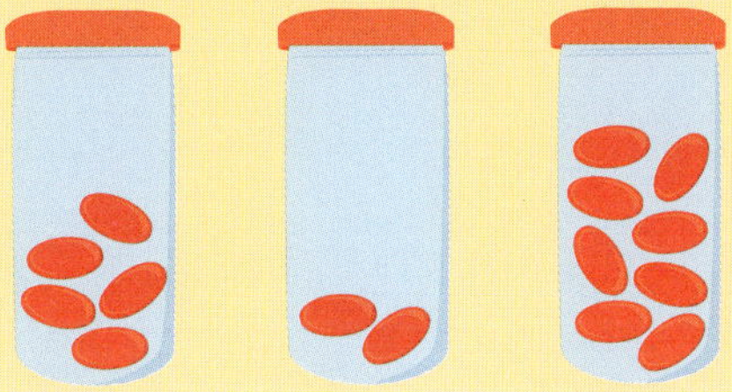

___ + ___ + ___ = ___

d.

___ + ___ + ___ = ___

e.

___ + ___ + ___ = ___

f.

___ + ___ + ___ = ___

Paso avanzado Escribe tres operaciones de suma diferentes que correspondan a esta imagen.

___ + ___ + ___ = ___

___ + ___ + ___ = ___

___ + ___ + ___ = ___

7.3 Presentando la estrategia de hacer-diez para la suma

Observa esta imagen de contadores.

¿Cómo podrías calcular el total?

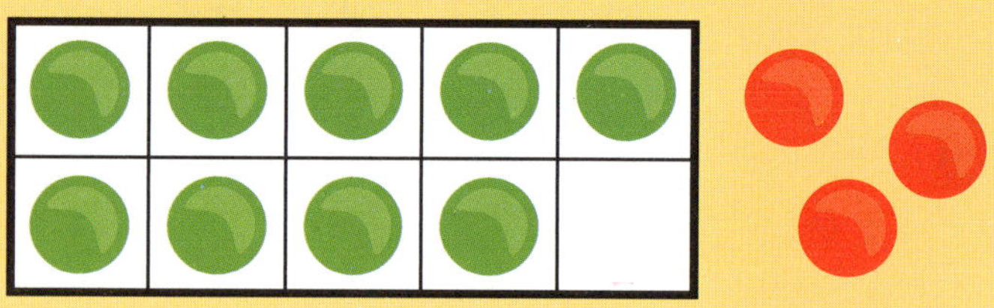

Moví uno de los contadores para formar un grupo de 10. Eso hizo fácil sumar.

9 + 3
es lo mismo que 10 + 2.
10 + 2 es 12.

¿Cómo utilizarías esta estrategia para calcular cuánto es 9 + 6?

Intensifica

1. Dibuja más contadores.
Luego escribe los números correspondientes.

a. Dibuja 5 más.

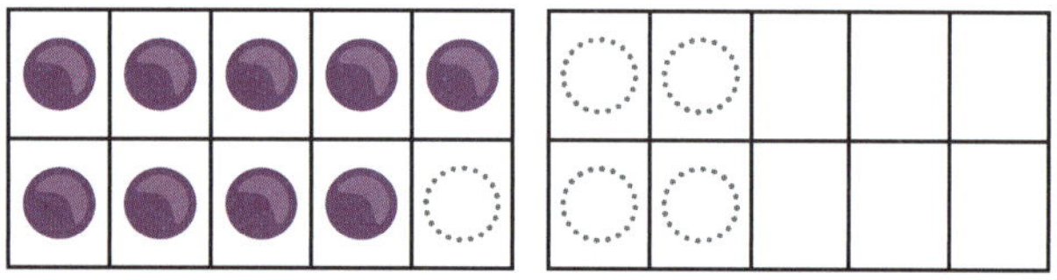

observa 9 + 5

piensa 10 + 4

b. Dibuja 3 más.

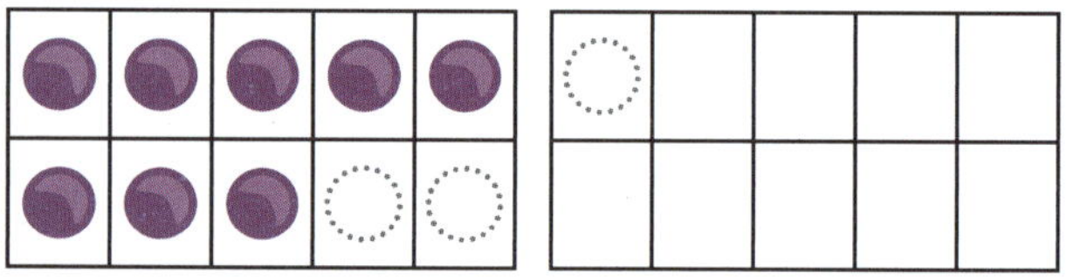

observa ___ + ___

piensa ___ + ___

2. Dibuja más contadores. Luego escribe los números correspondientes.

a. Dibuja 6 más.

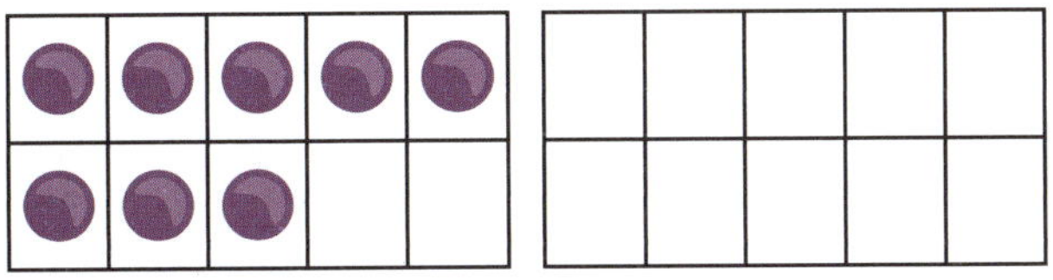

observa ___ + ___

piensa ___ + ___

b. Dibuja 7 más.

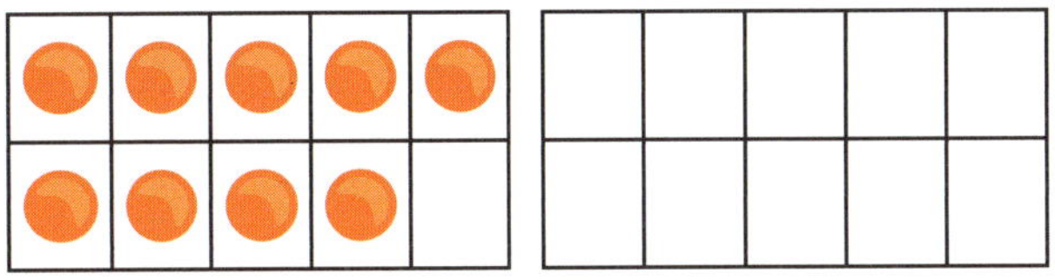

observa ___ + ___

piensa ___ + ___

c. Dibuja 4 más.

observa ___ + ___

piensa ___ + ___

d. Dibuja 5 más.

observa ___ + ___

piensa ___ + ___

Paso avanzado

Imagina **seis** maneras diferentes de separar este tren de bloques en dos grupos. Completa las operaciones de suma correspondientes.

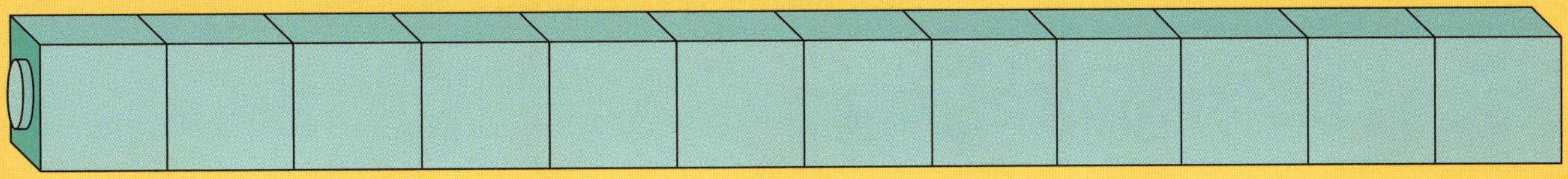

___ + ___ = ___   ___ + ___ = ___

___ + ___ = ___   ___ + ___ = ___

___ + ___ = ___   ___ + ___ = ___

7.4 Utilizando la estrategia de hacer-diez para la suma

¿Qué notas en los contadores de esta imagen?

¿Cómo podrías calcular fácilmente el total?

Yo movería dos contadores para llenar el marco y luego calcularía el total.

Si tú movieras dos contadores, ¿que operación de suma escribirías para indicar los contadores que quedarían dentro del marco y fuera de éste?

______

Intensifica

1. Dibuja más contadores para calcular el total. Llena primero el marco de diez. Luego escribe la operación básica de diez que corresponda a la imagen.

a. $9 + 3 =$ ______

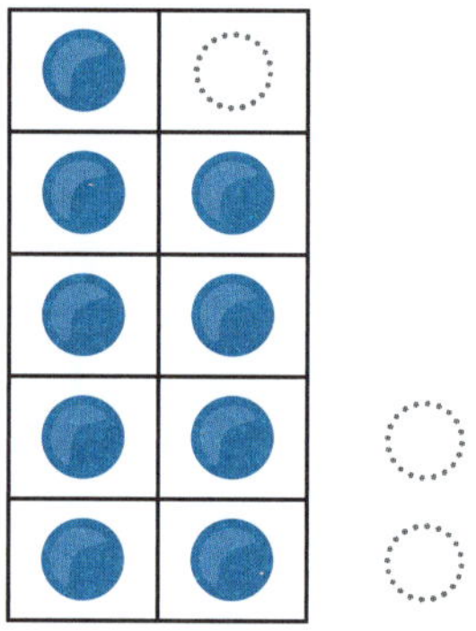

10 + ______ = ______

b. $9 + 6 =$ ______

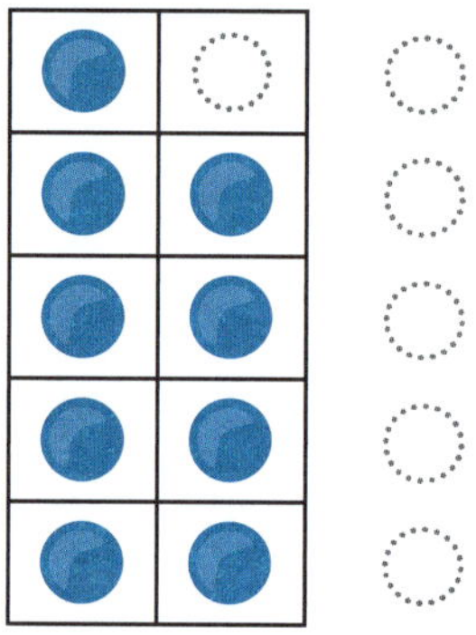

10 + ______ = ______

c. $8 + 4 =$ ______

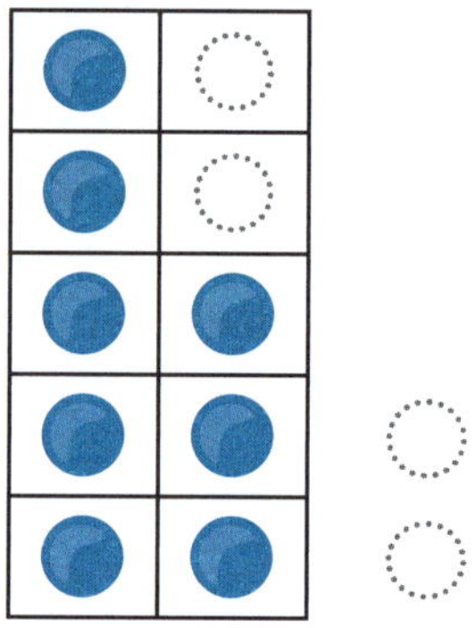

10 + ______ = ______

2. Dibuja más contadores para calcular el total. Llena primero el marco de diez. Luego escribe la operación básica de diez que corresponda a la imagen.

a. 9 + 5 = ___

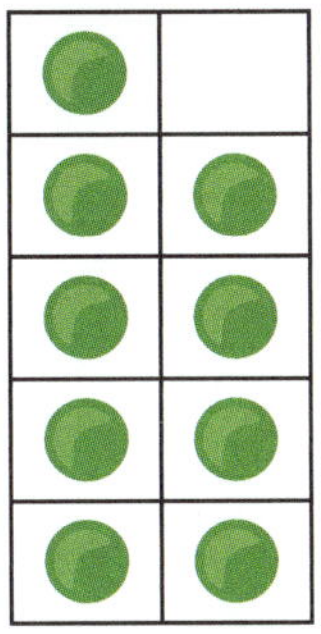

___ + ___ = ___

b. 8 + 5 = ___

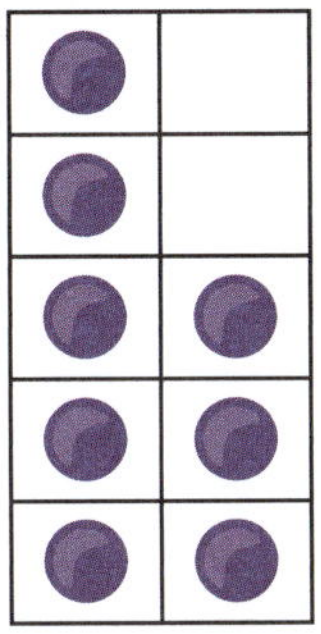

___ + ___ = ___

c. 9 + 7 = ___

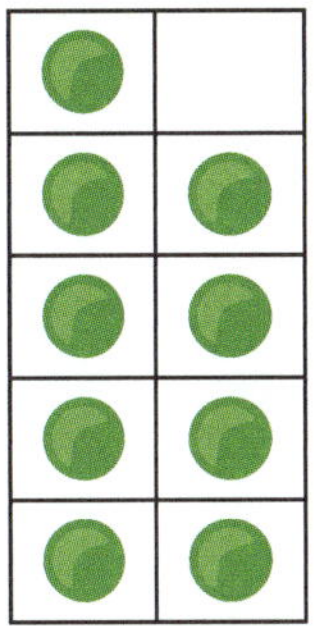

___ + ___ = ___

d. 8 + 7 = ___

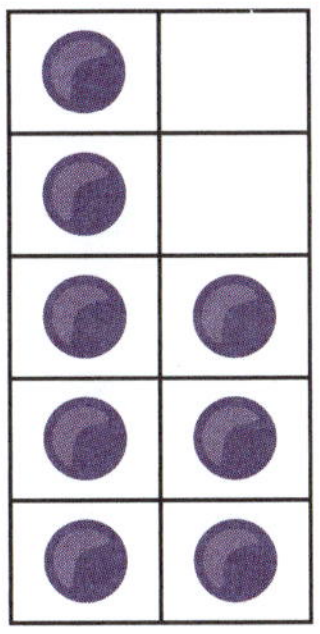

___ + ___ = ___

e. 9 + 8 = ___

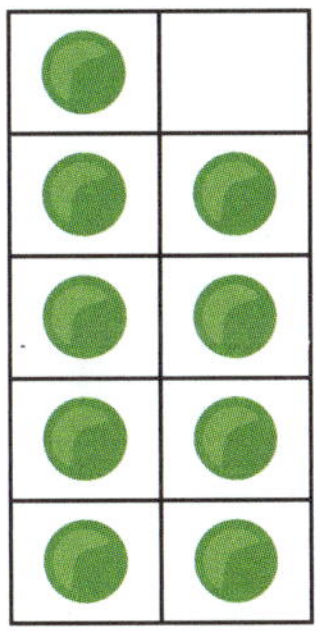

___ + ___ = ___

f. 8 + 3 = ___

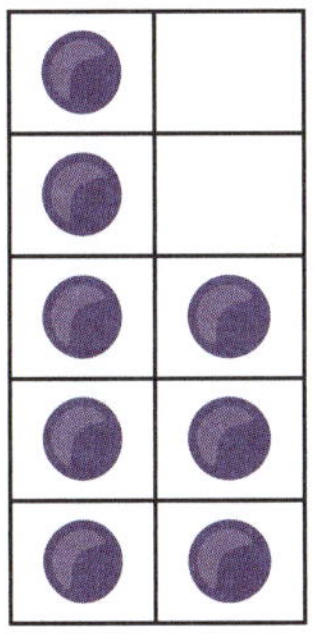

___ + ___ = ___

Paso avanzado

Encierra las operaciones básicas que tengan el mismo total que los contadores.

9 + 3   8 + 5   7 + 5

8 + 4   8 + 3

7.5 Utilizando la propiedad conmutativa de la suma con la estrategia de hacer-diez

¿Cuáles dos operaciones básicas de suma corresponden a esta imagen?

¿Cuál operación básica crees que es más fácil de resolver? ¿Por qué?

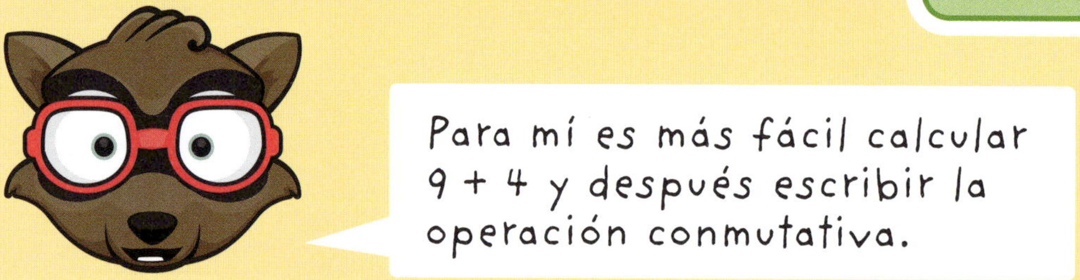

Intensifica

1. Escribe una operación básica que corresponda a la imagen. Luego escribe la operación conmutativa básica.

a.

___ + ___ = ___

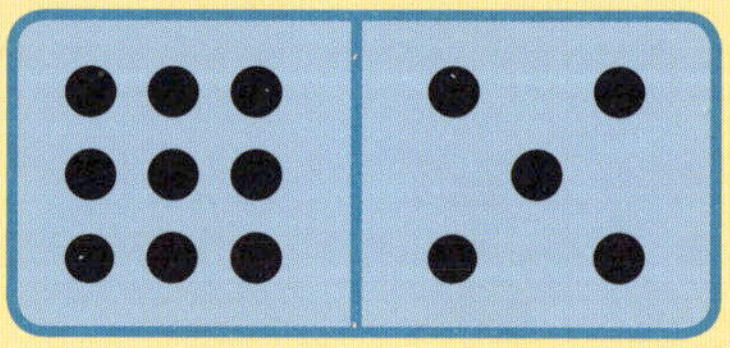

___ + ___ = ___

b.

___ + ___ = ___

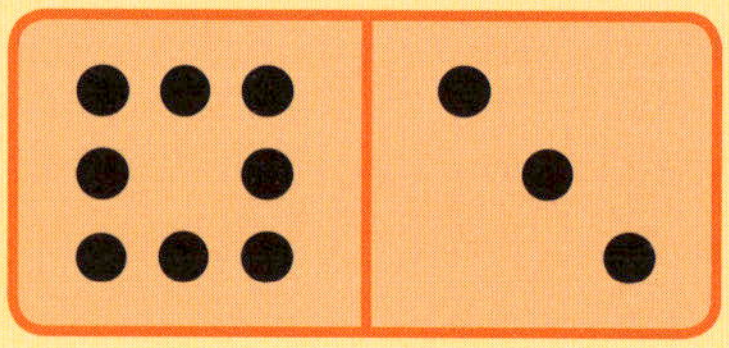

___ + ___ = ___

c.

___ + ___ = ___

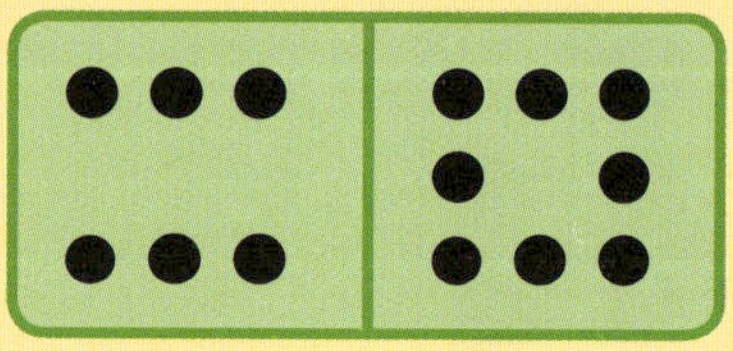

___ + ___ = ___

d.

___ + ___ = ___

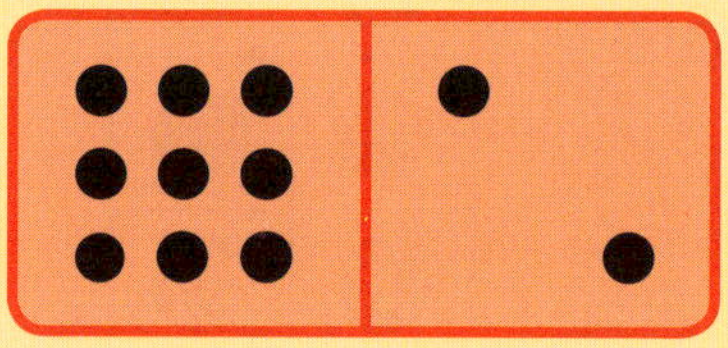

___ + ___ = ___

e.

___ + ___ = ___

___ + ___ = ___

f.

___ + ___ = ___

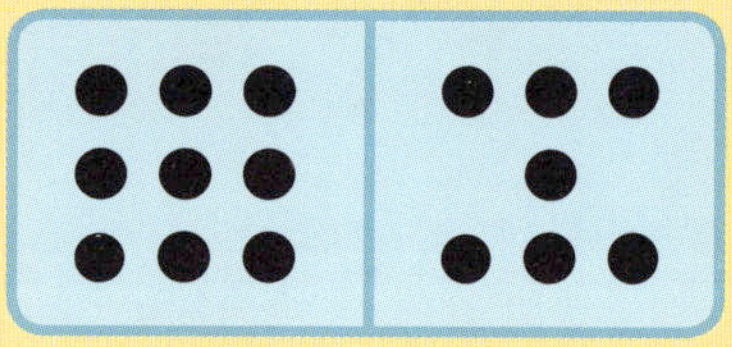

___ + ___ = ___

2. Escribe una operación básica de suma que corresponda a la imagen. Luego escribe la operación conmutativa básica.

a.

___ + ___ = ___

___ + ___ = ___

b.

___ + ___ = ___

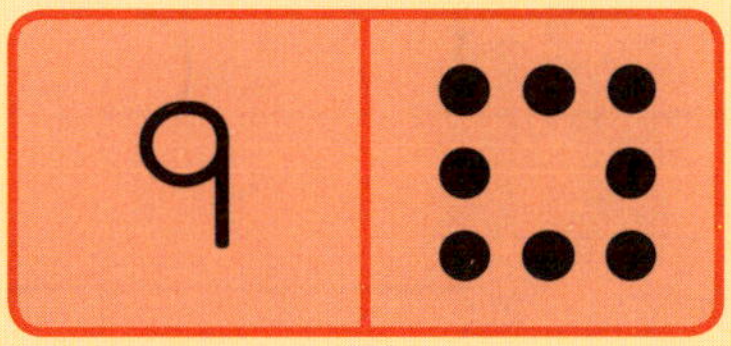

___ + ___ = ___

c.

___ + ___ = ___

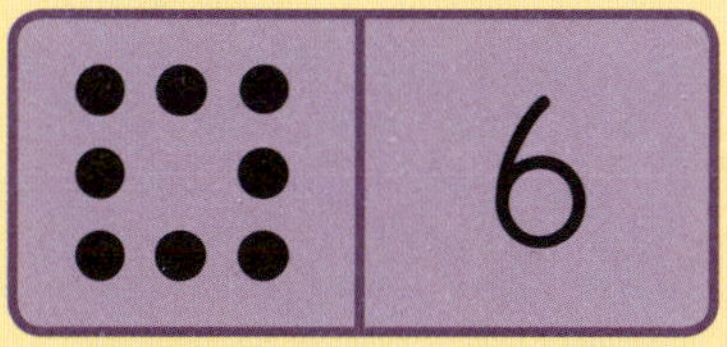

___ + ___ = ___

d.

___ + ___ = ___

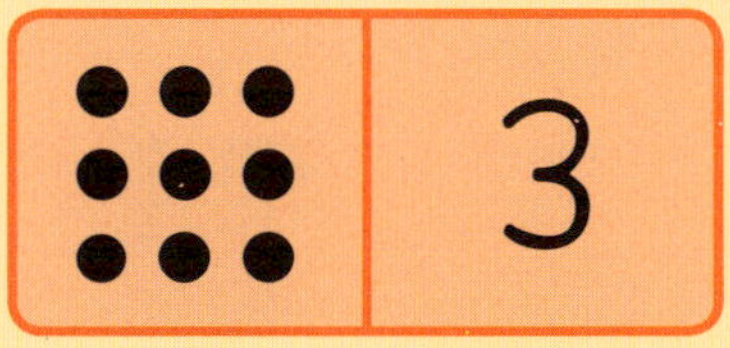

___ + ___ = ___

e.

___ + ___ = ___

___ + ___ = ___

f.

___ + ___ = ___

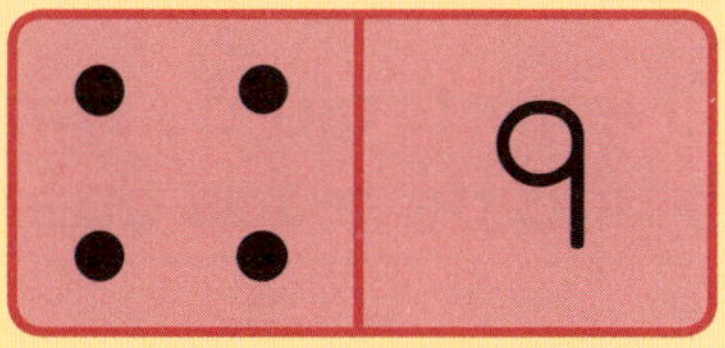

___ + ___ = ___

Paso avanzado

Suma los números de cada fila. Luego suma los números de cada columna. Escribe lo que observas.

8	1	6	___
3	5	7	___
4	9	2	___
___	___	___	

___

___

___

___

7.6 Consolidando las estrategias de la suma

Observa estas imágenes.

¿Cómo podrías calcular el total en cada imagen?

¿Cuál estrategia de suma utilizarías?

¿Cuál estrategia de suma utilizarías para resolver cada una de estas operaciones básicas?

6 + 7 = ____

2 + 9 = ____

5 + 8 = ____

Intensifica

1. Calcula y escribe la respuesta. Luego colorea de verde, azul o anaranjado el círculo para indicar la estrategia que utilizaste para calcular el total.

Estrategia de suma

- contar hacia adelante (verde)
- dobles (azul)
- hacer-diez (anaranjado)

○ 13 + 1 = ____	○ 9 + 8 = ____	
○ 5 + 6 = ____	○ 3 + 9 = ____	○ 2 + 16 = ____
○ 8 + 8 = ____	○ 9 + 2 = ____	○ 7 + 9 = ____

2. Calcula y escribe la respuesta. Luego traza una línea hacia la estrategia que utilizaste para calcular la respuesta.

8 + 4 = ____		7 + 5 = ____
2 + 11 = ____	contar hacia adelante	15 + 2 = ____
15 + 3 = ____	dobles	6 + 6 = ____
9 + 9 = ____	hacer-diez	5 + 9 = ____
9 + 6 = ____		6 + 8 = ____

Paso avanzado

Puedes usar más de una estrategia para calcular la misma operación básica. Complétalas para mostrar las diferentes formas en las que se puede obtener el resultado.

a. Utiliza la estrategia de hacer-diez

9 + 8 = ____

es lo mismo que

10 + ____ = ____

Utiliza la estrategia de doble-más-1

9 + 8 = ____

es lo mismo que

doble ____ más ____ = ____

b. Utiliza la estrategia de hacer-diez

8 + 6 = ____

es lo mismo que

____ + ____ = ____

Utiliza la estrategia de doble-más-2

8 + 6 = ____

es lo mismo que

doble 6 más ____ = ____

Aplicando estrategias de suma

Elige dos paquetes de adhesivos con números fáciles de sumar.
¿Cómo lo decidiste?
¿Qué historia de suma representaría la elección que hiciste?
¿Qué operación de suma escribirías para representar la historia?
¿Qué estrategia utilizaste para calcular el total?

Elige un paquete de adhesivos de cada fila.
Utiliza números que sean fáciles de sumar.
¿Cómo lo decidiste?
¿Qué historia de suma representaría la elección que hiciste?
¿Qué operación de suma escribirías para representar la historia?
¿Qué estrategia utilizaste para calcular el total?

Intensifica

a. Escribe una operación de suma que corresponda a la imagen. Luego escribe una historia que describa esa operación.

☐ + ☐ = ☐

b. Escribe una operación de suma para calcular el total en estos tres frascos. Luego escribe una historia que describa esa operación.

☐ + ☐ + ☐ = ☐

Paso avanzado

Imagina que tienes todos los paquetes de adhesivos indicados en la página 164. ¿Cuántos adhesivos tendrías en total? Intenta hacer decenas primero y luego calcula el total.

☐

7.8 Trabajando con grupos iguales

Observa estos grupos de naves espaciales. ¿Qué notas?

¿Cuántos grupos hay?

¿Cuántas naves espaciales hay en cada grupo?

¿Cuál es el total? ¿Cómo lo sabes?

¿De qué otra forma podrían volar en grupos iguales estas naves espaciales?

Intensifica

1. Escribe el número de grupos y el número de elementos en cada grupo.

a.

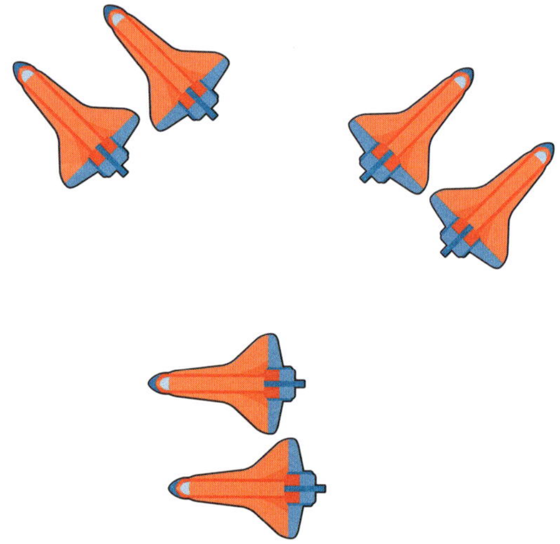

____ grupos de ____

b.

____ grupos de ____

2. Escribe números que represente lo que se muestra en cada imagen.

a.

☐ frascos de ☐

b.

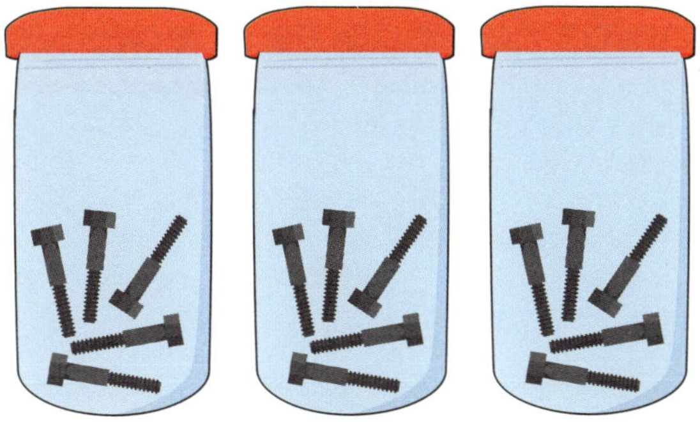

☐ frascos de ☐

3. Dibuja grupos de bolas que represente lo escrito en estas etiquetas.

a. **4** grupos de **2**

b. **2** grupos de **8**

Paso avanzado

Haz dibujos que indiquen dos formas diferentes de separar 12 canicas en grupos iguales.

7.9 Repartiendo entre dos

¿Cuántos contadores puedes ver?

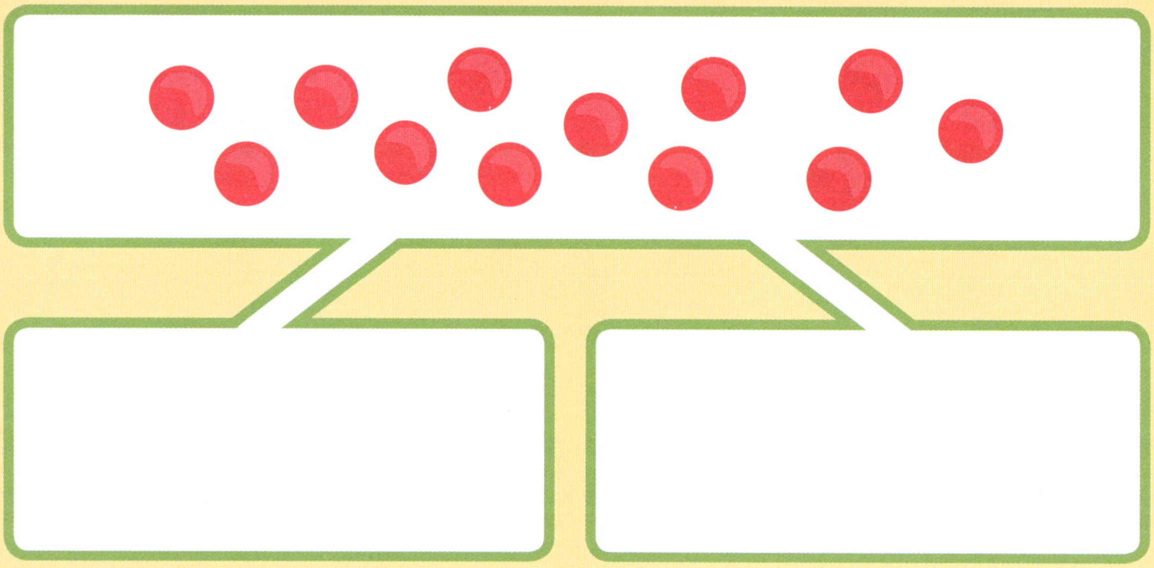

¿Se podrían repartir los contadores en partes iguales entre dos grupos? ¿Cómo lo sabes?

¿Qué otras cantidades se pueden repartir equitativamente entre 2?

Intensifica

1. Tu profesor te dará un tapete de repartir. Utiliza los bloques de unidades del tapete para calcular la parte de cada persona. Luego completa cada enunciado.

a. 10 repartidos entre 2 son ______ para cada uno.

b. 12 repartidos entre 2 son ______ para cada uno.

c. 18 repartidos entre 2 son ______ para cada uno.

d. 14 repartidos entre 2 son ______ para cada uno.

e. 16 repartidos entre 2 son ______ para cada uno.

f. 20 repartidos entre 2 son ______ para cada uno.

2. a. Colorea cada número que se puede repartir equitativamente entre 2.

1	2	3	4	5	6	7	8	9	10
11	12	13	14	15	16	17	18	19	20
21	22	23	24	25	26	27	28	29	30
31	32	33	34	35	36	37	38	39	40

b. Describe el patrón que observas.

c. Escribe otros números que también se puedan repartir equitativamente entre 2.

Paso avanzado

Escribe una historia acerca de repartir que corresponda a esta imagen.

7.10 Identificando la mitad de un grupo

Observa la hoja de papel.

¿Cuántas partes puedes ver?

¿Qué notas acerca de las partes?

¿De qué otra forma podrías doblar el papel para indicar dos partes del mismo tamaño?

¿Cuántos cubos puedes ver?

¿Cuántos cubos hay en cada lado?

¿Cuántos cubos hay en una mitad?

Escribe números para completar este enunciado.

La mitad de ______ es ____.

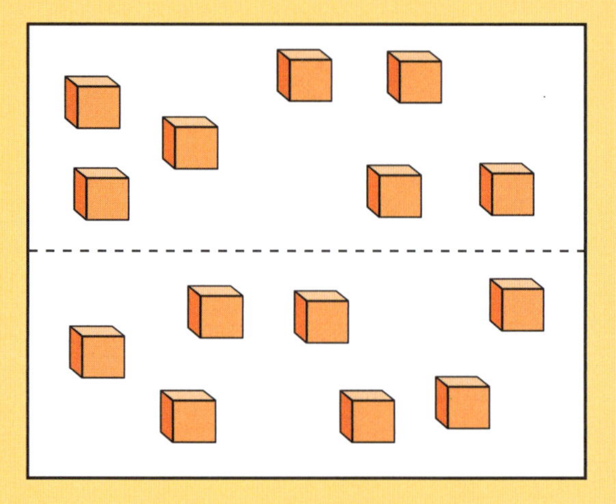

Intensifica

1. Encierra **la mitad** de cada grupo. Luego completa cada enunciado.

a.

La mitad de 6 es ____.

b.

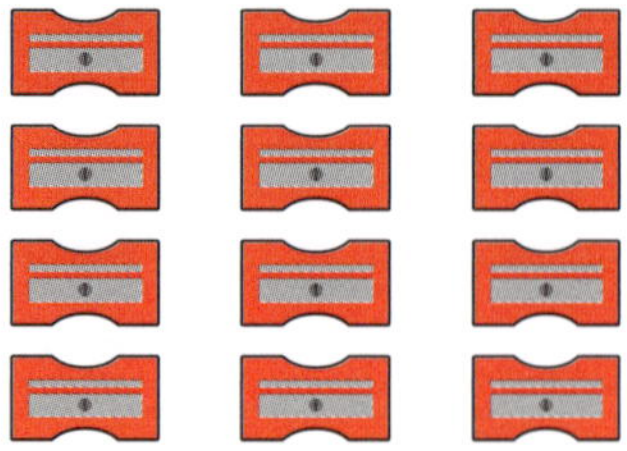

La mitad de 12 es ____.

2. Encierra **la mitad**. Luego escribe los números que completen cada enunciado.

a.

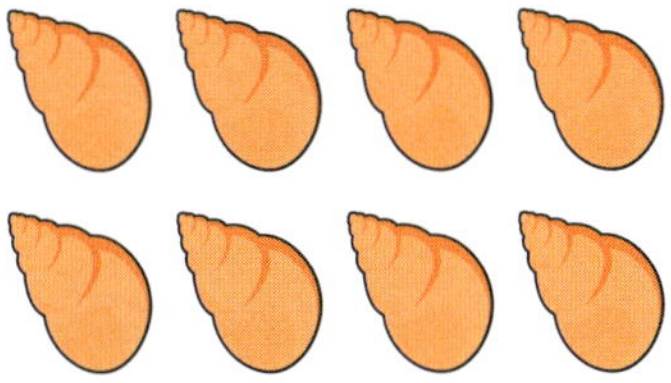

La mitad de ____ es ____.

b.

La mitad de ____ es ____.

c.

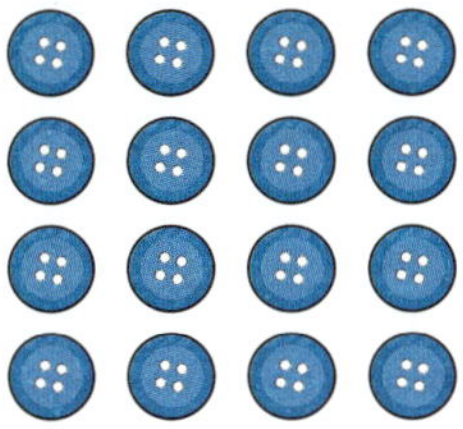

La mitad de ____ es ____.

d.

La mitad de ____ es ____.

3. Completa el enunciado. Dibuja puntos como ayuda.

a.

La mitad es 7,
entonces el **total** es ____.

b.

La mitad es 10,
entonces el **total** es ____.

Paso avanzado

Colorea partes de cada imagen para indicar **una mitad** de dos formas diferentes.

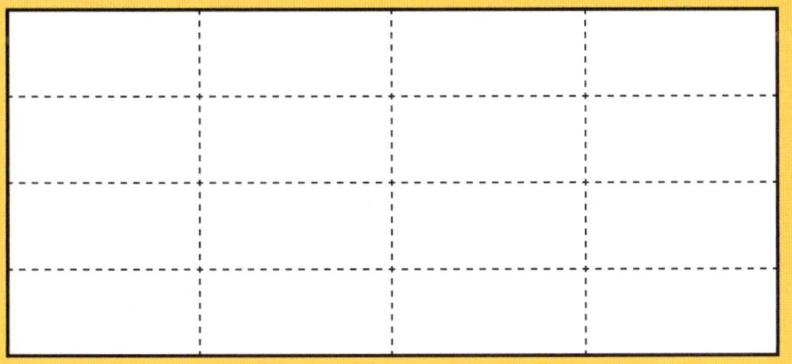

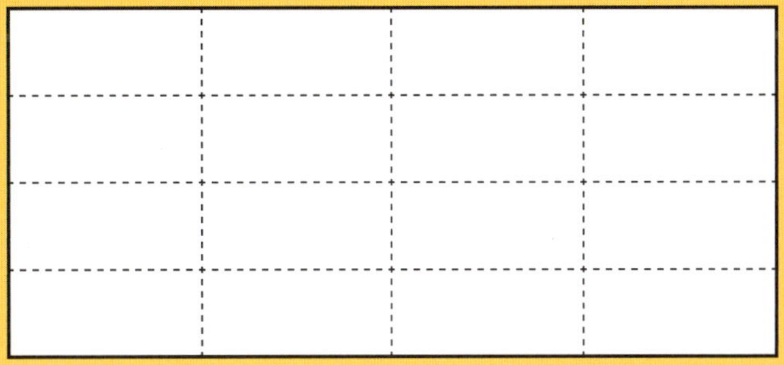

7.11 Identificando la mitad de cantidades de dinero

Observa estos *pennies*.

¿Cuál es el valor total?

¿Cómo podrías calcular la mitad del total?

¿Qué otras cantidades podrías repartir en mitades?

Intensifica

1. Escribe el valor total.
Luego encierra **la mitad** y completa el enunciado.

a.

El total son ______ centavos.

La mitad son ____ centavos.

b.

El total son ______ centavos.

La mitad son ____ centavos.

c.

El total son ______ centavos.

La mitad son ____ centavos.

d.

El total son ______ centavos.

La mitad son ____ centavos.

2. Escribe el valor total. Encierra **la mitad** y completa el enunciado.

a.

El total son ______ centavos.

La mitad son ______ centavos.

b.

El total son ______ centavos.

La mitad son ______ centavos.

c.

El total son ______ centavos.

La mitad son ______ centavos.

d.

El total son ______ centavos.

La mitad son ______ centavos.

Paso avanzado

¿Se podría repartir de forma equitativa estos *pennies* entre 2? Explica tu razonamiento. Puedes hacer un dibujo como ayuda.

____

____

7.12 Identificando la mitad de un área

Observa esta hoja de papel.

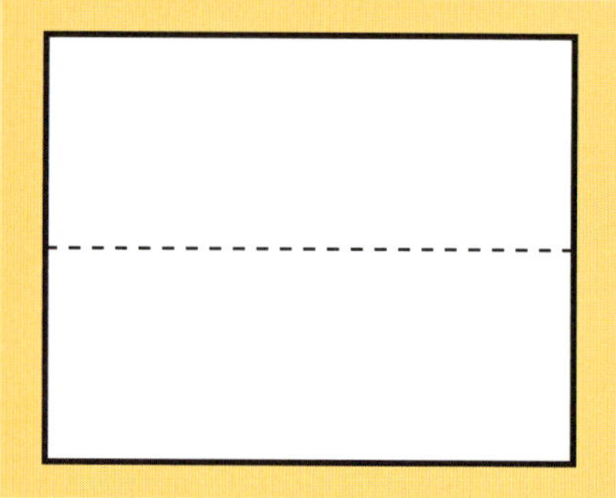

¿Qué observas?

¿De qué otra manera podrías doblar la hoja para indicar la mitad?

¿De cuántas maneras podrías indicar la mitad?

¿Cómo podrías probar que una hoja de papel ha sido doblada a la mitad?

¿Cuál de estas formas no representa mitades? ¿Cómo lo sabes?

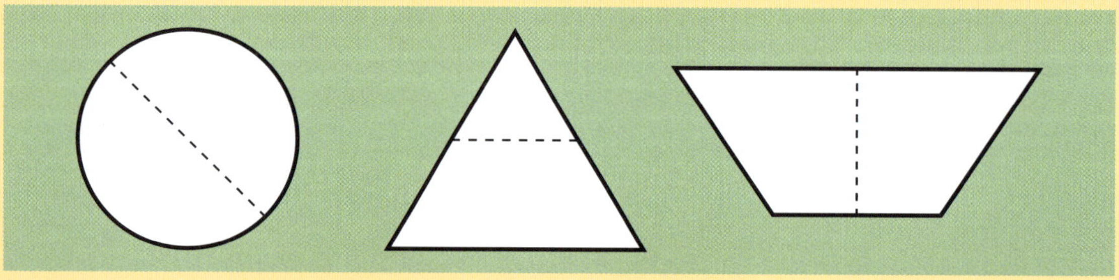

Intensifica

1. Traza una línea en cada forma para indicar **la mitad**.

a.

b.

c.

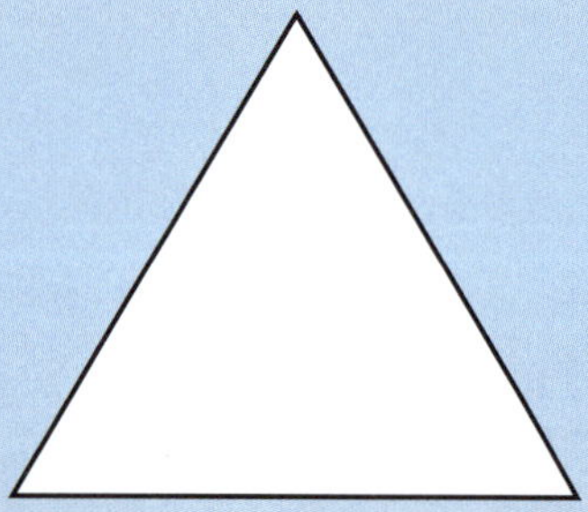

d.

2. Colorea de rojo una de las partes de cada imagen.
Luego encierra las imágenes que tenga una mitad en rojo.

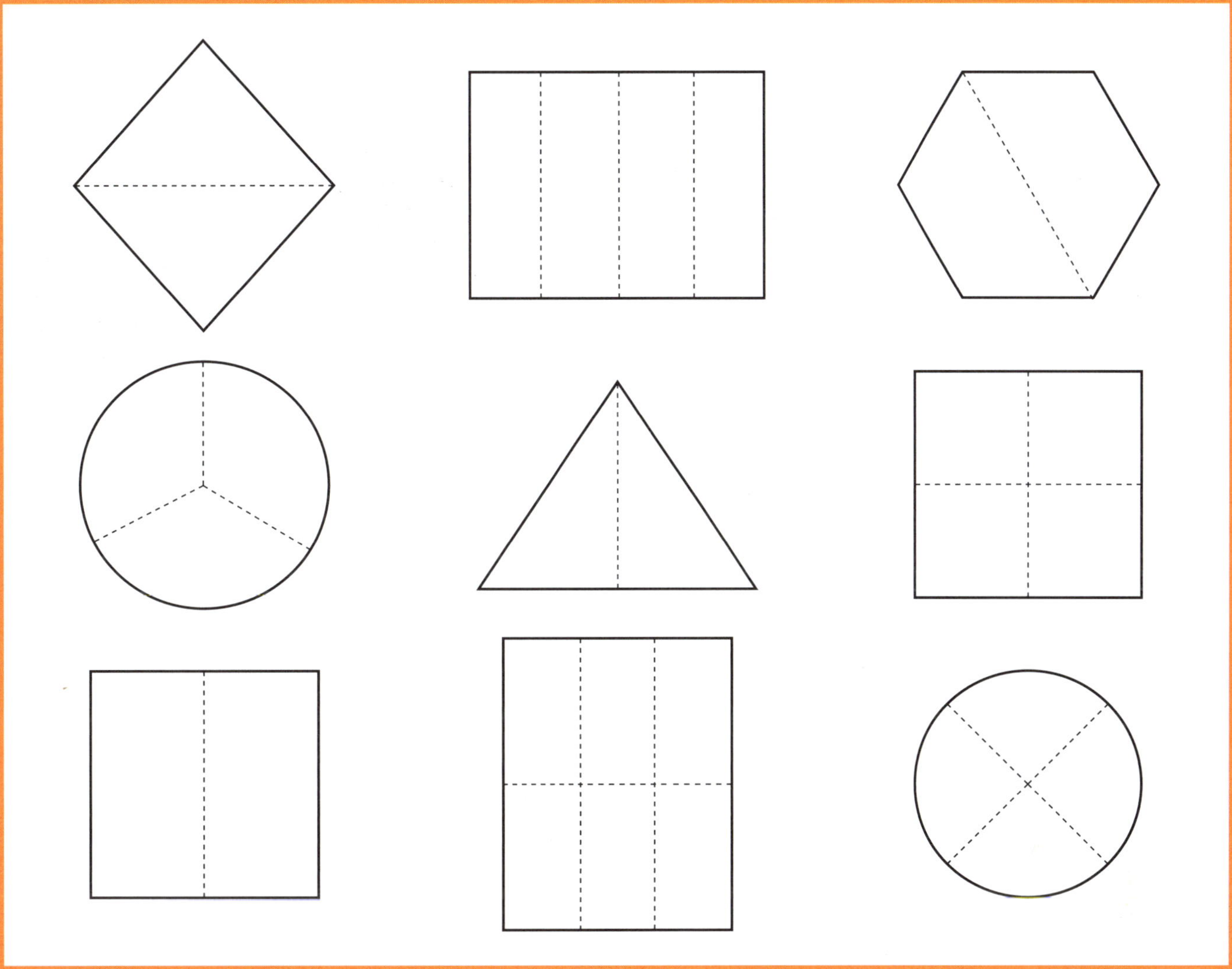

Paso avanzado

Colorea las partes de manera que correspondan a lo indicado en cada etiqueta.

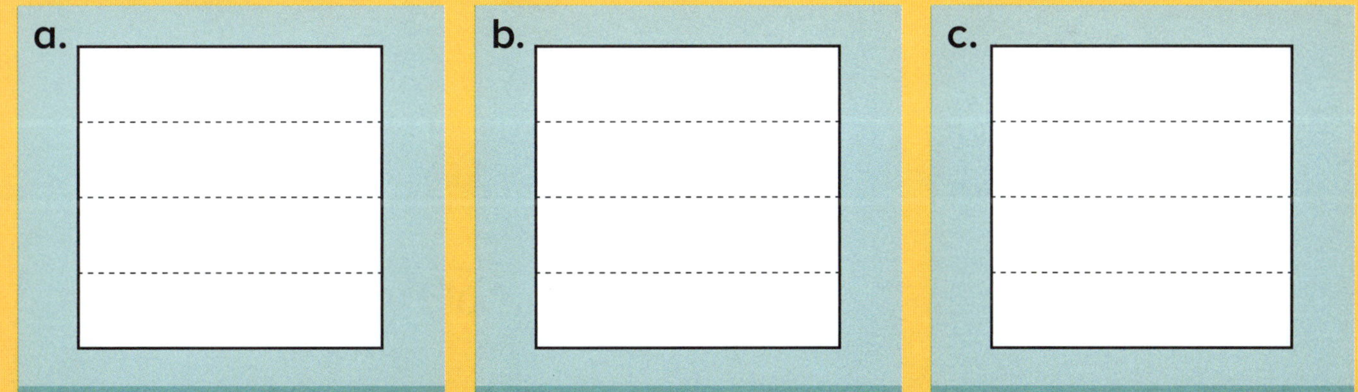

a. Menos de la mitad

b. La mitad

c. Más de la mitad

8.1 Identificando las partes y el total

Observa esta imagen.

¿Qué historia de suma podrías contar acerca de esta imagen?

¿Qué número representa el **total** en tu historia?

¿Cuáles números forman las **partes** del total?

¿Qué historia de resta podrías contar acerca de la imagen?

¿Qué número representa el **total** en tu historia?

¿Cuáles números forman las **partes** del total?

Intensifica

1. Escribe el número en cada parte y el total.

a.

Una parte es ____.

La otra parte es ____.

El total es ____.

b.

Una parte es ____.

La otra parte es ____.

El total es ____.

2. Escribe una operación de suma que corresponda a la imagen.
Escribe una operación de resta que corresponda a la imagen.

a.

$4 + 6 = \_\_\_$

$\_\_\_ - 4 = 6$

b.

$\_\_\_ + \_\_\_ = \_\_\_$

$\_\_\_ - \_\_\_ = \_\_\_$

c.

$\_\_\_ + \_\_\_ = \_\_\_$

$\_\_\_ - \_\_\_ = \_\_\_$

d.

$\_\_\_ + \_\_\_ = \_\_\_$

$\_\_\_ - \_\_\_ = \_\_\_$

Paso avanzado

Haz un dibujo que represente esta operación de suma.

5 + 3 = 8

8.2 Escribiendo operaciones relacionadas de suma y resta

Observa esta imagen.

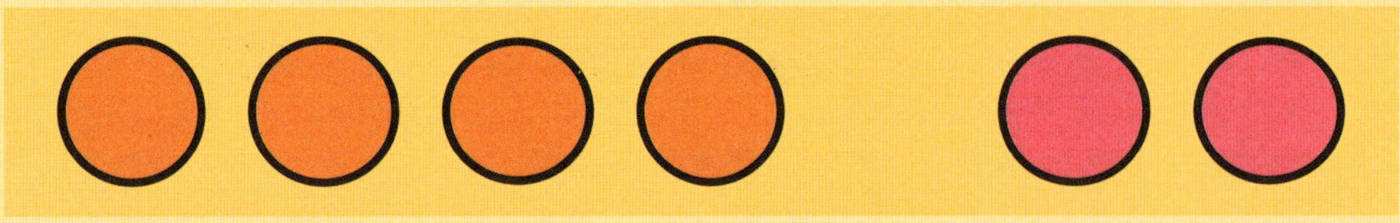

¿Qué operación básica de suma corresponde a la imagen?

¿Cuál es la **operación conmutativa básica**?

¿Qué operación básica de resta corresponde?

La resta no tiene una operación conmutativa básica. Tiene una operación básica **relacionada**.

¿Cuál es la operación básica **relacionada** de la resta?

Intensifica

1. Colorea los animales para indicar dos grupos. Escribe una operación básica de suma y una de resta correspondiente.

a.

___ + ___ = ___

___ − ___ = ___

b.

___ + ___ = ___

___ − ___ = ___

2. Colorea los animales para indicar dos grupos. Luego escribe dos operaciones básicas de suma y dos de resta que correspondan a la imagen.

a.

___ + ___ = ___

___ + ___ = ___

___ – ___ = ___

___ – ___ = ___

b.

___ + ___ = ___

___ + ___ = ___

___ – ___ = ___

___ – ___ = ___

Paso avanzado

Haz un dibujo que ilustre esta operación de suma.

4 + 3 + 2 = 9

8.3 Escribiendo familias de operaciones básicas

Imagina que este tren de bloques es partido en dos.

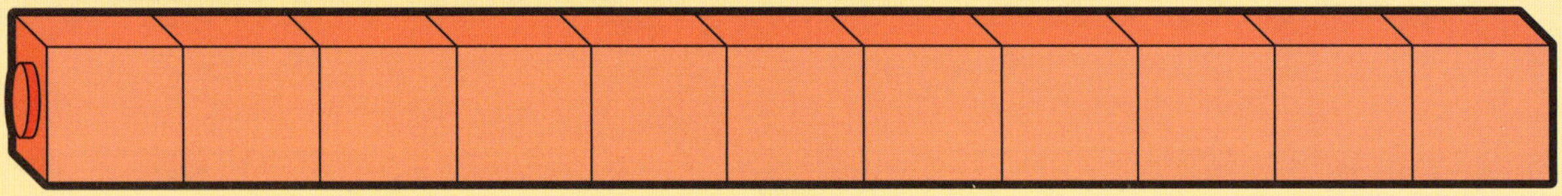

¿Cuáles dos operaciones de suma escribirías acerca de esas dos partes?

¿Cuáles dos operaciones de resta escribirías para representarlo?

Las dos operaciones básicas de suma y las dos operaciones básicas de resta relacionadas forman una **familia de operaciones básicas.**

¿Qué otra familia de operaciones básicas conoces que vaya con este tren de bloques?

Intensifica

1. Escribe la familia de operaciones básicas que corresponda a cada imagen.

a.

___ + ___ = ___

___ + ___ = ___

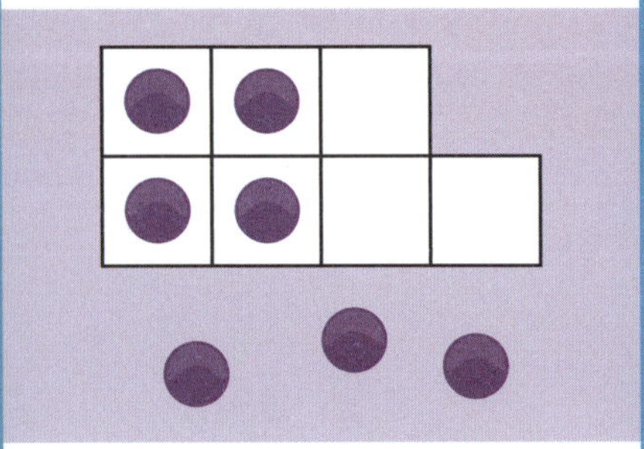

___ − ___ = ___

___ − ___ = ___

b.

___ + ___ = ___

___ + ___ = ___

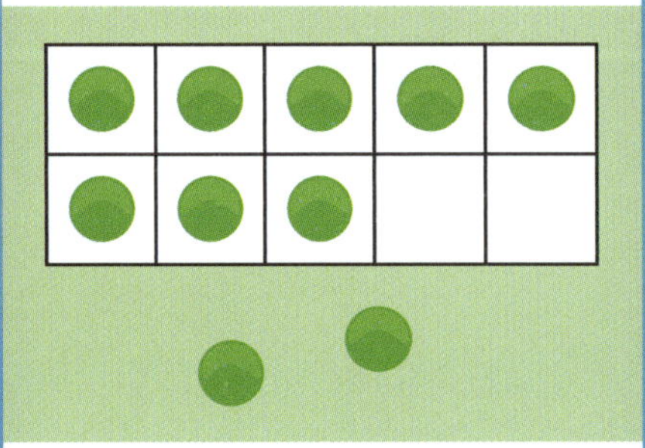

___ − ___ = ___

___ − ___ = ___

c.

___ + ___ = ___

___ + ___ = ___

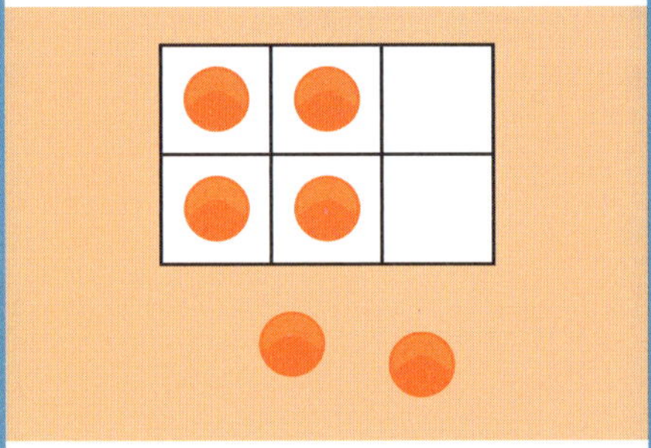

___ − ___ = ___

___ − ___ = ___

2. Traza líneas que conecten las operaciones básicas a las imágenes correspondientes. Tacha las dos operaciones que no correspondan a ninguna.

6 + 3 = 9	9 − 6 = 3
2 + 5 = 7	5 + 3 = 8
8 − 3 = 5	3 + 6 = 9
9 − 3 = 6	6 − 3 = 3
3 + 5 = 8	8 − 5 = 3

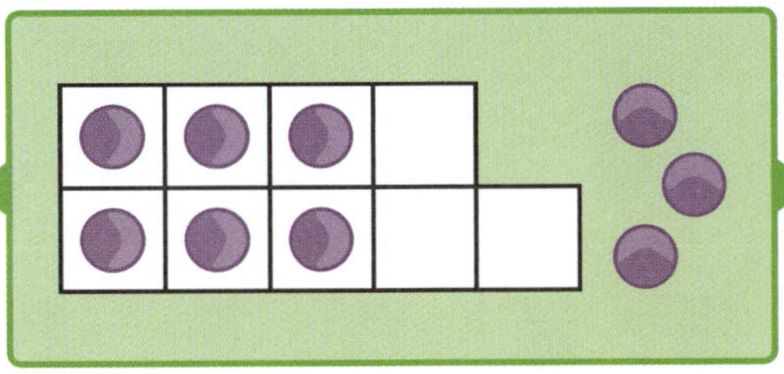

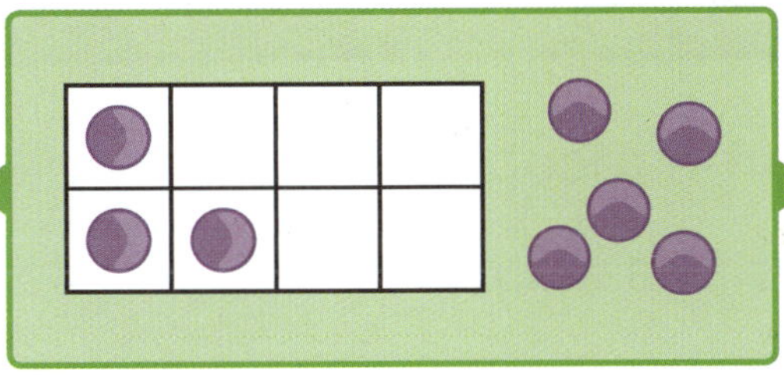

Paso avanzado Escribe las operaciones básicas que faltan para completar cada familia de operaciones básicas.

a.

___ + ___ = ___ ___ + ___ = ___

6 − 1 = 5 ___ − ___ = ___

b.

2 + 7 = 9 ___ + ___ = ___

___ − ___ = ___ ___ − ___ = ___

8.4 Presentando el sumando desconocido en la resta

Había 12 zanahorias sembradas en la tierra.
Algunas fueron recogidas durante la noche.

¿Cuántas zanahorias fueron recogidas? ¿Cómo lo sabes?

¿Cuál es el total? ¿Cuáles son las partes?

Intensifica

1. Dibuja más pájaros hasta que correspondan al total indicado. Luego completa la operación de suma.

a.

1 + ___ = 5

b.

___ + 2 = 6

c.

___ + 6 = 8

d.

2 + ___ = 7

2. Escribe la familia de operaciones básicas para cada dominó.

a. 7 puntos en total

___ + ___ = ___ ___ − ___ = ___

___ + ___ = ___ ___ − ___ = ___

b. 6 puntos en total

___ + ___ = ___ ___ − ___ = ___

___ + ___ = ___ ___ − ___ = ___

c. 8 puntos en total

___ + ___ = ___ ___ − ___ = ___

___ + ___ = ___ ___ − ___ = ___

d. 11 puntos en total

___ + ___ = ___ ___ − ___ = ___

___ + ___ = ___ ___ − ___ = ___

Paso avanzado

Lee la historia. Escribe una operación básica de suma que te ayude a encontrar la respuesta. Escribe la respuesta.

a. Joel tenía 7 carritos. Su hermano le dio otros más. Ahora Joel tiene 9 carritos. ¿Cuántos carritos más le dio su hermano?

___ + ___ = ___ ___

b. Eva pescó 9 peces. Luego pescó otros más. Ahora Eva tiene 12 peces. ¿Cuántos peces más pescó?

___ + ___ = ___ ___

8.5 Utilizando la suma para resolver problemas de resta

Esta tarjeta muestra **dos partes** y un **total**.

¿Qué te indican los números?

Esta tarjeta tiene una parte cubierta.

¿Cómo puedes utilizar la suma para ayudarte a saber cuál es la parte que está cubierta?

Sé que hay 5 en total.
Sé que una de las partes es 3.
3 y 2 son 5, así que la parte tapada debe ser 2.

Intensifica

1. Escribe el número que falta. Dibuja los puntos que representen ese número en cada tarjeta. Completa las operaciones básicas de suma.

a.

6 + ____ = 8

b.

____ + 5 = 6

c.

7 + ____ = 9

2. Completa la operación básica de suma para cada tarjeta.

a.

8 + ____ = 10

b.

____ + 4 = 6

c.

____ + 7 = 8

3. Completa la operación básica de suma. Escribe una resta relacionada.

a.

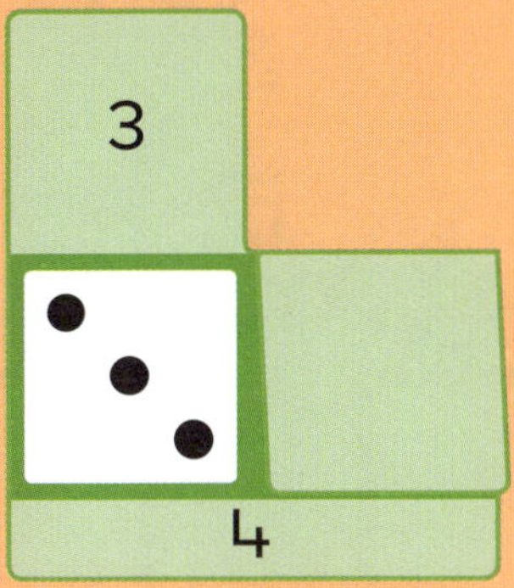

3 + ____ = 4

4 − ____ = ____

b.

____ + 5 = 7

7 − ____ = ____

c.

6 + ____ = 9

9 − ____ = ____

Paso avanzado

Escribe una operación básica de suma que te ayude a calcular la respuesta. Luego escribe la respuesta.

Había 9 pájaros sobre una cerca. Algunos pájaros se fueron volando. Ahora hay 6 pájaros sobre la cerca. ¿Cuántos pájaros se fueron?

____ + ____ = ____ ____

8.6 Practicando la suma y la resta

Observa esta imagen.

¿Qué crees que indican los números?

¿Qué indica el número dentro del círculo?

¿Qué te indican los otros números?

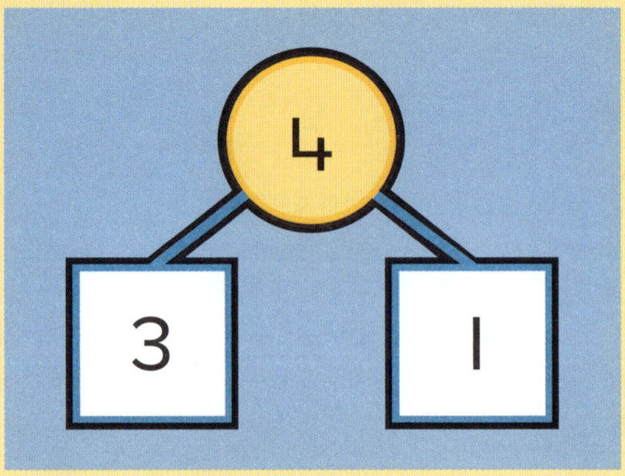

¿Cuáles dos operaciones básicas de suma podrías escribir que correspondan a la imagen?

¿Cuáles dos operaciones básicas de resta relacionadas podrías escribir?

¿Cómo se le llama a estas cuatro operaciones juntas?

¿Cómo podrías encontrar el número desconocido en esta imagen?

Intensifica

1. Escribe el número que falta en cada imagen. Escribe una operación básica de suma y una de resta correspondiente.

a.

1 + 7 = 8

____ − ____ = ____

b.

____ + ____ = ____

____ − ____ = ____

c.

____ + ____ = ____

____ − ____ = ____

2. Completa cada number bond. Escribe la familia de operaciones correspondiente.

a.

___ + ___ = ___

___ + ___ = ___

___ − ___ = ___

___ − ___ = ___

b.

___ + ___ = ___

___ + ___ = ___

___ − ___ = ___

___ − ___ = ___

c.

___ + ___ = ___

___ + ___ = ___

___ − ___ = ___

___ − ___ = ___

d.

___ + ___ = ___

___ + ___ = ___

___ − ___ = ___

___ − ___ = ___

e.

___ + ___ = ___

___ + ___ = ___

___ − ___ = ___

___ − ___ = ___

f.

___ + ___ = ___

___ + ___ = ___

___ − ___ = ___

___ − ___ = ___

Paso avanzado

Los números en los círculos son los totales. Los números en los cuadrados son las partes. Escribe los números que faltan.

8.7 Contando hacia adelante y hacia atrás para restar

Esta ardilla tiene 9 bellotas.

Imagina que se come dos bellotas.

¿Cuántas bellotas le quedarán?

¿Cómo podrías utilizar esta cinta numerada para encontrar la respuesta?

1	2	3	4	5	6	7	8	9	10

Yo comenzaría en el 9 y daría 2 saltos hacia **atrás**.
Si a 9 le quitas 2 quedan 7; entonces quedarían 7 bellotas.

−2

1	2	3	4	5	6	7	8	9	10

Imagina que la ardilla tenía 9 bellotas y se comió 6.

¿Cómo podrías utilizar la cinta numerada para calcular el número de bellotas que le quedó?

Comenzaría en el 6 y saltaría hacia **adelante** hasta el 9.
Si a 6 le sumas 3 obtienes 9; entonces le quedarían 3 bellotas.

+3

1	2	3	4	5	6	7	8	9	10

Intensifica

Escribe un enunciado numérico que indique cuantas bellotas quedarán. Puedes utilizar la cinta numerada de la página 188 como ayuda.

a.

____________________ = _____

b.

____________________ = _____

c.

____________________ = _____

d.

____________________ = _____

e.

____________________ = _____

f.

____________________ = _____

Paso avanzado

Lee la historia. Luego calcula y escribe la respuesta. Puedes hacer un dibujo en una hoja aparte como ayuda.

En el zoológico, compramos 10 bolsas de comida para animales. En la mañana alimentamos a las jirafas con 2 bolsas de comida y a los monos con 5 bolsas. ¿Cuántas bolsas nos quedaron?

_____ bolsas

8.8 Descomponiendo un número para resolver problemas de resta

Imagina que tienes 7 *pennies*.

¿Cuánto dinero más necesitas para comprar este juguete?

¿Cómo podrías utilizar una cinta numerada para calcularlo?

Yo comenzaría en el 7 y saltaría hasta el 10. Luego saltaría desde el 10 hasta el 12. Si a 3 le sumas 2 obtienes 5; entonces, necesitaría 5 centavos más.

+3 +2

1	2	3	4	5	6	7	8	9	10	11	12	13	14

Yo comenzaría en el 12 y saltaría hacia atrás hasta el 10. Luego saltaría desde el 10 hasta el 7. Si a 2 le sumas 3 obtienes 5; entonces necesitaría 5 centavos más.

−3 −2

1	2	3	4	5	6	7	8	9	10	11	12	13	14

Intensifica

1. Escribe qué tan lejos está cada número del 10. Puedes utilizar la cinta numerada como ayuda.

1	2	3	4	5	6	7	8	9	10	11	12	13	14	15

12	6	14	8	3	15
____	____	____	____	____	____

2. Averigua cuánto dinero más se necesita para pagar el precio. Dibuja saltos sobre la cinta numerada para indicar tu razonamiento.

a.

4	5	6	7	8	9	10	11	12	13	14

La cantidad que se necesita es ____ ¢

b.

4	5	6	7	8	9	10	11	12	13	14

La cantidad que se necesita es ____ ¢

c.

4	5	6	7	8	9	10	11	12	13	14

La cantidad que se necesita es ____ ¢

d.

4	5	6	7	8	9	10	11	12	13	14

La cantidad que se necesita es ____ ¢

Paso avanzado

Escribe una operación de suma o una operación de resta que correspondan a la pregunta de arriba.

a. ____________ = ____ ¢ **b.** ____________ = ____ ¢

c. ____________ = ____ ¢ **d.** ____________ = ____ ¢

8.9 Trabajando con ciclos de tiempo

¿Qué sabes acerca de los meses del año?

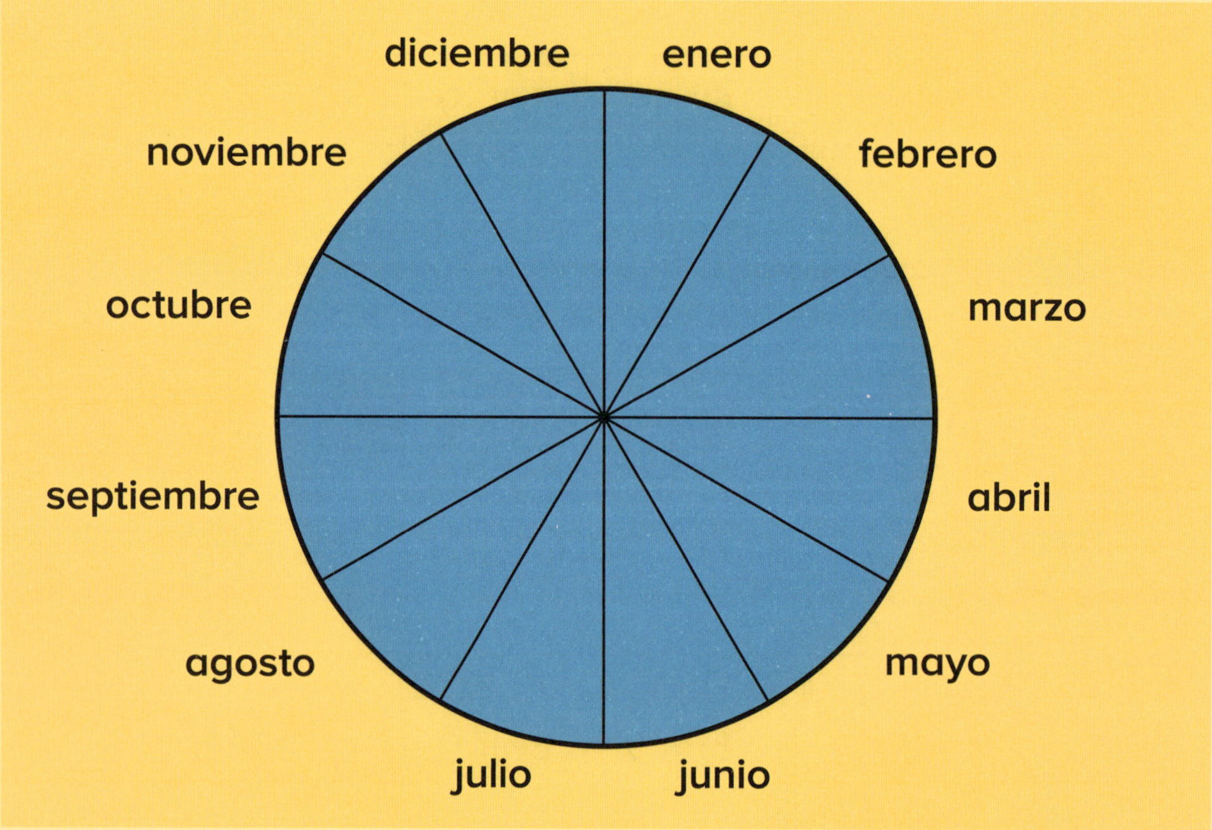

Los meses del año forman un **ciclo**.

El ciclo continúa año tras año sin detenerse.

¿Qué otros ciclos de tiempo conoces?

Intensifica

1. Escribe el mes en que naciste. Luego escribe el mes que está antes y el que está después.

Mes que está antes	Mes en que naciste	Mes que está después

2. a. ¿Cuántos meses hay en la primera mitad del año? ____ meses

b. ¿En qué mes comienza la segunda mitad del año? ________

3. Observa esta gráfica.

Mes de cumpleaños de los alumnos de primer grado

Nombre del mes					
Enero	Sienna	Michael			
Febrero	Kelly				
Marzo	Noah	Amos	Aran		
Abril	Jack				
Mayo	Carmen	Dakota	Cooper		
Junio	Julia				
Julio	Isabella	Jerome	Olivia		
Agosto	Jessica				
Septiembre	Hernando	Riley	Elia	Thomas	Elena
Octubre					
Noviembre	Gemma	Shauna	Sofia		
Diciembre	Jacinta	Joshua	Tien	Mia	

Número de alumnos

a. ¿Cuántos alumnos nacieron en estos meses?

marzo ____ abril ____ mayo ____

b. ¿En qué mes nacieron 5 alumnos? ____________

c. ¿En cuántos meses nacieron **exactamente** 3 alumnos? ____

Paso avanzado Escribe los meses correspondientes.

Natalie nació en el mes de octubre.
Emma nació tres meses antes que Natalie.

Ella nació en el mes de ____________. Mika nació seis meses después de Natalie. Él nació en el mes de ____________.

8.10 Presentando la media hora después de la hora (relojes análogos)

Observa este reloj análogo.

La manecilla corta marca las horas
y la manecilla larga marca los minutos.

¿Qué hora indica este reloj?
¿Cómo lo sabes?

¿Cuánto tiempo tarda el minutero en dar
una vuelta completa alrededor del reloj?

¿Hacia adónde apuntaría el minutero si parara a la mitad de una vuelta?

Cuando el minutero señala el 6,
es **media hora después** de la hora.

Cuando el minutero apunta a la media hora,
¿qué nos indica la manecilla de la hora?

¿Qué hora marca este reloj? ¿Cómo lo sabes?

Intensifica

1. Escribe la hora que marca cada reloj.

a.

Media hora después de las ____

b.

Media hora después de las ____

c.

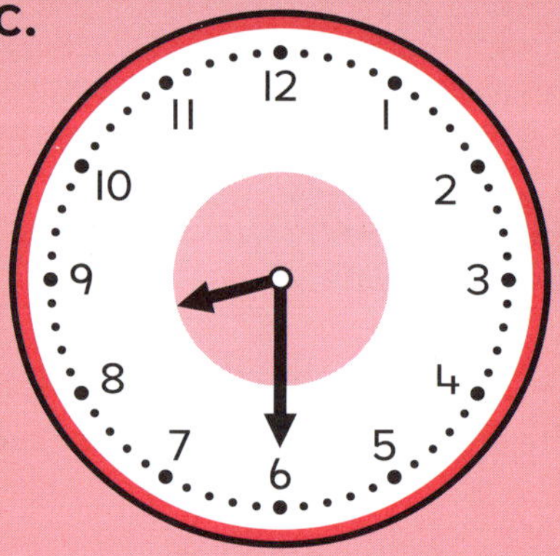

Media hora después de las ____

2. Escribe la hora que marca cada reloj.

a.

b.

c.

d.

e.

f.

Paso avanzado

Todos estos relojes marcan horas de la mañana. Encierra los relojes que marquen horas **entre** la media hora después de las 7 y las 10 en punto.

8.11 Leyendo y escribiendo la media hora después de la hora (relojes digitales)

¿Cuántos minutos hay en una hora?

¿Cuántos minutos hay en media hora? ¿Cómo lo sabes?

Observa este reloj digital.

¿En qué se diferencia de un reloj análogo?

¿Qué sabes acerca de la hora en este reloj?

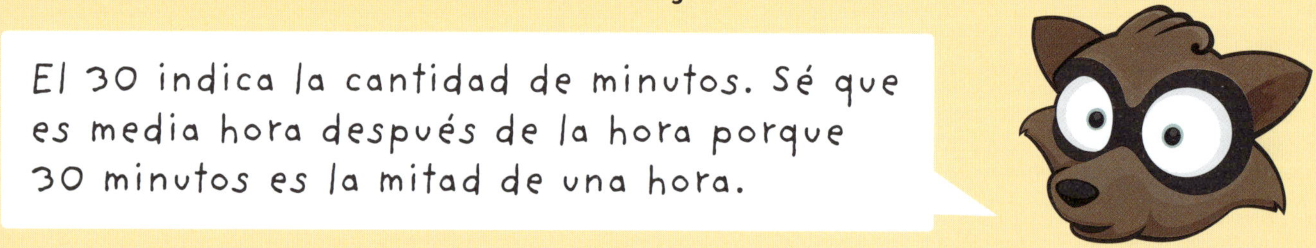

¿Qué hora marca el reloj?

Intensifica

1. Traza una línea entre la etiqueta y el reloj que corresponda. Algunos relojes no corresponden a ninguna etiqueta.

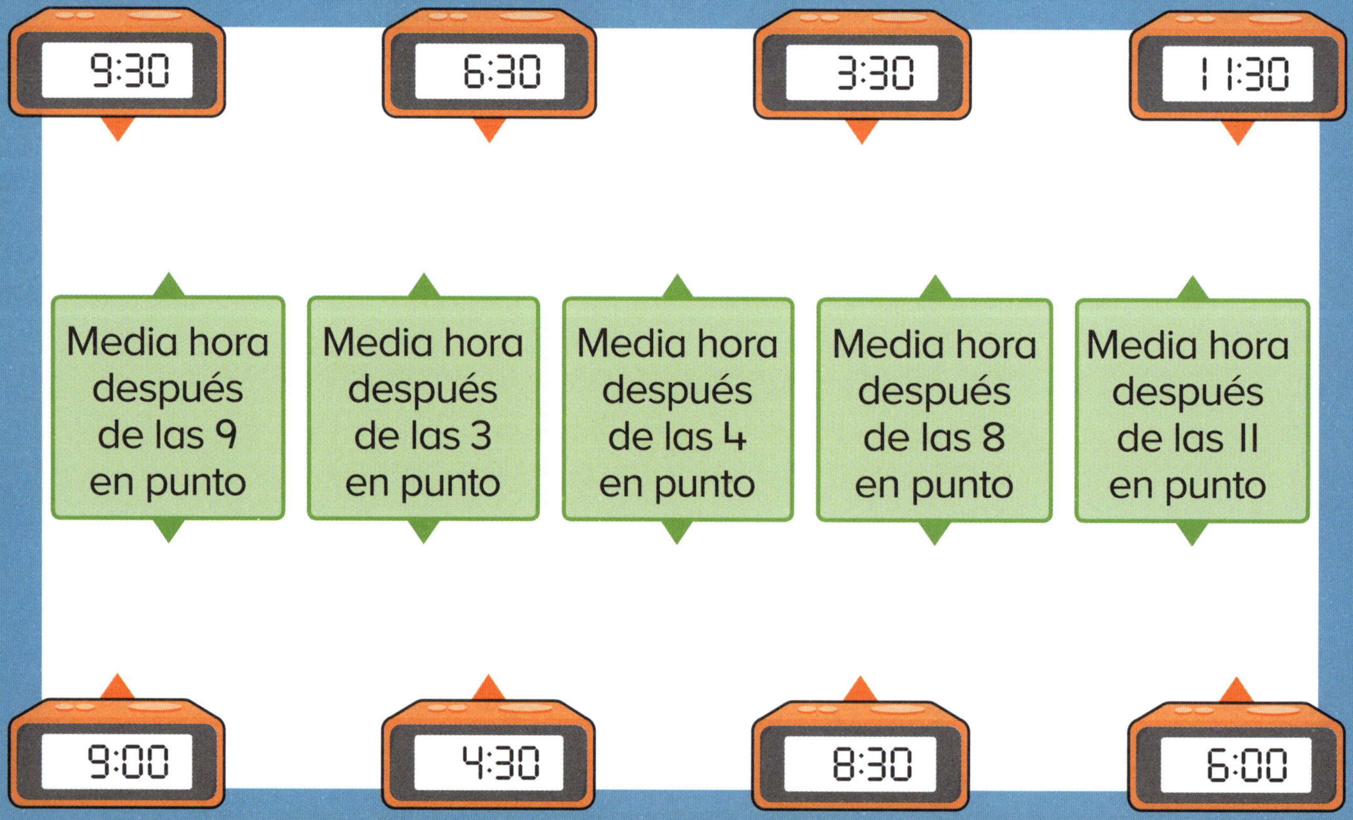

2. Escribe cada hora con palabras.

a. 

____

b. 

____

c. 

____

d. 

____

e. 

____

f. 

____

g. 

____

Paso avanzado Completa los enunciados.

a. 

Es media hora después de las ____.

Una hora **después** sería media hora después de las ____.

b. 

Es media hora después de las ____.

Una hora **después** sería media hora después de la ____.

8.12 Relacionando la hora análoga y digital

¿De cuántas formas diferentes puedes decir la hora que marca este reloj?

Intensifica **1.** Escribe la hora en el reloj digital.

a.

b.

c.

d.

e.

f.

2. Traza líneas para conectar los relojes que marcan la misma hora.

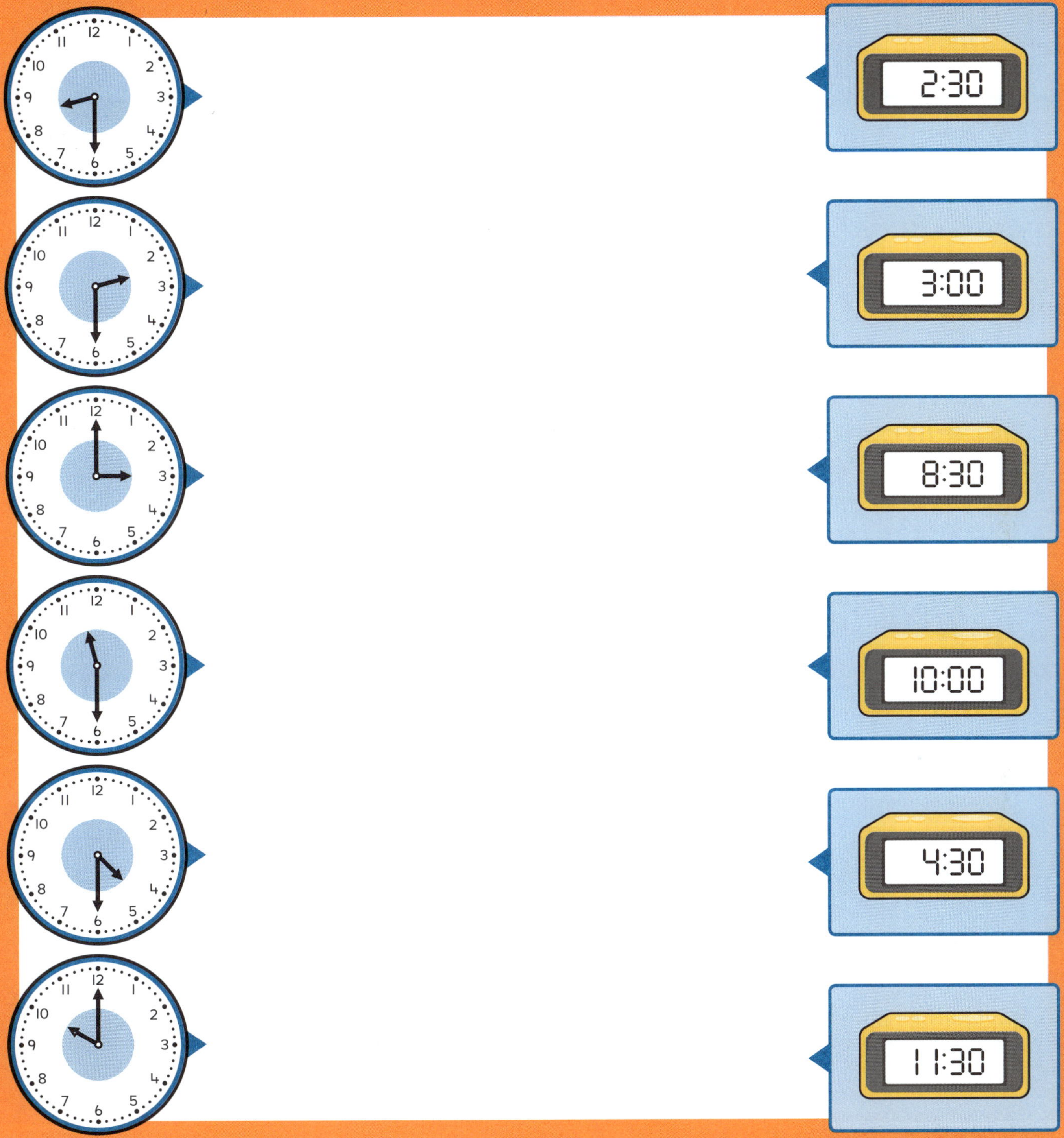

Paso avanzado

Jaime desayuna a las 7:00 el lunes por la mañana.
Él entrena béisbol a las 4:00 de la tarde.

¿Cuántas medias horas pasarán en el reloj entre el desayuno y el inicio del entrenamiento de béisbol?

9.1 Balanceando operaciones numéricas (dos sumandos)

Observa la imagen de la balanza.

¿Cuántos bloques más necesitas dibujar para que la imagen de la balanza sea correcta?

¿Cómo lo sabes?

Dibuja los bloques.

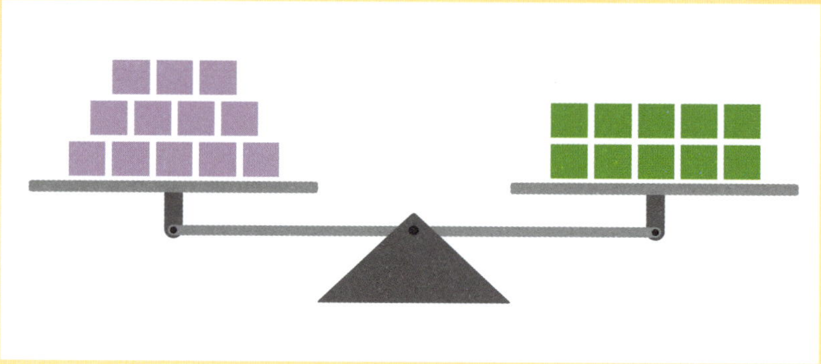

¿Qué operación numérica de suma podrías escribir que corresponda a la imagen? ____ = ____ + ____

Intensifica

1. Dibuja **más** bloques para que la imagen de la balanza sea correcta. Luego escribe la operación numérica que corresponda.

a.

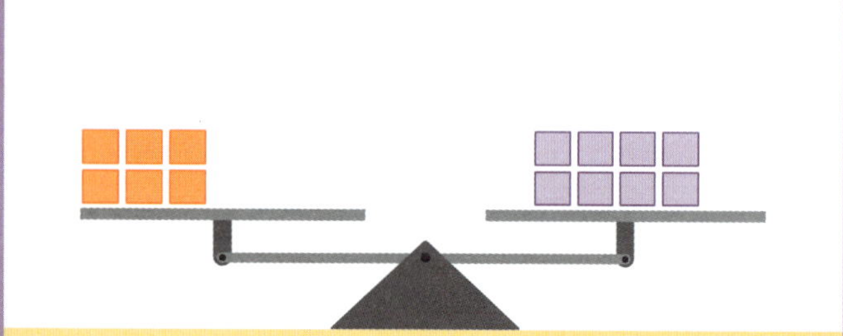

6 + ____ = 8

b.

____ = ____ + ____

c.

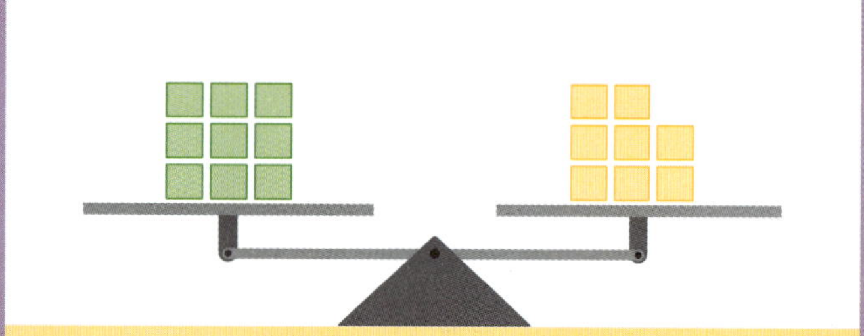

____ = ____ + ____

d.

____ + ____ = ____

2. Escribe los números que faltan para que la imagen de la balanza sea correcta. Luego escribe la operación numérica que corresponda.

a.

____ + ____ = ____

b.

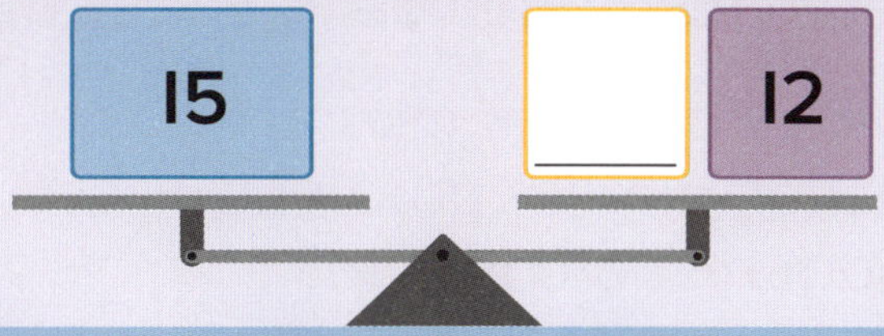

____ = ____ + ____

c.

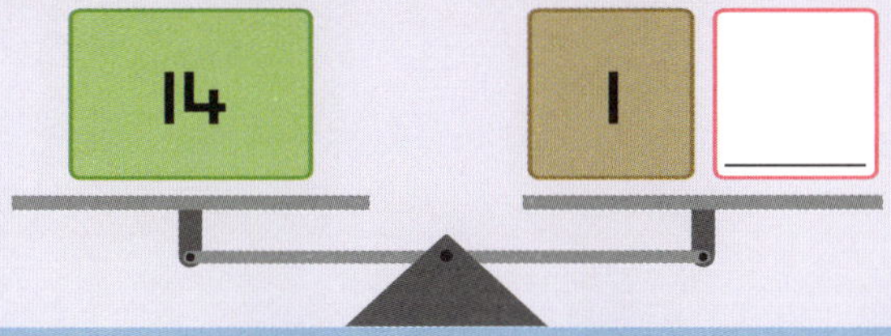

____ = ____ + ____

d.

____ + ____ = ____

e.

____ + ____ = ____

f.

____ = ____ + ____

Paso avanzado

Escribe tres diferentes operaciones numéricas de suma para hacer que la imagen de la balanza sea correcta.

____ + ____ = ____

____ + ____ = ____

____ + ____ = ____

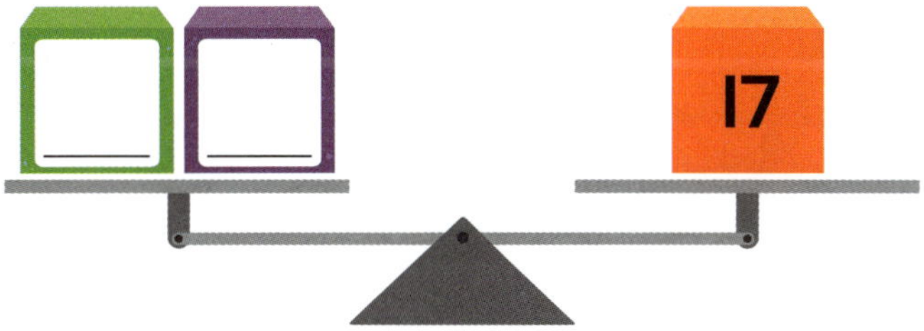

Balanceando operaciones numéricas (más de dos adendos)

Observa la imagen de la balanza.

¿Cuántos bloques más necesitas dibujar para que la imagen sea correcta?

¿Cómo lo sabes?

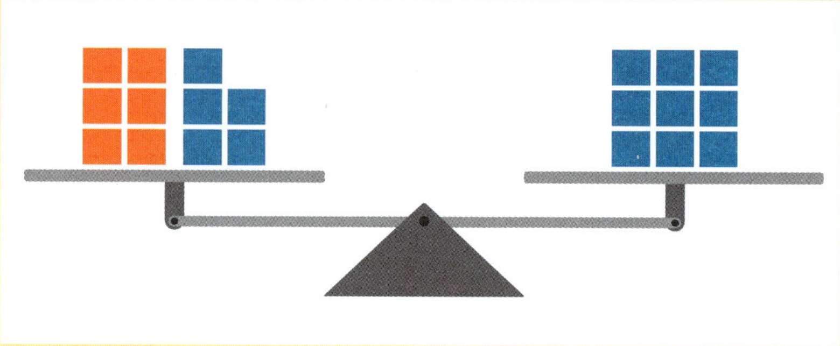

Dibuja los bloques.

¿Qué operación numérica de suma podrías escribir que corresponda a la imagen? ___ + ___ = ___ + ___

Intensifica

I. Dibuja **más** bloques para que la imagen de la balanza sea correcta. Luego escribe la operación numérica que corresponda.

a.

6 + 3 = 8 + ___

b.

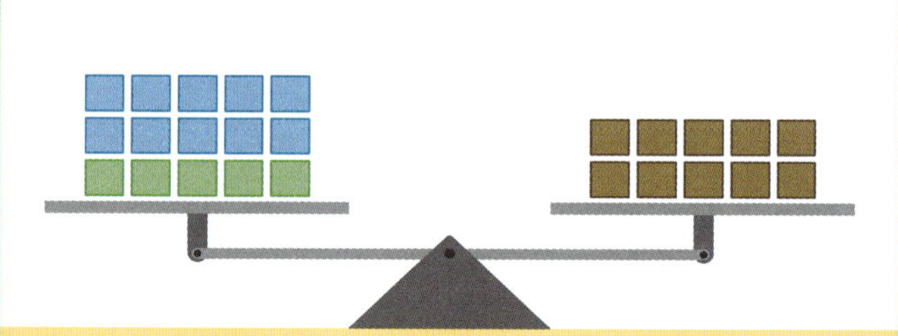

___ + ___ = ___ + ___

c.

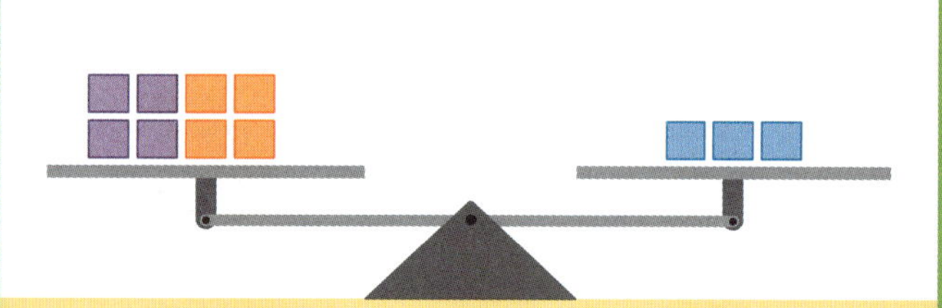

___ + ___ = ___ + ___

d.

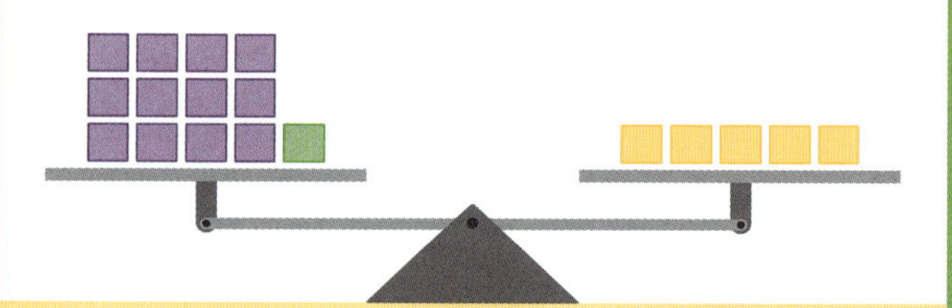

___ + ___ = ___ + ___

2. Escribe números para que la imagen de la balanza sea correcta. Luego escribe la operación numérica que corresponda.

a.

5 + 6 = 7 + ____

b.

____ + ____ = ____ + ____

c.

____ + ____ = ____ + ____

d.

____ + ____ = ____ + ____

e.

____ + ____ = ____ + ____

f.

____ + ____ = ____ + ____

Paso avanzado

Escribe los números que faltan. Piensa con cuidado antes de escribir. Luego escribe la operación numérica que corresponda.

a.

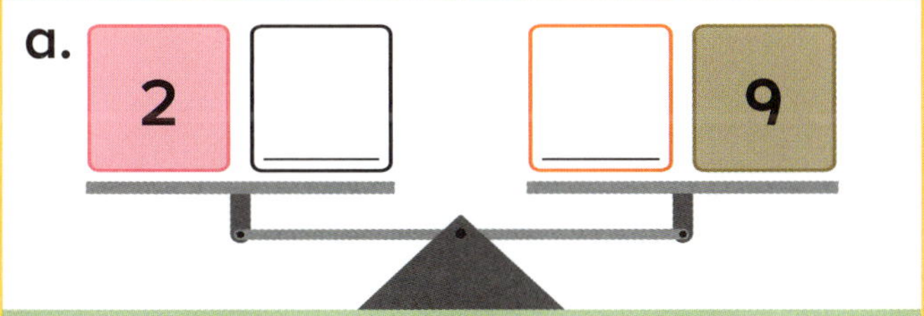

____ + ____ = ____ + ____

b.

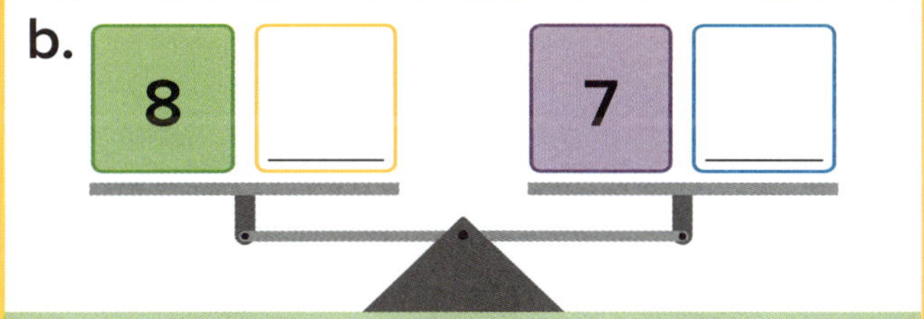

____ + ____ = ____ + ____

9.3 Trabajando con la propiedad de igualdad

Observa la imagen de la balanza.

Escribe una operación numérica de suma que corresponda.

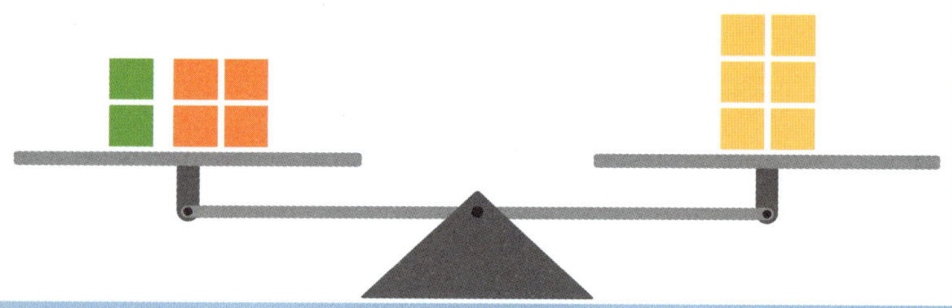

___ + ___ = ___

Dibuja un bloque más en el lado izquierdo.
¿Qué deberías hacer en el otro lado para que las cantidades permanezcan equilibradas?

Dibuja el bloque.
Escribe una operación numérica que corresponda a la imagen.

___ + ___ = ___

Tacha tres bloques del lado derecho.
¿Qué deberías hacer en el otro lado para que las cantidades permanezcan equilibradas?

Tacha los bloques.
Escribe una operación numérica que corresponda a los bloques que quedan.

___ + ___ = ___

Intensifica

1. Escribe una operación numérica que corresponda a la imagen de la balanza. Dibuja **más** bloques. Escribe la nueva operación numérica.

a. ___ + ___ = ___

Dibuja 2 bloques más en cada lado.

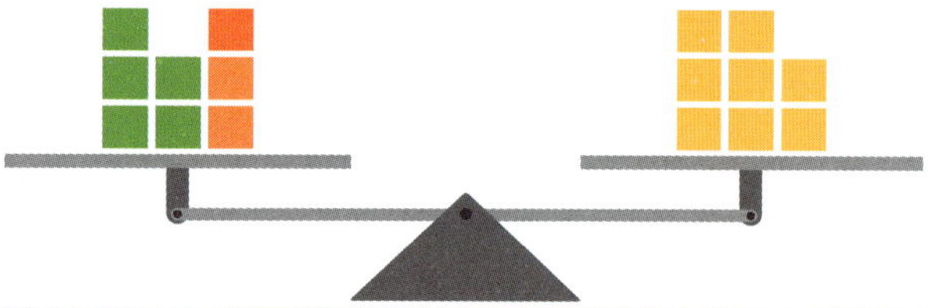

___ + ___ = ___

b. ___ + ___ = ___

Dibuja 3 bloques más en cada lado.

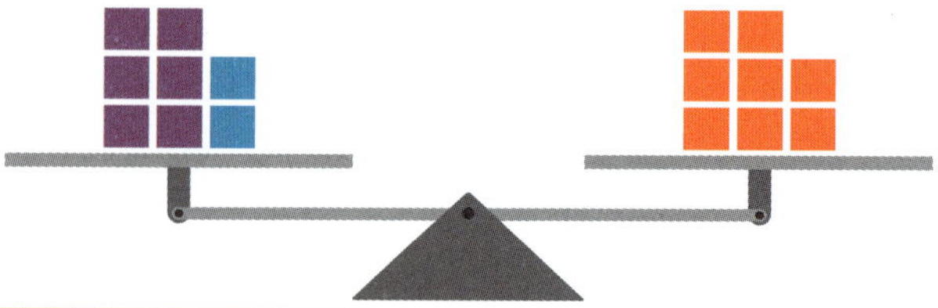

___ + ___ = ___

2. Escribe una operación numérica que corresponda a la imagen. **Tacha** bloques. Escribe una operación numérica que corresponda a los bloques que quedan.

a. ____ + ____ = ____

Tacha 2 bloques en cada lado.

____ + ____ = ____

b. ____ + ____ = ____

Tacha 3 bloques en cada lado.

____ + ____ = ____

c. ____ + ____ = ____

Tacha 2 bloques en cada lado.

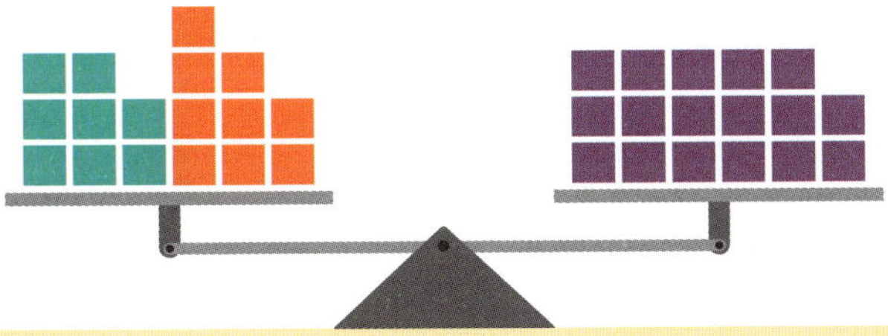

____ + ____ = ____

d. ____ + ____ = ____

Tacha 3 bloques en cada lado.

____ + ____ = ____

Paso avanzado

Hay 16 canicas en total. Alisa tiene 2 canicas más que Juan. ¿Cuántas canicas tiene cada persona?

Alisa tiene ____ canicas.

Juan tiene ____ canicas.

Representando problemas

Mateo tiene 7 tarjetas.

Leila tiene 6 tarjetas.

¿Cuántas tarjetas tienen en total?

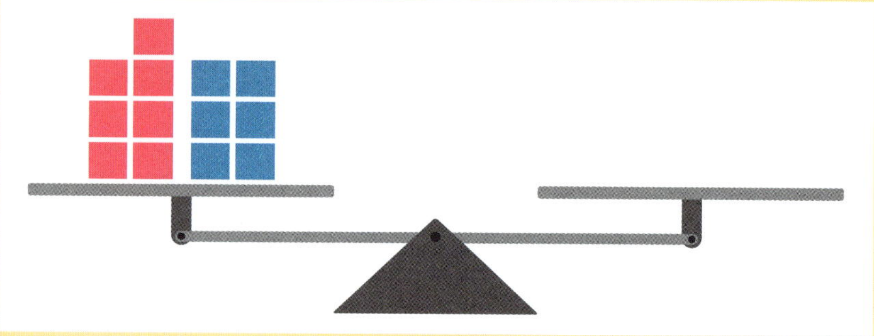

¿En qué se parece la imagen de la balanza al problema expresado?

¿Qué indican los bloques rosados y azules?

Dibuja más bloques para indicar el total.

Escribe una operación numérica que corresponda a la imagen.

Intensifica

1. Lee la historia. Dibuja más bloques en la imagen de la balanza que representen el total. Luego escribe una operación numérica que indique tu razonamiento.

a. Hay 8 niñas y 3 niños.

¿Cuántos niños hay en total?

b. Hay 12 perros en la tienda de mascotas. 6 tienen pelo corto. Los otros tienen pelo largo.

¿Cuántos perros tienen el pelo largo?

2. Lee el problema. Escribe los números correspondientes en la imagen de la balanza. Luego escribe una operación numérica que indique tu razonamiento.

a. Hay 15 alumnos en una clase. 8 de ellos son niños. ¿Cuántas niñas hay?

b. Había 12 chocolates en una caja. Ahora quedan 9. ¿Cuántos chocolates se comieron?

c. Hay 8 peces que puedes ver. 9 peces se están escondiendo. ¿Cuántos peces hay en el estanque?

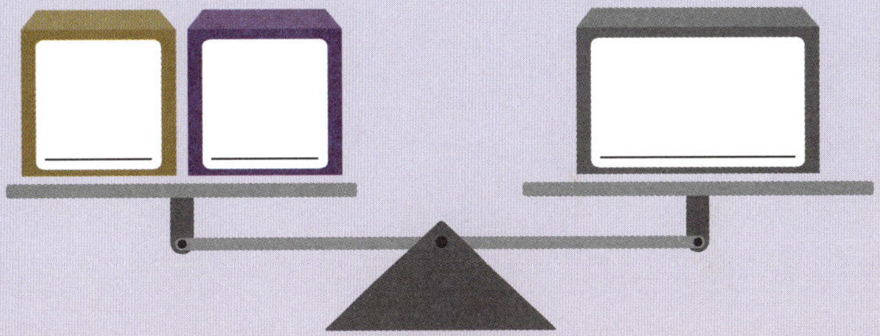

Paso avanzado

Lee el problema. Luego escribe la operación numérica correspondiente.

a. Se utilizaron 12 huevos para el desayuno del fin de semana. Se utilizaron más huevos el día sábado que el día domingo. ¿Cuántos huevos se pudieron haber utilizado cada día?

b. 18 alumnos se fueron a una excursión del colegio. Había menos niños que niñas. ¿Qué cantidad de niños y niñas pudo haber?

9.5 Trabajando con la propiedad de desigualdad

Observa la imagen de la balanza.
¿Qué notas?

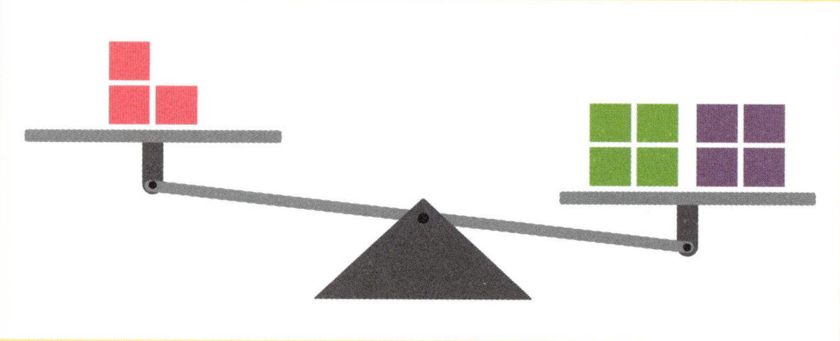

¿Qué cantidad máxima de bloques podrías dibujar en el lado izquierdo y que la balanza siga estando desigual? ¿Cómo lo sabes?

Si dibujaras 7 bloques más en el lado izquierdo, ¿qué pasaría? ¿Cómo lo sabes?

Intensifica

1. Dibuja **más** bloques en cada balanza de platillos. Asegúrate de que cada imagen siga siendo correcta.

a.

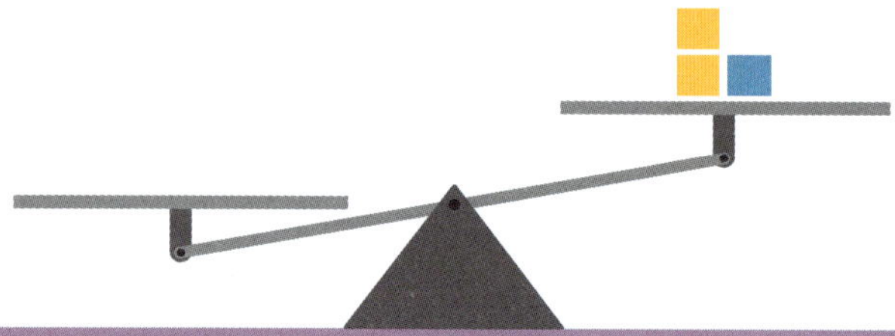

b.

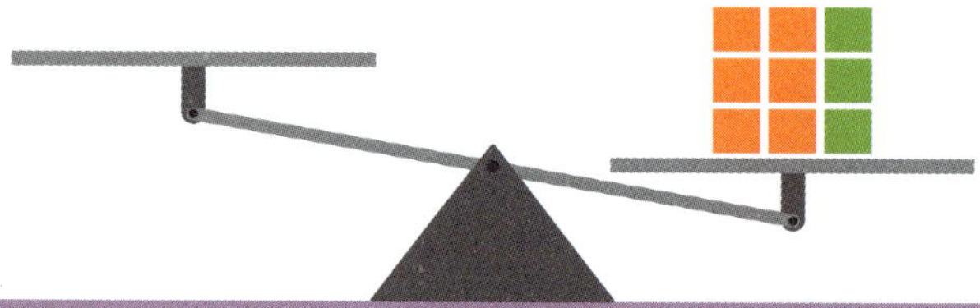

c.

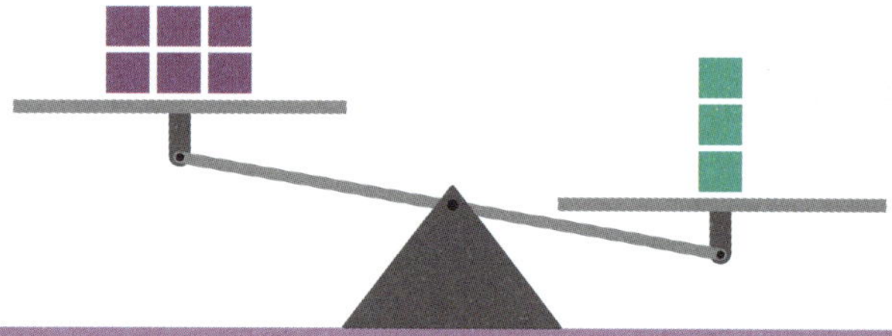

d.

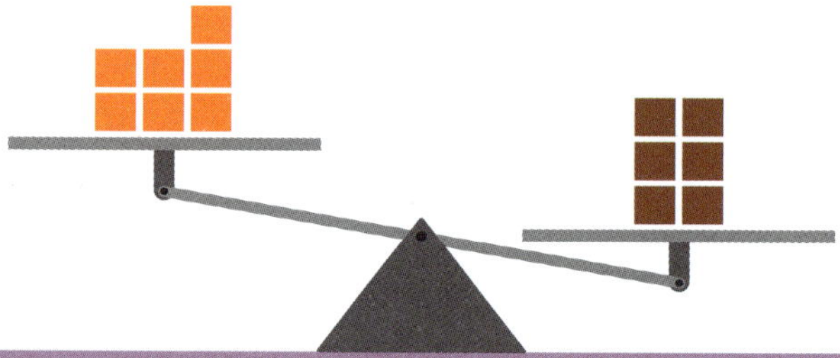

e.

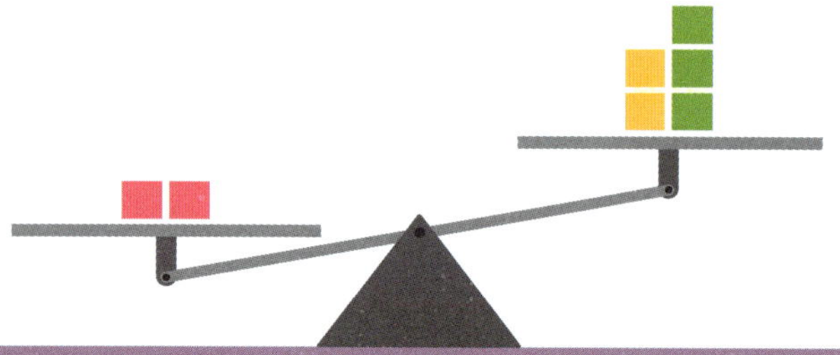

f.

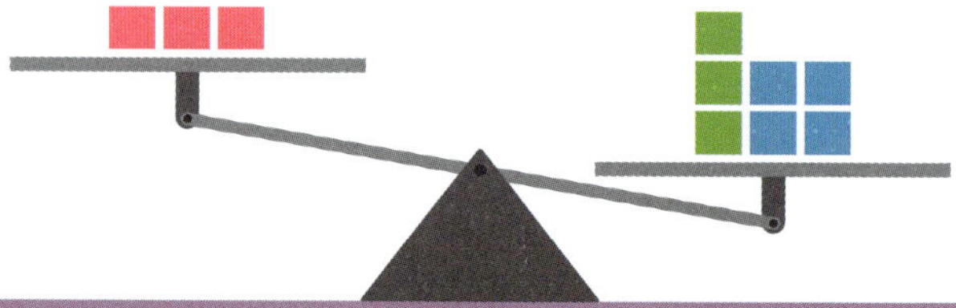

2. Escribe números en las casillas para que cada imagen sea correcta. Luego completa el enunciado.

a.

___ no balancea ___ + ___

b.

___ no balancea ___ + ___

c.

___ + ___ no balancea ___

d.

___ + ___ no balancea ___

e.

___ no balancea ___ + ___

f.

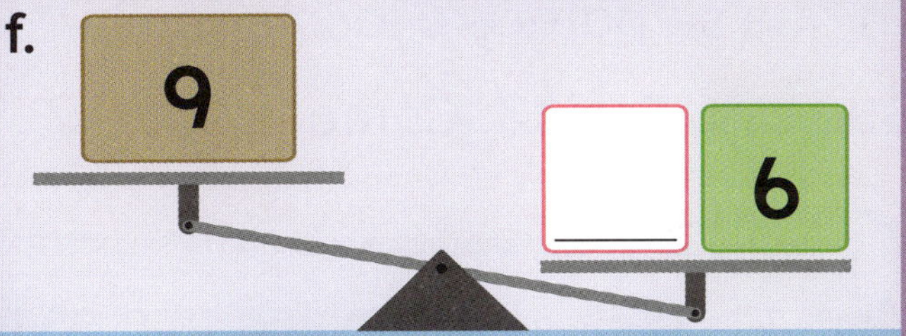

___ no balancea ___ + ___

Paso avanzado

Escribe números para que las imágenes de las balanzas sean correcta. Piensa con cuidado antes de escribir.

a.

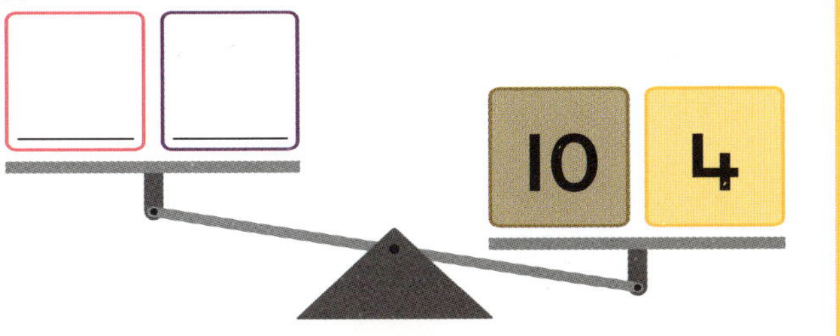

b.

9.6 Introduciendo los símbolos de comparación

Observa esta imagen de bloques.
¿Cuál lado tiene la mayor cantidad de bloques?

Mira el enunciado debajo de la imagen.
¿En qué se parece a la imagen?

¿Qué significa **>**? ¿Cómo lo sabes?

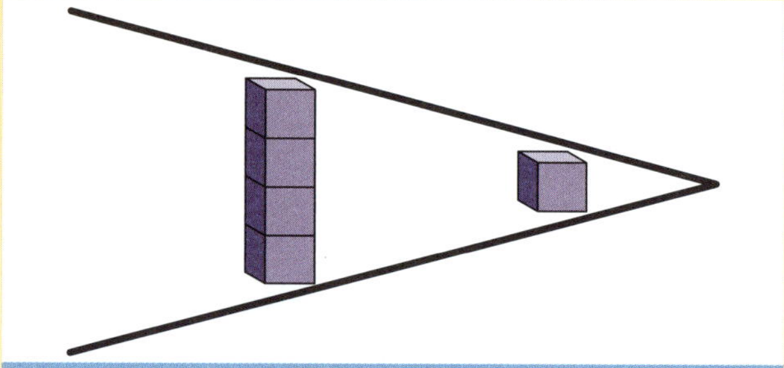

4 > 1

El símbolo **>** significa que **es mayor que.**

Observa esta imagen de bloques.
¿Cuál lado tiene la mayor cantidad de bloques?

Mira el enunciado debajo de la imagen.
¿En qué se parece a la imagen?

¿Qué significa **<**? ¿Cómo lo sabes?

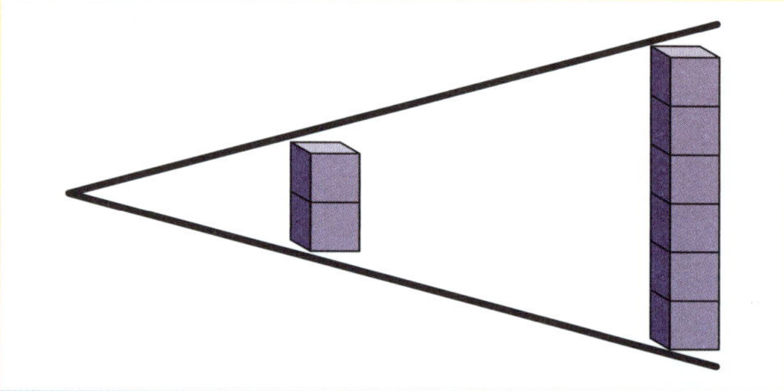

2 < 6

El símbolo **<** significa que **es menor que.**

Intensifica

1. Compara cada pila de bloques.
Luego escribe **>** o **<** para completar cada enunciado.

a.

5 ◯ 2

b.

3 ◯ 6

2. Escribe los números y **>** o **<** para completar cada enunciado.

a.

b.

c.

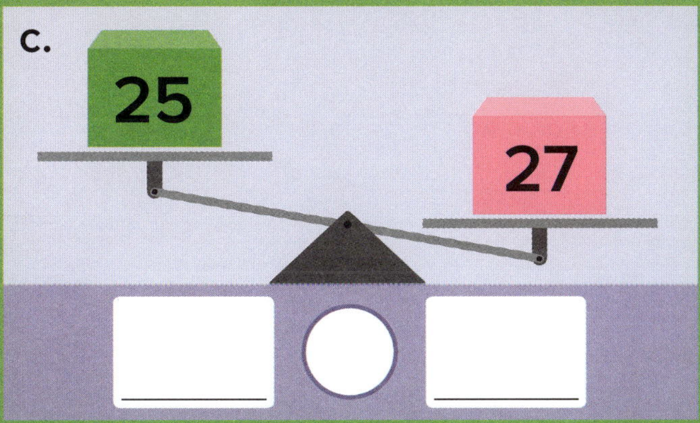

d.

3. Encierra los enunciados que son verdaderos.

a. 19 **>** 16　　**b.** 34 **<** 29　　**c.** 8 **<** 10　　**d.** 17 **>** 71

Paso avanzado

Utiliza estos números para representar la posición de las balanzas. Escribe los enunciados de comparación que correspondan.

a.

b.

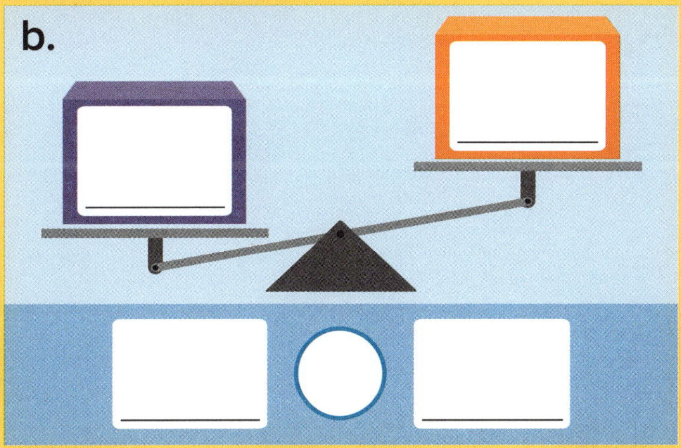

9.7 Expresando resultados de comparaciones con símbolos

Observa la imagen de la balanza.

¿Qué número podrías escribir en la casilla vacía del lado izquierdo? ¿Cómo lo sabes?

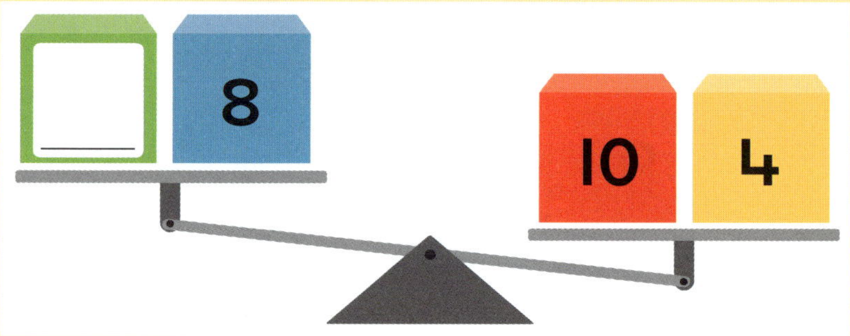

Podrías escribir cualquier número menor que 6 dentro de la casilla vacía.

¿Qué enunciado de comparación podrías escribir? ______ < ______

Observa esta imagen de la balanza.

¿Qué sabes acerca de los números del lado izquierdo?

¿Que números podrías escribir?

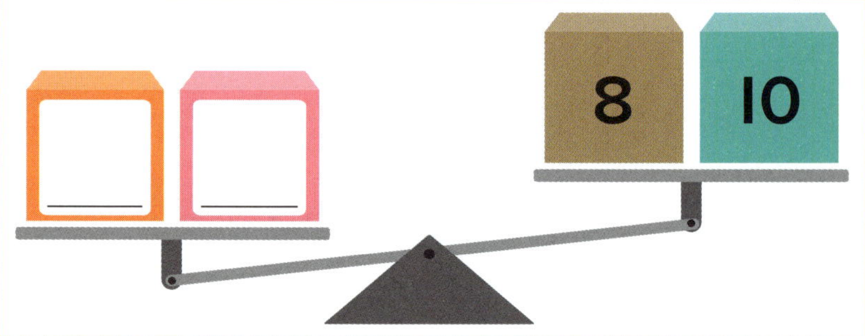

¿Qué enunciado de comparación podrías escribir? ______________

Intensifica

1. Escribe un número que haga que la imagen de la balanza sea correcta. Luego escribe el enunciado de comparación usando **<** o **>** que corresponda.

a.

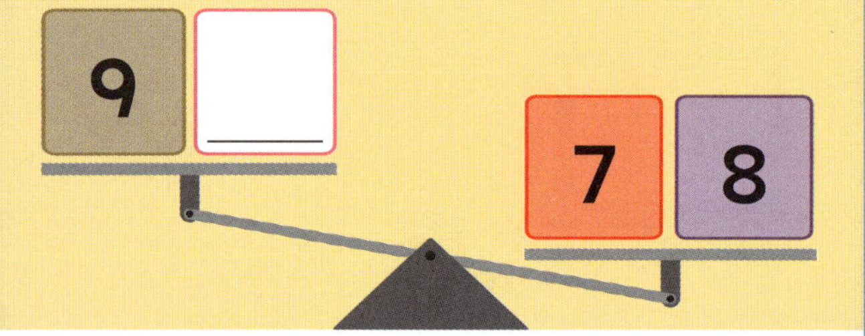

____

b.

____

2. Escribe números para que la imagen de la balanza sea correcta. Luego escribe el enunciado de comparación que corresponda.

a.

____

b.

____

c.

____

d.

____

3. Escribe **<**, **>** o **=** para crear enunciados de comparación verdaderos.

a. 14 + 3 ◯ 16 + 2

b. 6 + 9 ◯ 4 + 15

c. 5 + 7 ◯ 1 + 11

d. 12 + 4 ◯ 7 + 8

e. 19 + 1 ◯ 3 + 17

f. 6 + 13 ◯ 8 + 9

Paso avanzado

Escribe **<**, **>** o **=** para crear enunciados de comparación verdaderos.

a. 9 + 6 + 2 ◯ 2 + 7 + 4

b. 7 + 2 + 8 ◯ 3 + 5 + 9

c. 1 + 2 + 9 ◯ 5 + 4 + 5

d. 7 + 5 + 3 ◯ 2 + 6 + 8

e. 19 − 8 ◯ 13 + 6

f. 17 − 2 ◯ 6 + 9

9.8 Repartiendo entre cuatro

¿Cuántos contadores puedes ver?

¿Se podrían repartir los contadores en partes iguales entre 4 grupos?

¿Cómo lo sabes? ¿Cuántos contadores habrá en cada grupo?

¿Qué otras cantidades se pueden repartir equitativamente entre 4 grupos?

Intensifica

1. Tu profesor te dará un tapete de repartir. Utiliza bloques de unidades sobre el tapete para calcular la parte de cada persona. Luego completa cada enunciado.

a. 20 repartidos entre 4 son ____ para cada uno.

b. 16 repartidos entre 4 son ____ para cada uno.

c. 36 repartidos entre 4 son ____ para cada uno.

d. 28 repartidos entre 4 son ____ para cada uno.

e. 32 repartidos entre 4 son ____ para cada uno.

f. 24 repartidos entre 4 son ____ para cada uno.

2. a. Resalta cada número que se pueda repartir por igual entre 4.

1	2	3	4	5	6	7	8	9	10
11	12	13	14	15	16	17	18	19	20
21	22	23	24	25	26	27	28	29	30
31	32	33	34	35	36	37	38	39	40
41	42	43	44	45	46	47	48	49	50

b. Describe el patrón que observas.

c. Imagina que la tabla numérica de arriba continúa hasta el 60. Escribe algunos números **extra** que podrían ser repartidos en partes iguales entre 4.

Paso avanzado

a. Escribe algunos números que pueden ser repartidos por igual entre 2 **y** entre 4.

b. Escribe algunos números que pueden ser repartidos entre 2 pero **no** entre 4.

9.9 Identificando un cuarto de un grupo

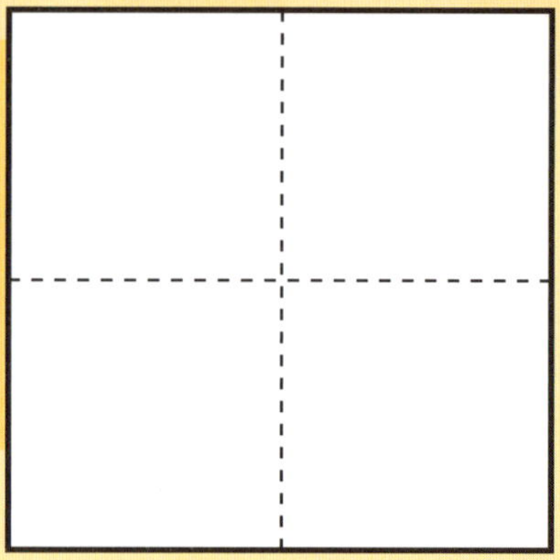

Observa esta hoja de papel.

¿Cómo se ha doblado?

¿Cuántas partes puedes ver?
¿Qué notas acerca de estas partes?

¿Qué nombre se utiliza para describir una de las cuatro partes?

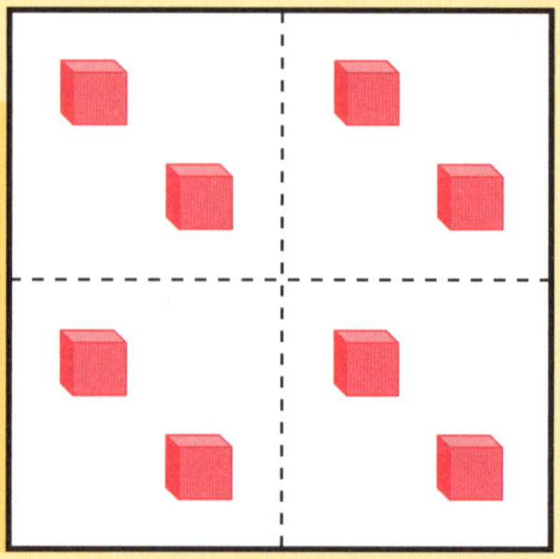

¿Qué notas acerca de los cubos que se pusieron en el papel doblado?

¿Cuántos cubos hay en cada una de las secciones iguales?

¿Cuántos cubos hay en un cuarto de 8?

Intensifica

1. Completa cada enunciado.

a.

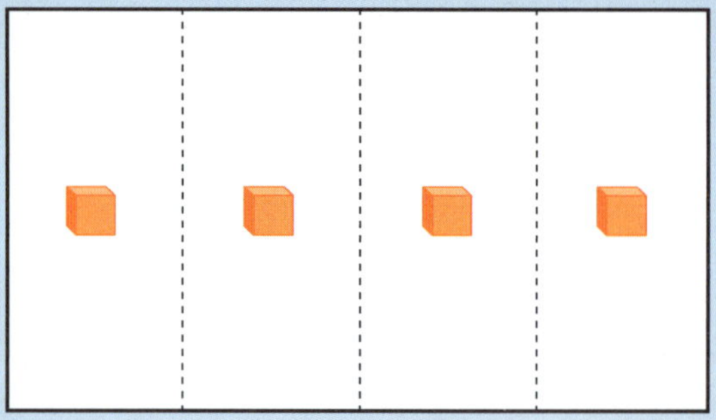

Un cuarto de 4 es ____.

b.

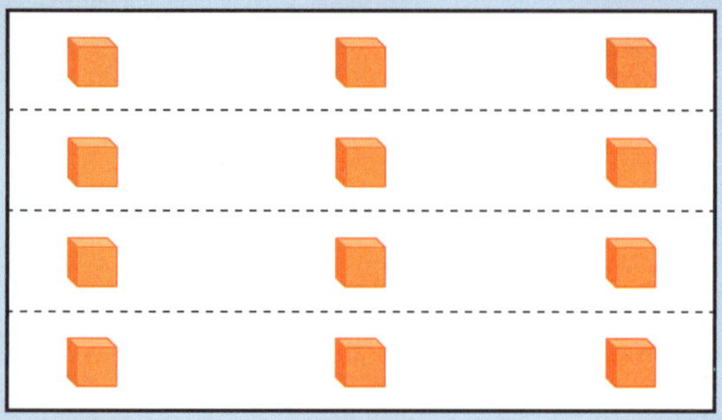

Un cuarto de 12 es ____.

2. Encierra **un cuarto** de cada grupo. Luego completa el enunciado.

a.

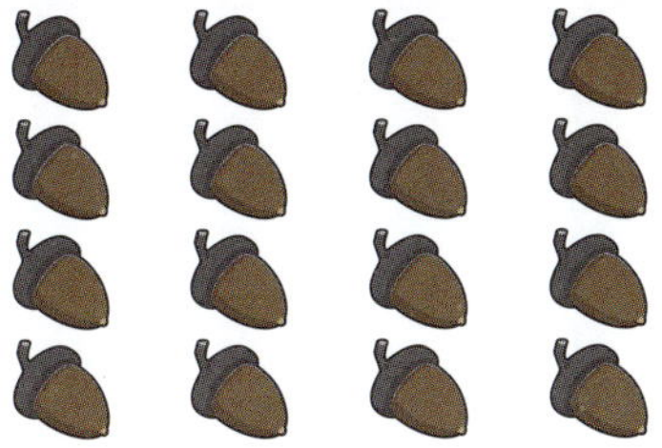

Un cuarto de 16 es ____.

b.

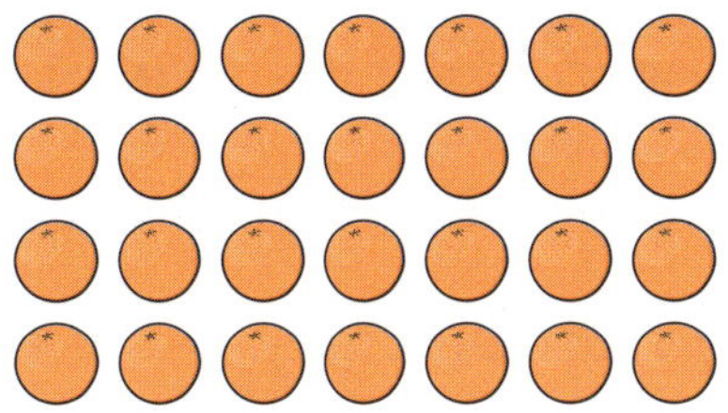

Un cuarto de 28 es ____.

c.

Un cuarto de 32 es ____.

d.

Un cuarto de 20 es ____.

e.

Un cuarto de 24 es ____.

f.

Un cuarto de 36 es ____.

Paso avanzado

Doce alumnos votaron por su sabor de yogurt favorito. A la mitad le gustaba el de arándanos, a un cuarto el de fresa y a los otros el de vainilla. Colorea estas caras para indicar cuantos alumnos votaron por cada sabor.

Colorea

- Arándanos – azul
- Fresa – rojo
- Vainilla – amarillo

9.10 Identificando un cuarto de un área

Observa esta hoja de papel.

Describe la fracción que ves.

¿Qué otro nombre hay para un cuarto?

¿De qué otras maneras podrías doblar el papel para indicar un cuarto?

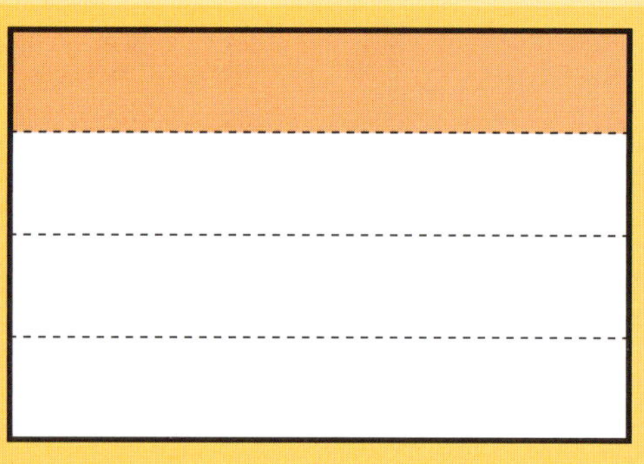

¿De cuántas maneras diferentes puedes indicar un cuarto?

¿Cómo podrías demostrar que una hoja de papel ha sido doblada en cuartos?

¿Cuál de estas formas indica un cuarto? ¿Cómo lo sabes?

Intensifica

1. Traza una línea más para indicar cuatro partes del mismo tamaño. Luego colorea **un cuarto.**

a.

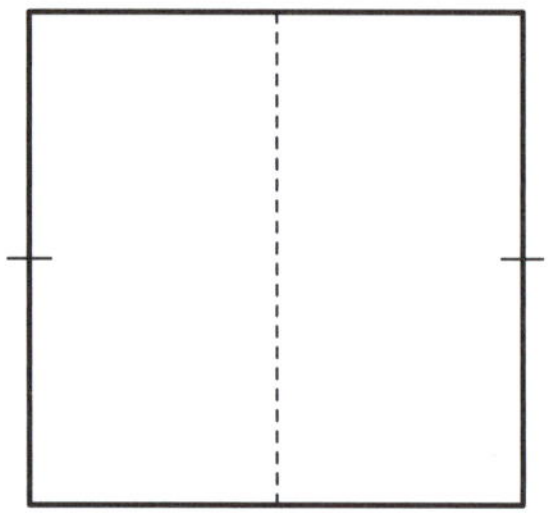

b.

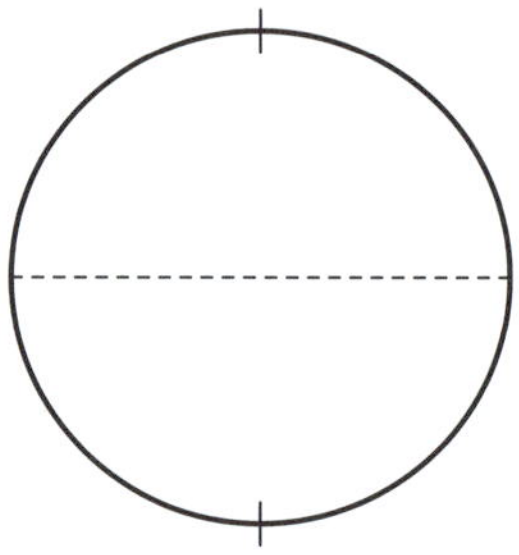

c.

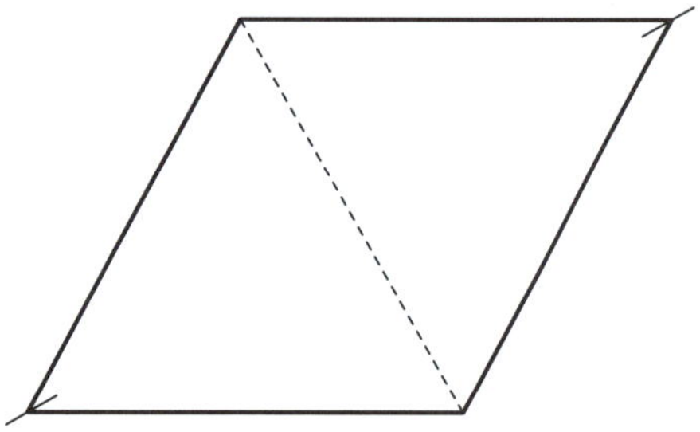

d.

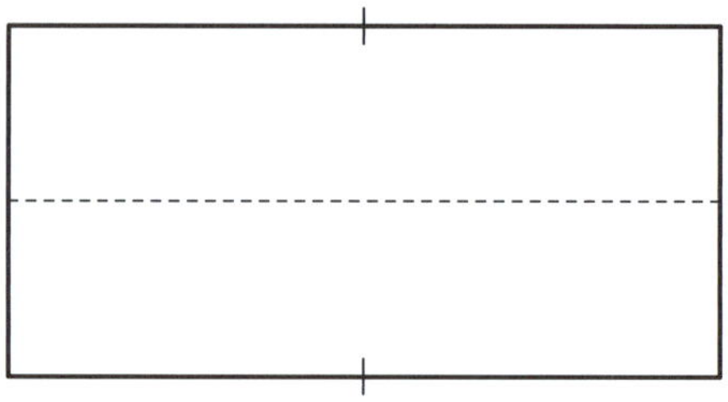

2. Colorea de azul **una** de las partes de cada forma.
Luego encierra las formas azules que indican un cuarto.

a.

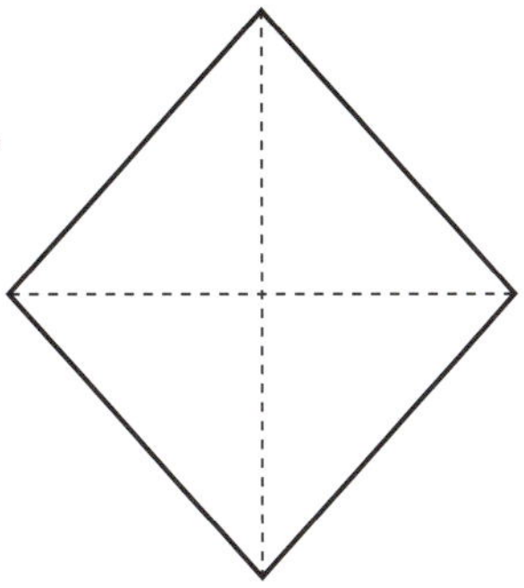

b.

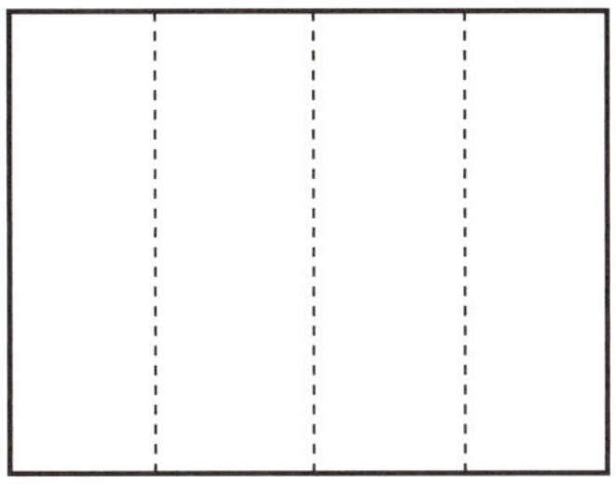

c.

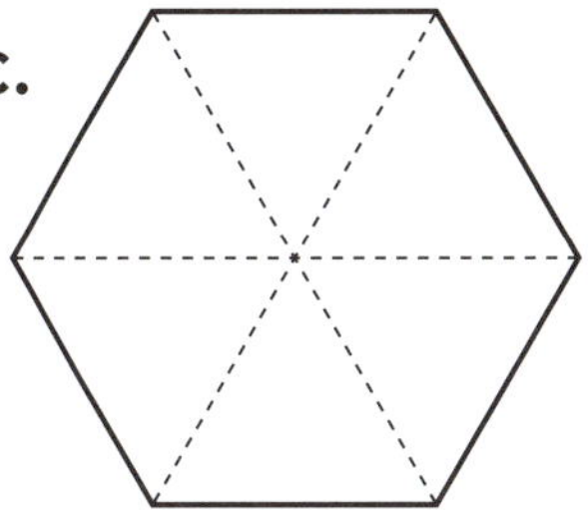

d.

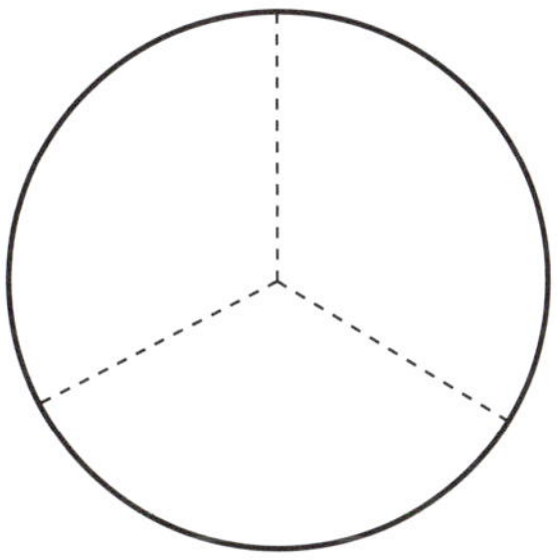

e.

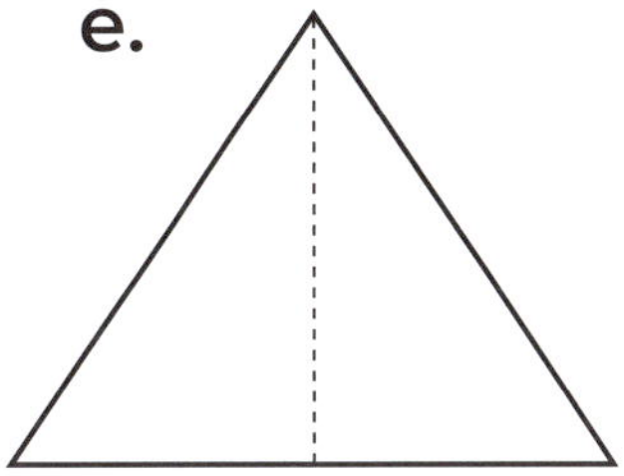

f.

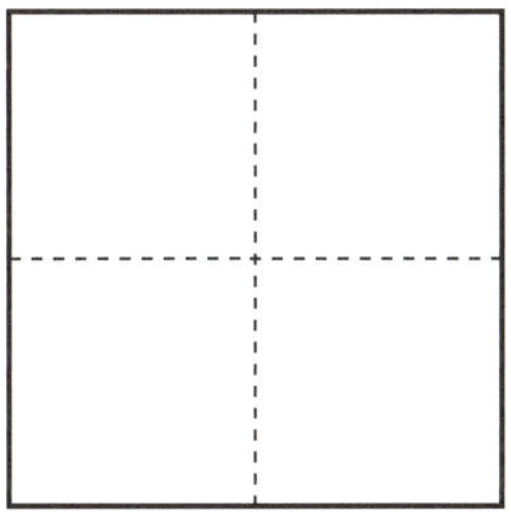

g.

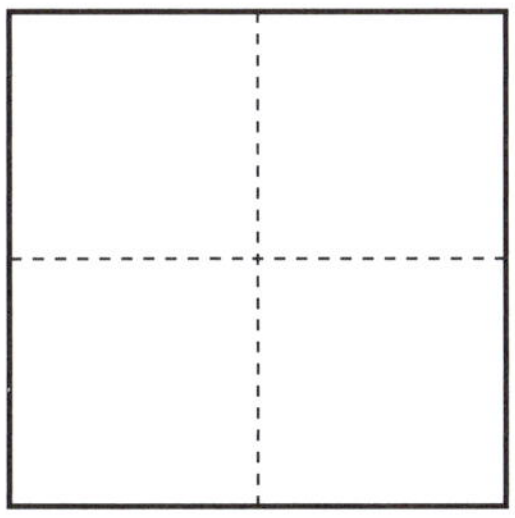

h.

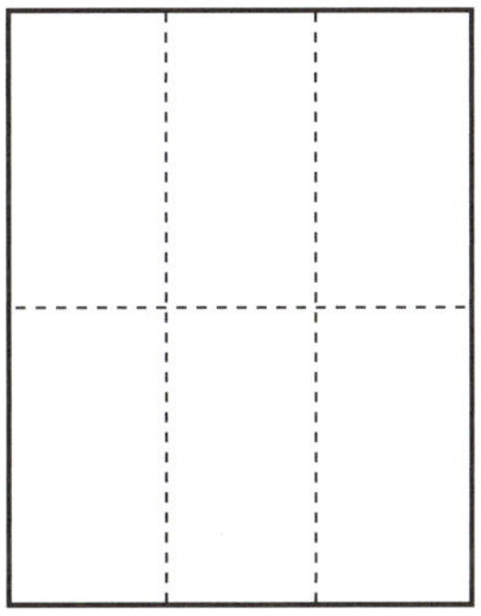

i.

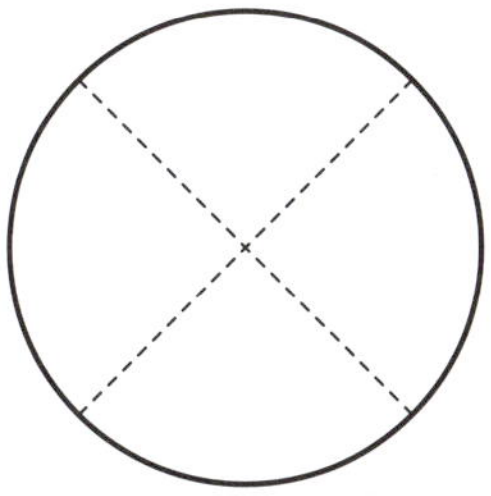

Paso avanzado Escribe **dos** maneras distintas de clasificar estas formas.

1. ______________________________

____

2. ______________________________

____

9.11 Identificando una mitad y un cuarto de un área

¿Qué notas en cada una de estas imágenes?

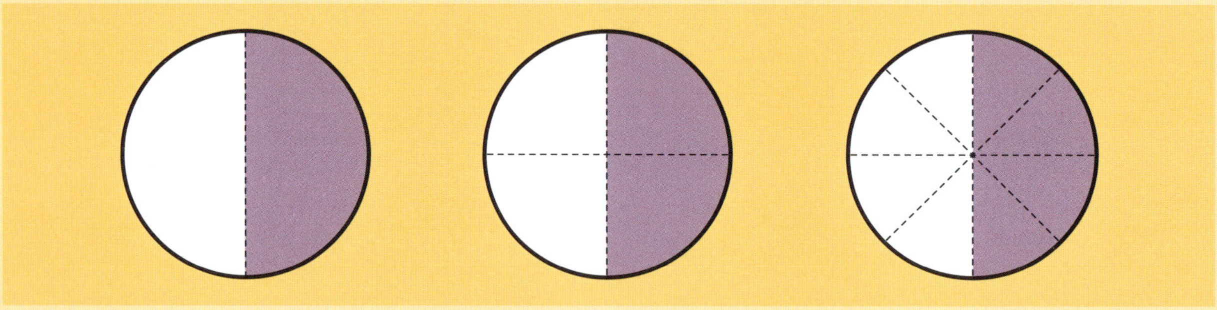

¿Cuántas partes se resaltaron en cada uno?

¿Muestra cada imagen la misma cantidad resaltada? ¿Cómo lo sabes?

Colorea una mitad de cada una de éstas formas.

¿Podría ser que un número diferente de partes indique la misma cantidad? ¿Cómo?

Intensifica

1. Colorea **un medio** de cada imagen.

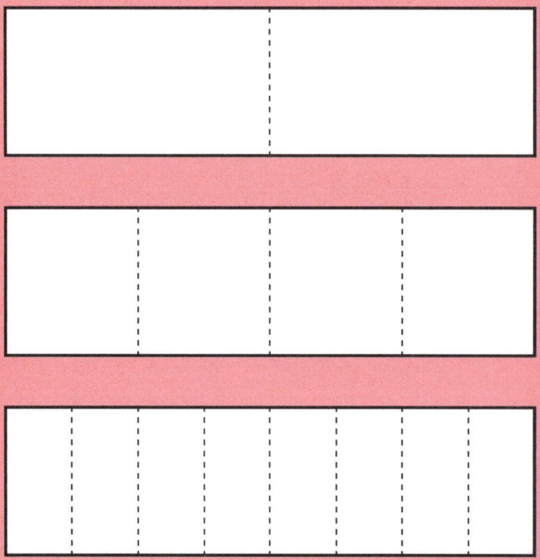

2. Colorea **un cuarto** de cada imagen.

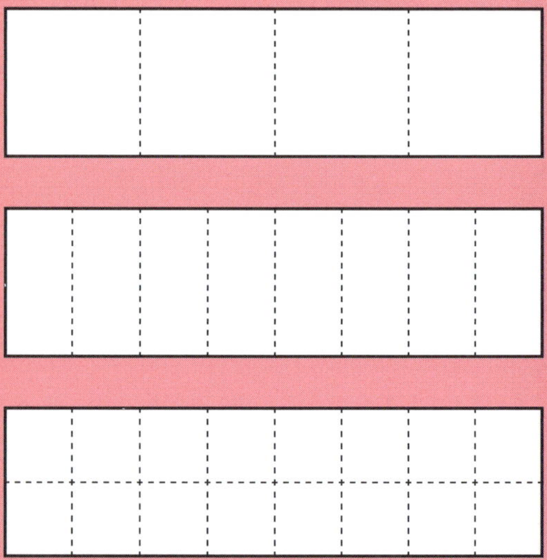

3. Colorea **un medio** de cada forma.

a.

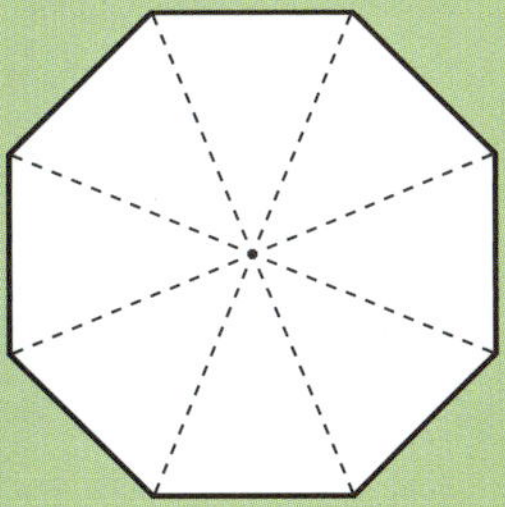

b.

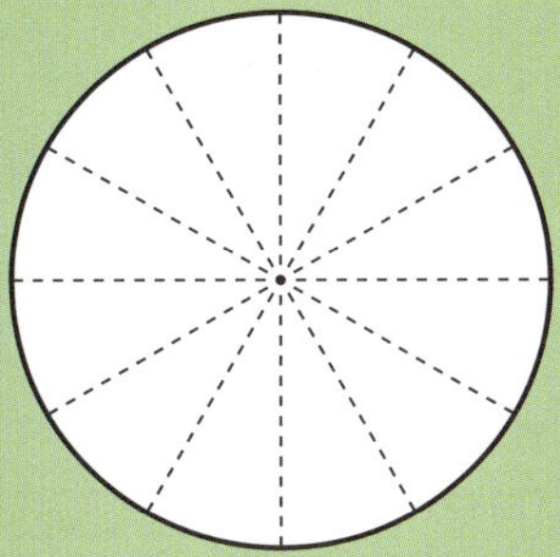

c.

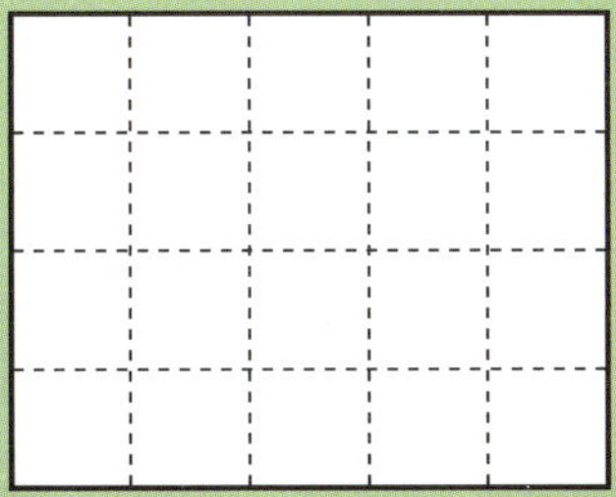

d.

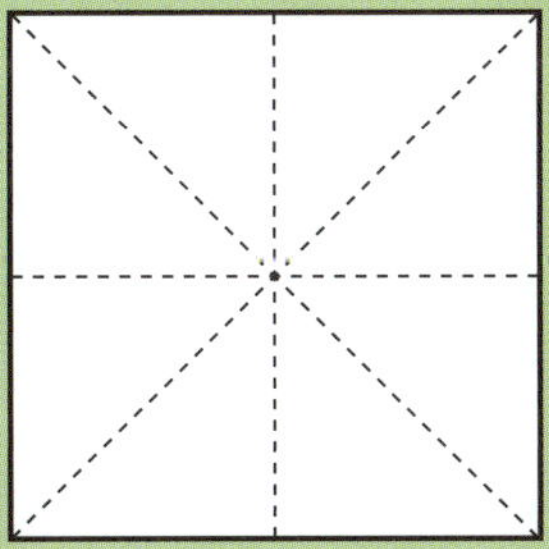

4. Colorea **un cuarto** de cada forma.

a.

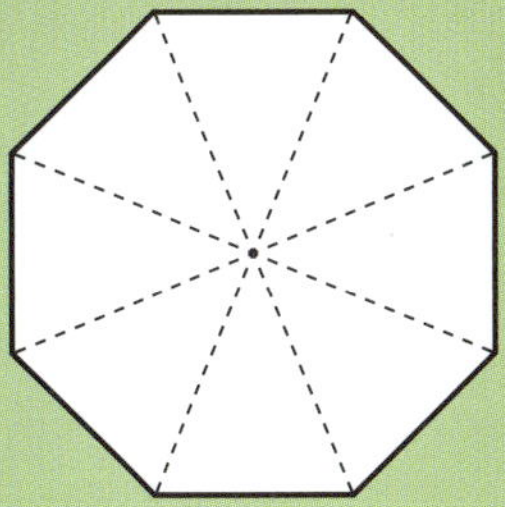

b.

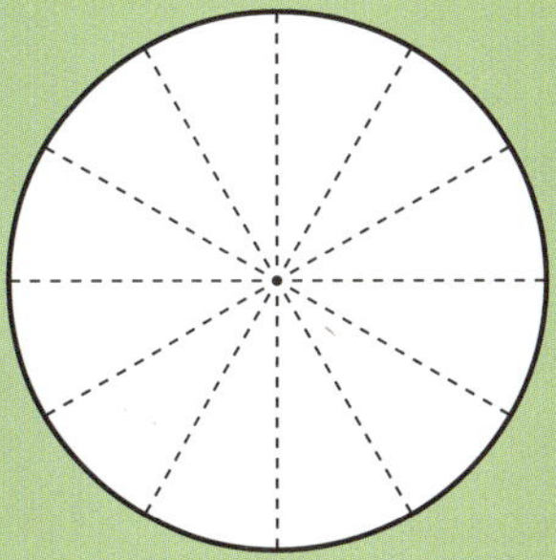

c.

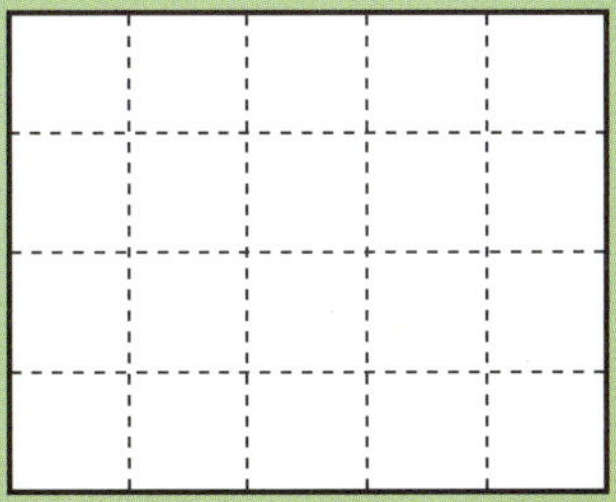

d.

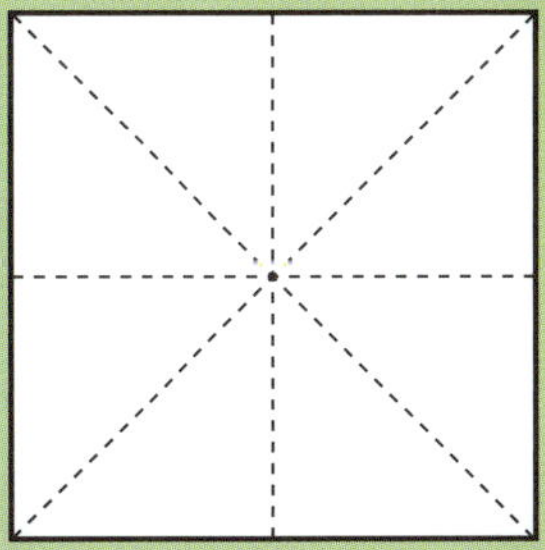

Paso avanzado

Colorea estas formas para indicar un cuarto de **cuatro** maneras diferentes.

9.12 Identificando un cuarto de cantidades de dinero

Cuatro amigos quieren compartir equitativamente este dinero.

¿Cómo puedes calcular un cuarto de esta cantidad?

¿Qué otras cantidades puedes repartir equitativamente entre 4?

¿Qué cantidad no se puede repartir equitativamente entre 4? ¿Cómo lo sabes?

Intensifica

1. Escribe el valor total.
Luego encierra **un cuarto** y completa el enunciado.

a.

El total son _____ centavos.

Un cuarto son _____ centavos.

b.

El total son _____ centavos.

Un cuarto son _____ centavos.

c.

El total son _____ centavos.

Un cuarto son _____ centavos.

d.

El total son _____ centavos.

Un cuarto son _____ centavos.

2. Escribe el valor total. Encierra **un cuarto** y completa el enunciado.

a.

El total son ____ centavos.

Un cuarto son ____ centavos.

b.

El total son ____ centavos.

Un cuarto son ____ centavos.

c.

El total son ____ centavos.

Un cuarto son ____ centavos.

d.

El total son ____ centavos.

Un cuarto son ____ centavos.

Paso avanzado

Cuatro amigos compartieron el costo de este juguete.
¿Cuánto pagará cada uno?
Dibuja monedas para indicar tu razonamiento.

10¢

1¢

Cada amigo pagará ____ ¢.

10.1 Ampliando la estrategia de contar hacia adelante más allá de las operaciones básicas

Observa esta sección de una cinta numerada.

50	51	52	53	54	55	56	57	58	59	60	61	62

Imagina que estás sobre el 53 y saltaste hasta el 55.
¿Cómo puedes indicar el salto sobre la cinta numerada?

Podrías dibujar una flecha como ésta.

50	51	52	53	54	55	56	57	58	59	60	61	62

¿Qué enunciado numérico podrías escribir para indicar lo que hiciste?

____ + ____ = ____

¿Qué otros saltos podrías dar sobre esta pieza de cinta numerada?
¿Qué enunciados numéricos podrías escribir para indicar lo que hiciste?

Intensifica **1.** Escribe los totales.

23	24	25	26	27	28	29	30	31	32	33

a. 24 + 1 = ____ **b.** 27 + 1 = ____ **c.** 31 + 1 = ____

2. Escribe los totales. Dibuja saltos sobre la cinta numerada como ayuda.

47	48	49	50	51	52	53	54	55	56	57

a. 49 + 1 = ______ **b.** 51 + 2 = ______ **c.** 54 + 3 = ______

65	66	67	68	69	70	71	72	73	74	75

d. 66 + 1 = ______ **e.** 69 + 2 = ______ **f.** 72 + 3 = ______

3. Usa esta cinta numerada para completar las diferentes sumas.

84	85	86	87	88	89	90	91	92	93	94

a. ______ + 2 = ______ **b.** ______ + 1 = ______

c. ______ + 3 = ______ **d.** ______ + 2 = ______

e. ______ + 1 = ______ **f.** ______ + 3 = ______

Paso avanzado

Utiliza la cinta numerada de la pregunta 3 como ayuda para calcular la respuesta.

Chloe tiene 87 centavos.
Ramón tiene 2 centavos más que Chloe.
Keisha tiene 3 centavos más que Ramón.
Will tiene 2 centavos más que Keisha.

¿Cuánto dinero tiene Will? ______ ¢

10.2 Explorando los patrones de la suma

Observa estos números.

1	2	3	4	5	6	7	8	9	10
11	12	13	14	15	16	17	18	19	20
21	22	23	24	25	26	27	28	29	30
31	32	33	34	35	36	37	38	39	40
41	42	43	44	45	46	47	48	49	50

¿Cuál número es 1 más que 37? ¿Cómo lo sabes?

¿Cuál número es 2 más que 25? ¿Cómo lo sabes?

¿Qué piensas acerca de todos los números que tienen 9 en el lugar de las unidades?

Intensifica

1. Escribe los totales.

a.

2 + 1 = ____

12 + 1 = ____

22 + 1 = ____

32 + 1 = ____

52 + 1 = ____

72 + 1 = ____

b.

14 + 2 = ____

24 + 2 = ____

34 + 2 = ____

44 + 2 = ____

64 + 2 = ____

84 + 2 = ____

c.

5 + 3 = ____

15 + 3 = ____

25 + 3 = ____

35 + 3 = ____

75 + 3 = ____

95 + 3 = ____

2. Piensa en los números **entre el 1 y el 50**.

a. Escribe todos los números que tienen el 3 en el lugar de las unidades.

____ ____ ____ ____ ____

b. Escribe los números que sean **2 más** que cada número que escribiste.

____ ____ ____ ____ ____

3. Piensa en los números **entre el 50 y el 100**.

a. Escribe todos los números que tienen el 6 en el lugar de las unidades.

____ ____ ____ ____ ____

b. Escribe los números que sean **2 más** que cada número que escribiste.

____ ____ ____ ____ ____

4. Escribe números **entre el 11 y el 50** para completar estas operaciones de suma de manera que sean diferentes.

a. ____ + 3 = ____	**b.** ____ + 2 = ____	**c.** ____ + 3 = ____
d. ____ + 2 = ____	**e.** ____ + 1 = ____	**f.** ____ + 2 = ____

Paso avanzado

Deven tenía 55 centavos. Él encontró 4 centavos más en su bolso. Kristina tenía 56 centavos. Su mamá le dio 2 centavos más. Jerome tenía 58 centavos.

a. ¿Quién tenía más dinero en total? ________

b. Escribe las operaciones de suma que utilizaste como ayuda.

____

____

10.3 Contando múltiplos de 10 (sin iniciar en la decena)

Observa este patrón. ¿Qué notas?

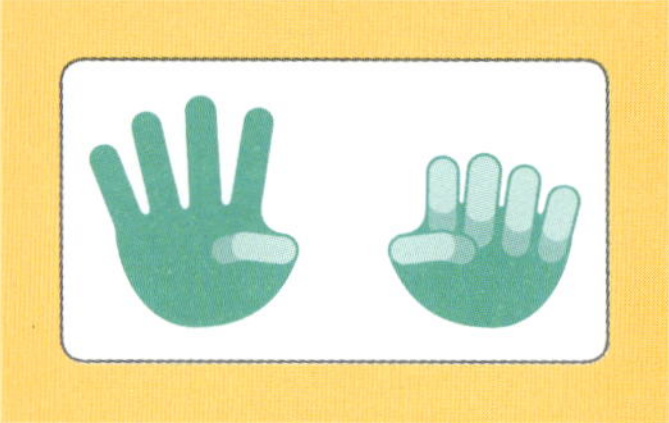

Imagen 1

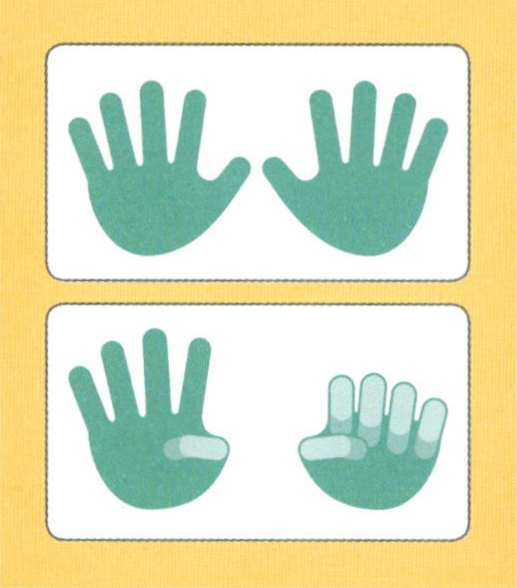

Imagen 2

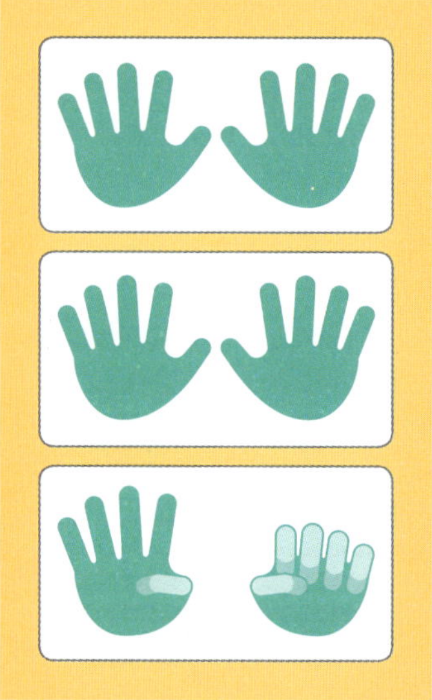

Imagen 3

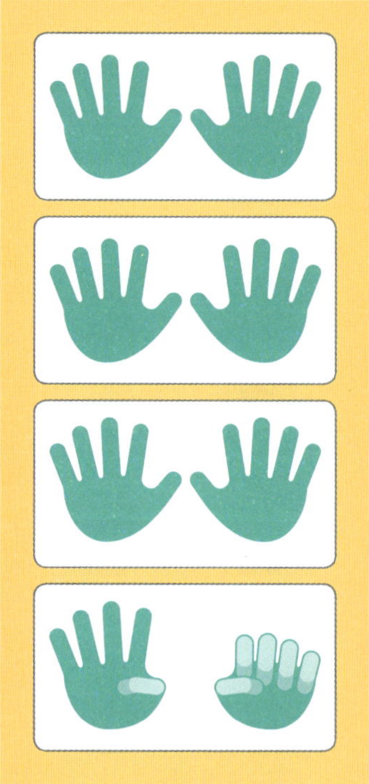

Imagen 4

¿Qué número indica cada imagen?

¿Cuál es el próximo número del patrón? ¿Cómo lo sabes?

¿Cuántos alumnos se necesitarán para indicar el siguiente número del patrón?

¿Cómo lo sabes?

Intensifica

1. ¿Cuántos alumnos se necesitarán para indicar con sus dedos estos números?

a.	40	____	b.	20	____
c.	80	____	d.	50	____
e.	60	____	f.	70	____
g.	90	____	h.	30	____

2. Encuentra estos números en la tabla de cien. Cuenta en pasos de 10 hasta encontrar la misma forma. Escribe el número.

a. 12 ______

b. 33 ______

c. 5 ______

d. 54 ______

e. 46 ______

f. 68 ______

g. 27 ______

h. 19 ______

i. 71 ______

1	2	3	4	5	6	7	8	9	10
11	12	13	14	15	16	17	18	19	20
		23				27			
		33							
					46				
			54						
							68		
71									

Paso avanzado

Estas son secciones de una tabla de cien. Escribe los números que faltan.

22	______	______	______

43
______

69
______
______
______

72
______
______

38	______	______
______		

51	______

10.4 Sumando múltiplos de 10 centavos

¿Qué monedas podrías utilizar para pagar este juguete?

¿Qué otras monedas podrías utilizar? ¿Cómo lo sabes?

¿Cómo podrías calcular el costo total de estos juguetes?

¿Cómo podrías calcular el costo total de los tres juguetes?

Intensifica

1. Escribe la cantidad que hay en el monedero. Escribe la cantidad que se agrega. Luego escribe el total.

a.

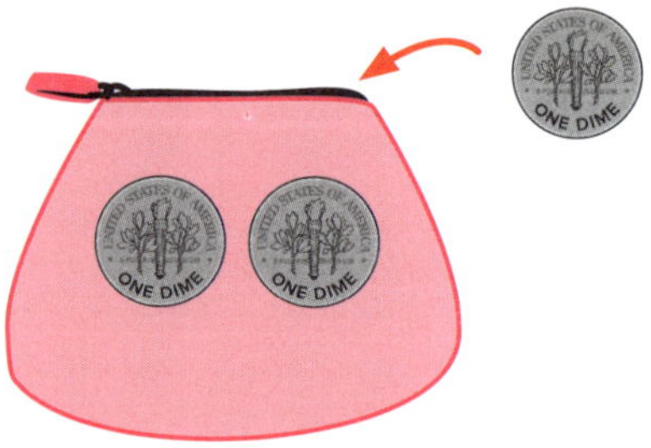

20 ¢ + ____ ¢ = ____ ¢

b.

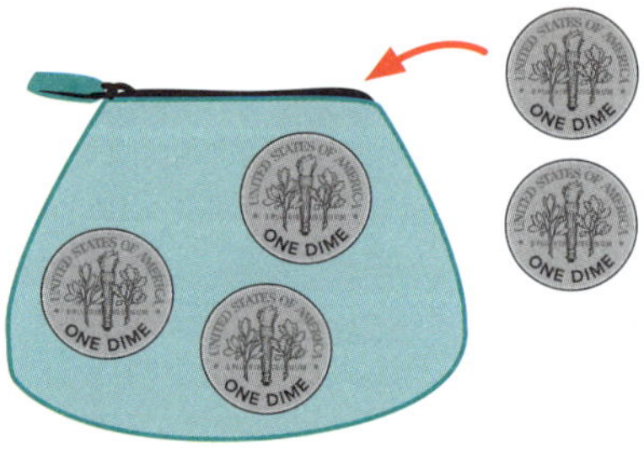

30 ¢ + ____ ¢ = ____ ¢

c.

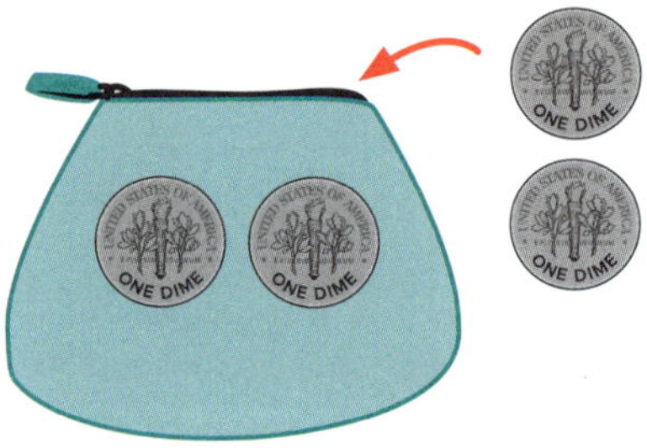

____ ¢ + ____ ¢ = ____ ¢

d.

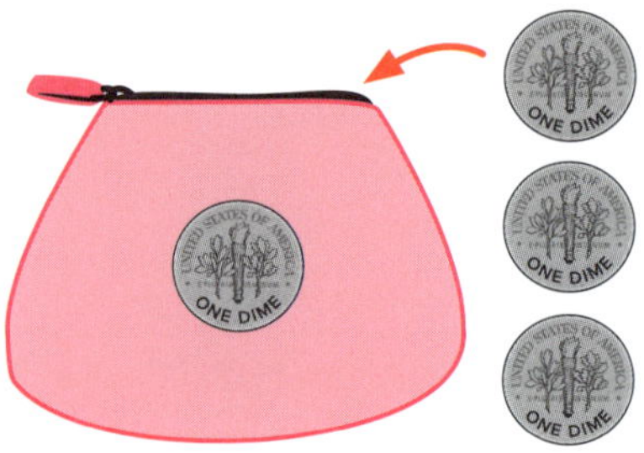

____ ¢ + ____ ¢ = ____ ¢

2. Escribe la cantidad que hay en la billetera.
Escribe la cantidad que se agrega. Luego escribe el total.

a.

____ ¢ + ____ ¢ = ____ ¢

b.

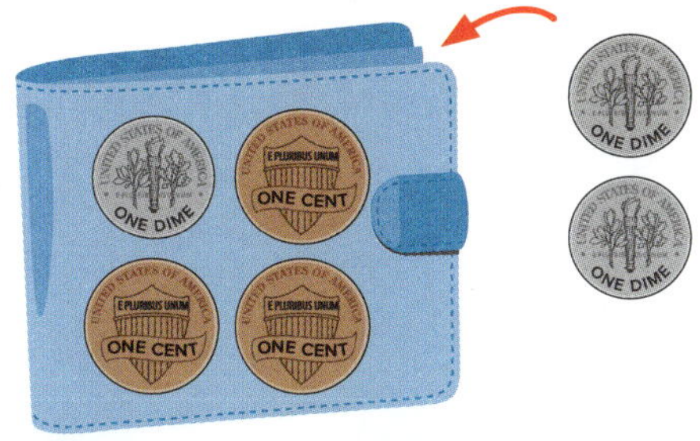

____ ¢ + ____ ¢ = ____ ¢

c.

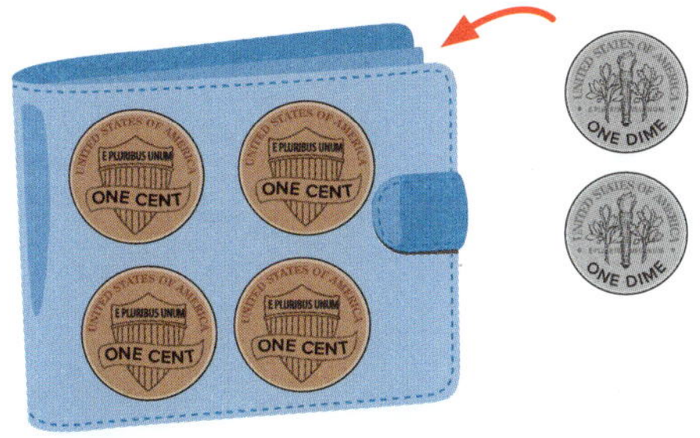

____ ¢ + ____ ¢ = ____ ¢

d.

____ ¢ + ____ ¢ = ____ ¢

3. Cuenta 10¢ o 20¢ hacia adelante para completar cada operación.

a. 20¢ + 46¢ = ____ ¢ **b.** 75¢ + 10¢ = ____ ¢ **c.** 10¢ + 83¢ = ____ ¢

Paso avanzado

a. ¿Cuántos *dimes* necesitas para pagar por las tarjetas? ____

b. ¿Cuántos *pennies* necesitas para pagar por las tarjetas? ____

10.5 Utilizando el valor posicional (tabla de cien) para sumar números de uno y dos dígitos

Observa esta sección de una tabla de cien.

¿Qué sucede con los números al desplazarte de izquierda a derecha?

1	2	3	4	5	6	7	8	9	10
11	12	13	14	15	16	17	18	19	20

¿Qué sucede con los números al desplazarte hacia abajo sobre la tabla?

Observa esta sección de la misma tabla de cien.
¿Qué números faltan? ¿Cómo lo sabes?

23		

Observa esta sección de la tabla de cien.
¿Qué números podrías escribir en los espacios en blanco? ¿Cómo lo sabes?

Intensifica

1. Escribe los totales. Puedes utilizar la tabla como ayuda.

a. 63 + 1 = ______

b. 47 + 10 = ______

c. 78 + 2 = ______

41	42	43	44	45	46	47	48	49	50
51	52	53	54	55	56	57	58	59	60
61	62	63	64	65	66	67	68	69	70
71	72	73	74	75	76	77	78	79	80
81	82	83	84	85	86	87	88	89	90

d. 52 + 20 = ______

e. 74 + 10 = ______

f. 59 + 20 = ______

2. Calcula y escribe los totales.

a. 88 + 10 = ____

b. 27 + 2 = ____

c. 31 + 20 = ____

d. 16 + 10 = ____

e. 36 + 2 = ____

f. 73 + 20 = ____

g. 93 + 2 = ____

h. 42 + 30 = ____

i. 26 + 20 = ____

j. 49 + 0 = ____

k. 10 + 56 = ____

l. 30 + 61 = ____

Paso avanzado Escribe los números que faltan a lo largo del camino.

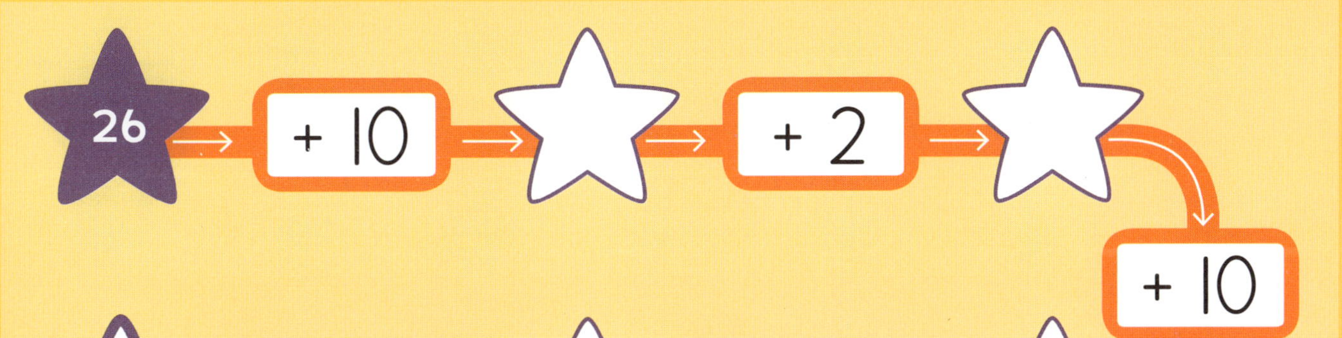

10.6 Ampliando la estrategia de contar hacia atrás más allá de las operaciones básicas

Observa esta sección de una cinta numerada.

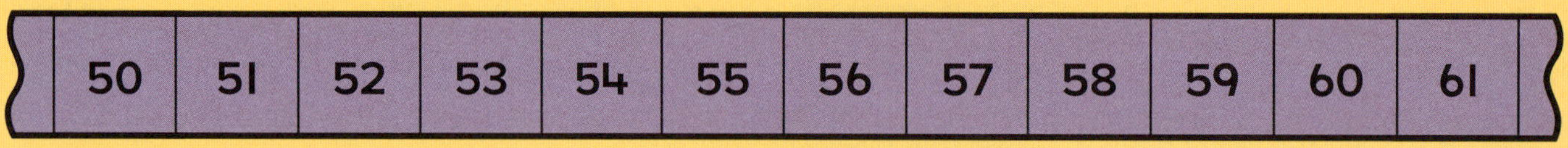

Imagina que estás sobre el 58 y saltaste hacia atrás hasta el 56.
¿Cómo puedes indicar el salto sobre la cinta numerada?

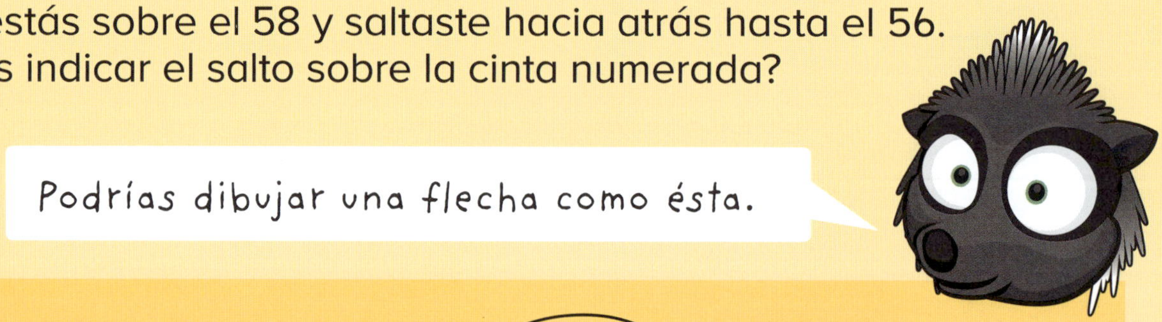

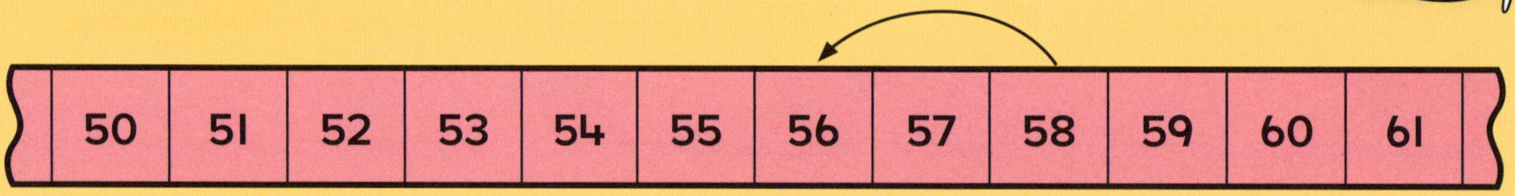

¿Qué enunciado numérico podrías escribir para indicar lo que hiciste?

____ − ____ = ____

¿Qué otros saltos podrías dar sobre esta sección de una cinta numerada?
¿Qué enunciados numéricos podrías escribir para indicar lo que hiciste?

Intensifica

1. Escribe las respuestas.

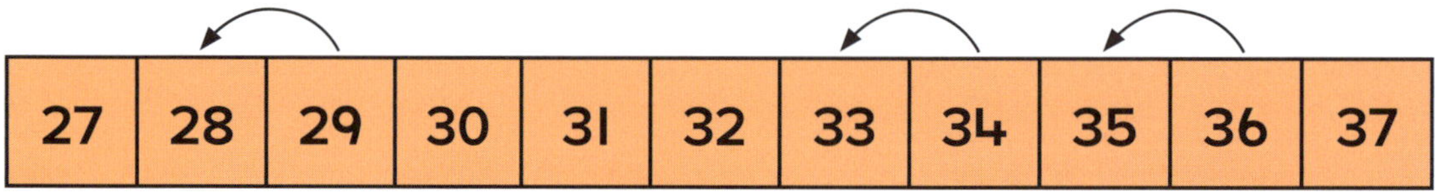

a. 29 − 1 = ____ **b.** 34 − 1 = ____ **c.** 36 − 1 = ____

2. Escribe las respuestas. Dibuja saltos sobre la cinta numerada para ayudarte.

51	52	53	54	55	56	57	58	59	60	61

a. 54 − 2 = ____ **b.** 57 − 2 = ____ **c.** 61 − 3 = ____

74	75	76	77	78	79	80	81	82	83	84

d. 75 − 1 = ____ **e.** 78 − 2 = ____ **f.** 82 − 3 = ____

88	89	90	91	92	93	94	95	96	97	98

g. 91 − 3 = ____ **h.** 95 − 3 = ____ **i.** 98 − 2 = ____

3. Escribe los números que faltan.

a. ____ − 2 = 65 **b.** ____ − 1 = 47 **c.** ____ − 3 = 71

Paso avanzado

Utiliza la cinta numerada de arriba como ayuda para calcular la respuesta.

Isabella tiene 95 centavos.
Miguel tiene 2 centavos menos que Isabella.
Lily tiene 3 centavos menos que Miguel.
Gema tiene 1 centavo más que Lily.

¿Cuánto dinero tiene Gema? ____ ¢

10.7 Explorando patrones de resta

Observa estos números.

1	2	3	4	5	6	7	8	9	10
11	12	13	14	15	16	17	18	19	20
21	22	23	24	25	26	27	28	29	30
31	32	33	34	35	36	37	38	39	40
41	42	43	44	45	46	47	48	49	50

¿Cuál número es 2 menos que 45?
¿Cómo lo sabes?

¿Cuál número es 1 menos que 38?
¿Cómo lo sabes?

¿Qué diferencia hay entre los números que tienen el 4 en el lugar de las unidades?

Intensifica 1. Escribe los números que faltan.

a.

5 − 1 = ____

15 − 1 = ____

25 − 1 = ____

35 − 1 = ____

45 − 1 = ____

95 − 1 = ____

b.

18 − 2 = ____

28 − 2 = ____

38 − 2 = ____

48 − 2 = ____

78 − 2 = ____

88 − 2 = ____

c.

4 − 3 = ____

14 − 3 = ____

24 − 3 = ____

34 − 3 = ____

64 − 3 = ____

84 − 3 = ____

2. Piensa en los números **entre el 1 y el 50**.

a. Escribe todos los números que tienen el 6 en el lugar de las unidades.

b. Escribe los números que sean **2 menos** que los números que escribiste.

3. Piensa en los números **entre el 50 y el 100**.

a. Escribe todos los números que tienen el 9 en el lugar de las unidades.

b. Escribe los números que sean **2 menos** que los números que escribiste.

4. Escribe números **entre el 11 y el 50** para completar las operaciones de resta de manera que todas las restas sean diferentes.

a. ___ − 3 = ___	**b.** ___ − 2 = ___	**c.** ___ − 3 = ___
d. ___ − 2 = ___	**e.** ___ − 1 = ___	**f.** ___ − 2 = ___

Paso avanzado

Grace tenía 65 centavos, pero se gastó 3. Andre tenía 66 centavos, pero perdió 2. Caleb tenía 67 centavos, pero le dio 3 centavos a su hermanita.

a. ¿A quién le quedó la menor cantidad de dinero?

b. Escribe las operaciones de resta que utilizaste como ayuda.

10.8 Contando múltiplos de 10 hacia atrás (sin iniciar en en la decena)

Observa estos números.

1	2	3	4	5	6	7	8	9	10
11	12	13	14	15	16	17	18	19	20
21	22	23	24	25	26	27	28	29	30
31	32	33	34	35	36	37	38	39	40
41	42	43	44	45	46	47	48	49	50

Comienza en el 47 y cuenta hacia atrás en pasos de 10. ¿Qué notas?

Comienza en el 32 y cuenta hacia atrás en pasos de 10. ¿Qué notas?

¿Cómo podrías utilizar la tabla para encontrar 41 – 20?

Intensifica

1. Cuenta hacia atrás en pasos de 10. Escribe los números que dices.

a. 50 – 40 – ____ – ____ – ____

b. 90 – 80 – ____ – ____ – ____

c. 43 – 33 – 23 – ____ – ____

d. 76 – 66 – 56 – ____ – ____ – ____ – ____

e. 98 – 88 – ____ – 68 – ____ – ____ – ____

f. 82 – 72 – ____ – ____ – ____ – ____ – ____

2. Encuentra estos números sobre la tabla de cien. Cuenta hacia atrás dando pasos de 10 hasta encontrar la misma forma. Escribe el número.

a. 96 ______

b. 70 ______

c. 74 ______

d. 57 ______

e. 61 ______

f. 83 ______

g. 92 ______

h. 89 ______

i. 48 ______

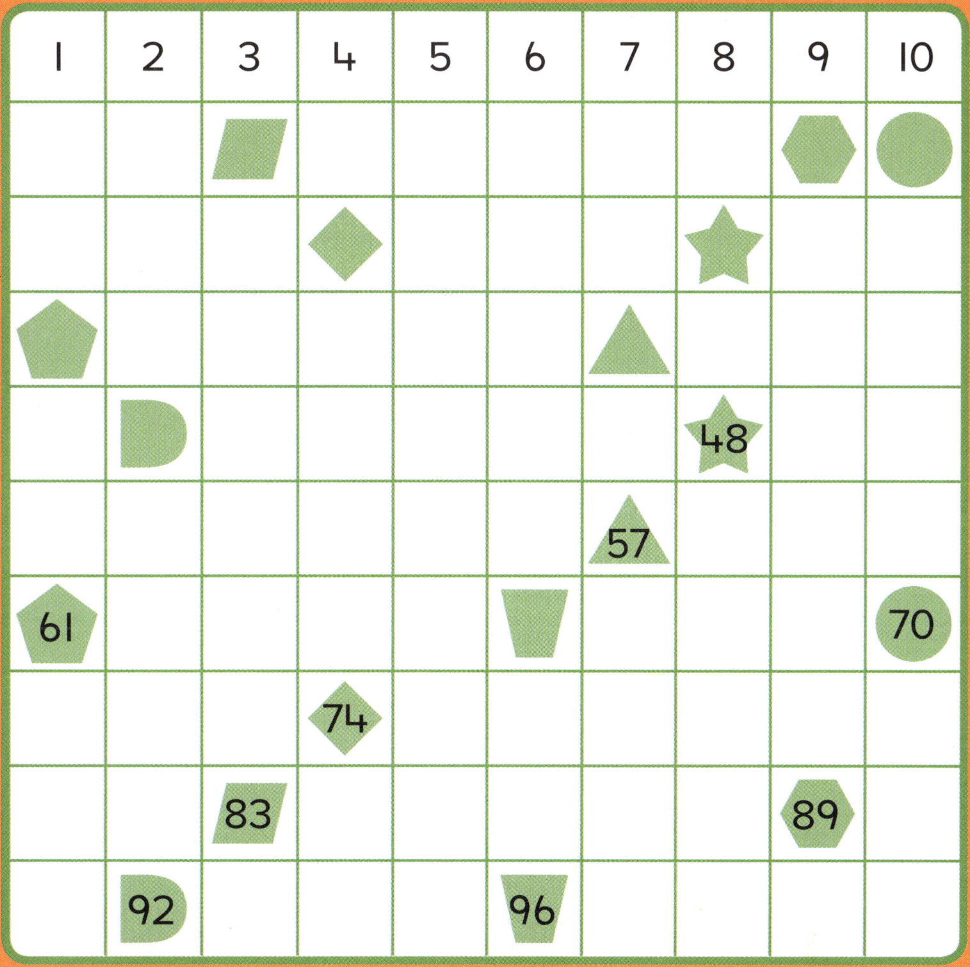

Paso avanzado

Estas son secciones de una tabla de cien. Escribe los números que faltan.

82

33

78

10.9 Identificando y clasificando objetos 3D

Observa estos objetos 3D.

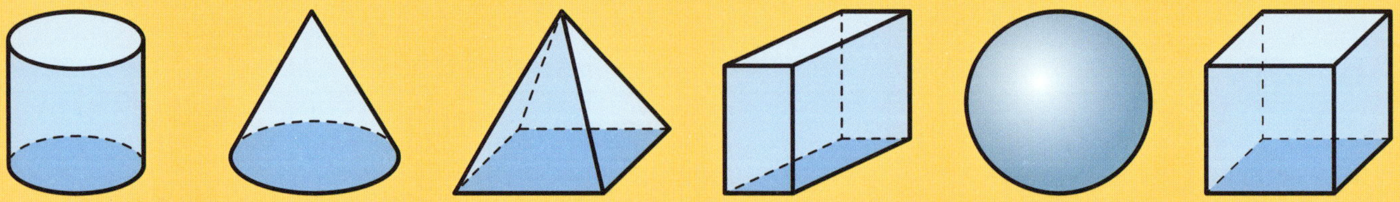

¿Cuáles formas 2D se utilizaron para crear estos objetos?

¿Qué otras cosas sabes acerca de estos objetos?

Intensifica

1. Tu profesor te dará un objeto 3D. Dibuja tu objeto.

2. Escribe los nombres de otras **dos** cosas que se parezcan a tu objeto.

   a. ____________________

   b. ____________________

3. Mi objeto tiene ____ superficies.

4. Dibuja un ✔ junto a cada declaración que describa tu objeto.

a.
- ◯ Puede rodar.
- ◯ Se puede apilar.
- ◯ No puede rodar ni apilarse.

b.
- ◯ Todas las superficies son planas.
- ◯ No tiene superficies planas.
- ◯ Tiene algunas superficies planas y algunas curvas.

5. Dibuja cada superficie plana de tu objeto.

Paso avanzado Observa este objeto 3D.

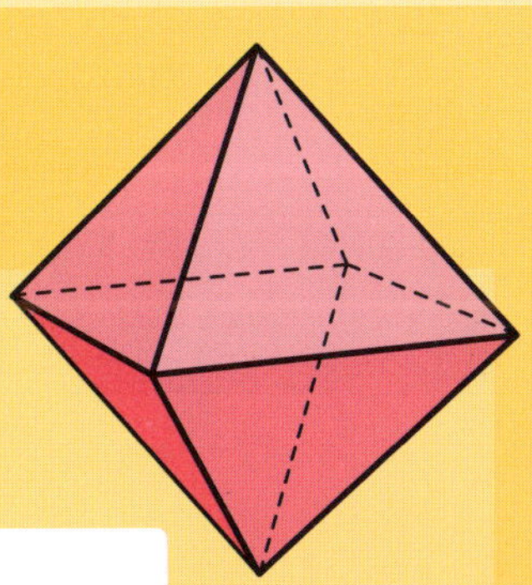

a. ¿Cuántas superficies tiene este objeto? ____

b. ¿Qué forma tienen las superficies? ____________

10.10 Analizando objetos 3D

Observa estos objetos.

¿Cuáles formas 2D se utilizaron para crear estos objetos?

¿En qué se parecen estos dos objetos?

¿En qué se diferencian estos dos objetos?

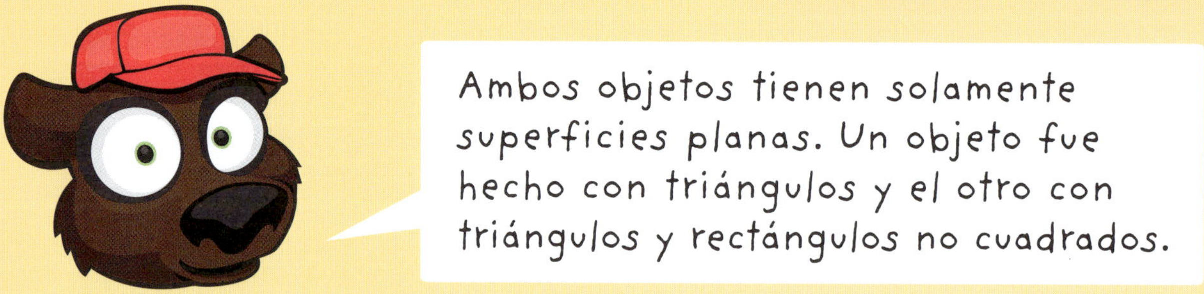

Intensifica

1. Observa estas imágenes. Utiliza objetos reales que te puedan servir para contestar las preguntas.

a. ¿En qué se diferencian los objetos?

b. ¿En qué se parecen los objetos?

2. Observa estas imágenes. Responde las preguntas.

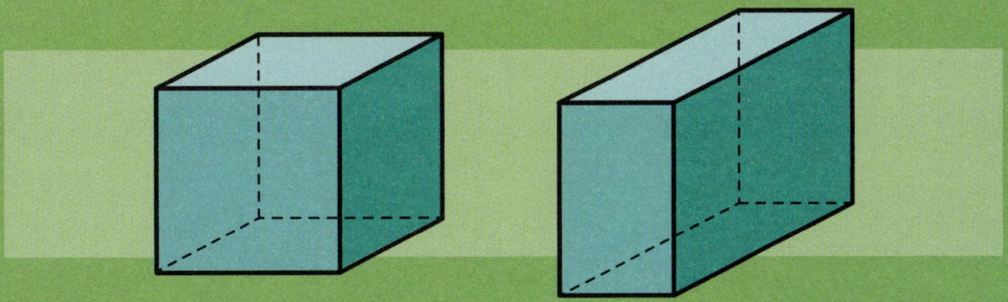

a. ¿En qué se parecen los objetos?

b. ¿En qué se diferencian los objetos?

Paso avanzado Lee todas las pistas. Encierra el objeto que corresponda.

Pistas

- Tengo 6 superficies.
- Me puedo apilar.
- Solo una de mis superficies es curva.

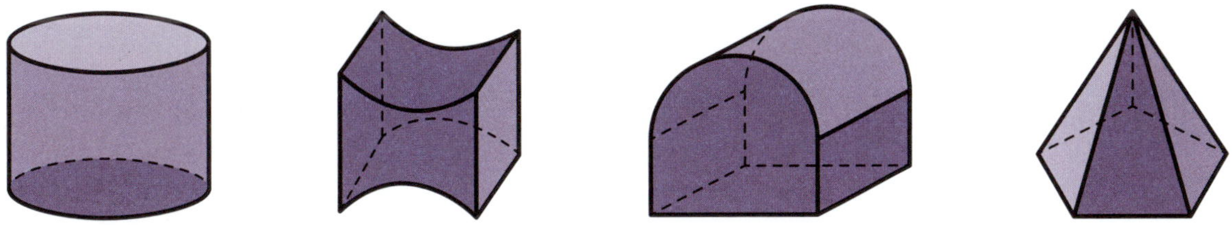

10.11 Creando objetos 3D

Observa este edificio.
¿Qué objetos 3D puedes ver?

Piensa en los edificios en tu vecindario. ¿Qué objetos 3D puedes ver en estos edificios?

Piensa en los bloques que has utilizado en tu casa o en el colegio. ¿Cuáles bloques son los que más utilizas? ¿Por qué?

Intensifica

1. Cuenta cuántos objetos de cada uno se utilizaron para crear cada torre. Puede que los objetos sean de diferentes tamaños. Escribe el número de objetos utilizados en la tabla.

a.

		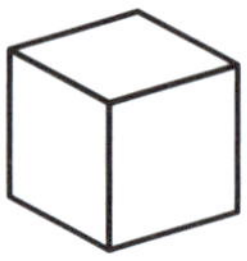	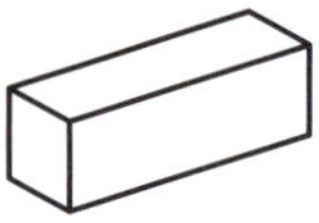	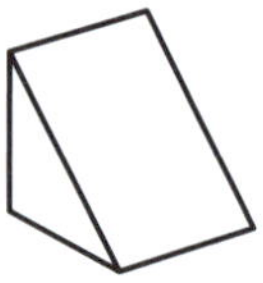
____	____	____	____	____

b.

		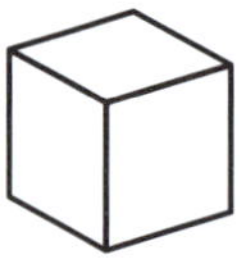	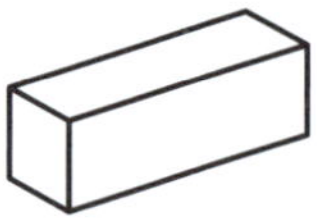	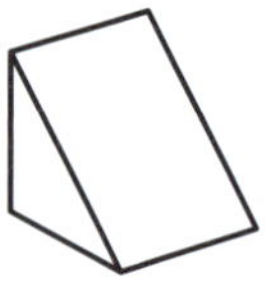
____	____	____	____	____

2. Encierra las torres que se pueden crear con estas cantidades de objetos. Puede que los objetos sean de diferentes tamaños.

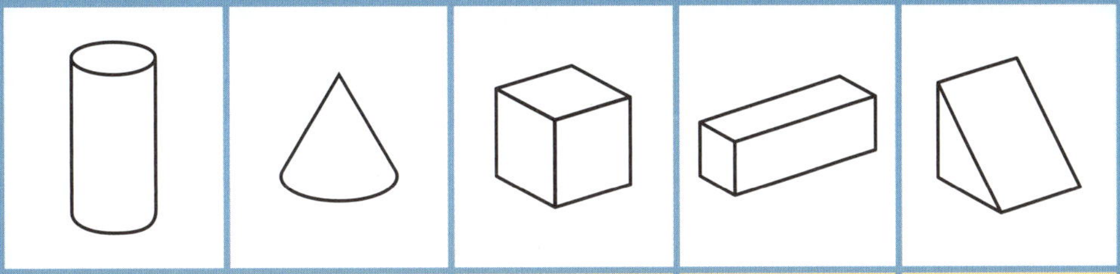

2	0	2	1	3

a.

b.

c.

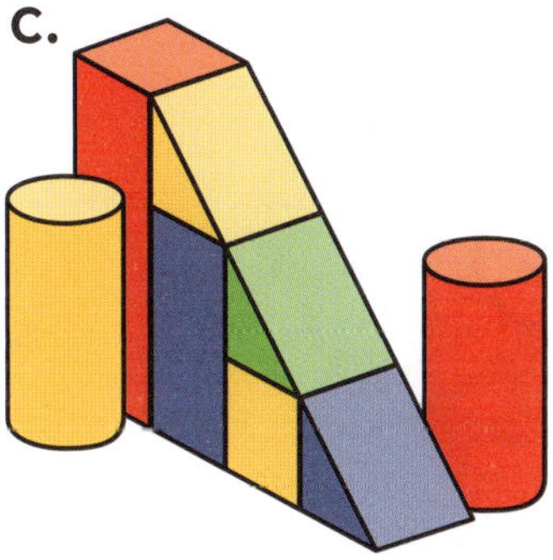

d.

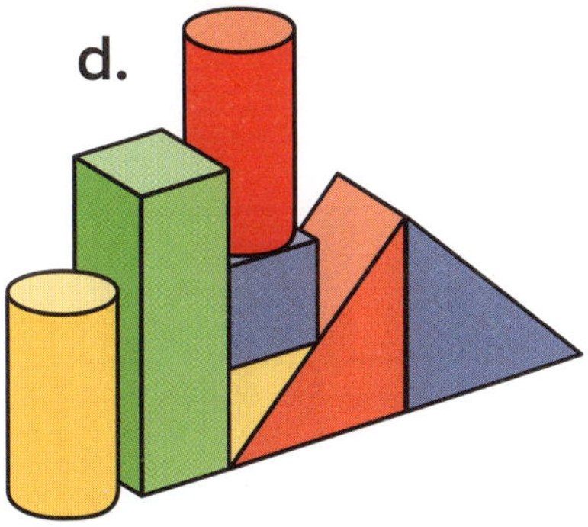

e.

f.

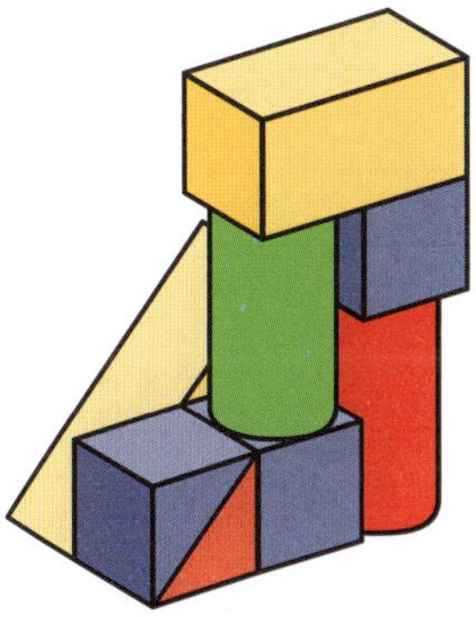

Paso avanzado

Dos de las figuras de abajo son iguales a esta pila. Una de las figuras no es igual. Encierra la que **no** es igual.

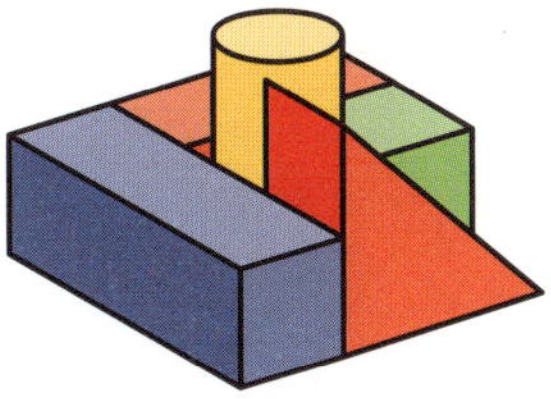

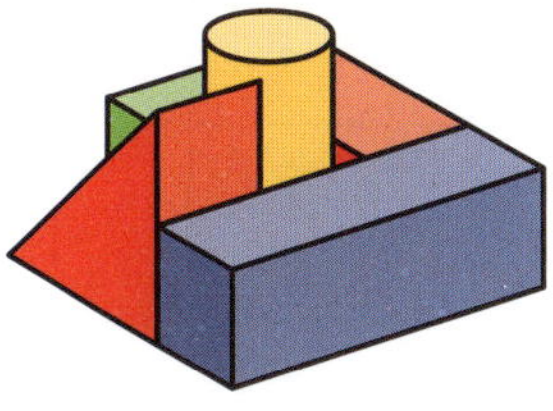

10.12 Uniendo objetos 3D

Piensa en las diferentes maneras en las que puedes unir 8 bloques interconectables.
¿Cuál es el objeto más largo que podrías crear con todos los bloques?
¿Cuál es el objeto más corto que podrías crear con todos los bloques?

¿Qué letra del alfabeto indican estos bloques?
¿Qué otras letras podrías hacer utilizando los 8 cubos?

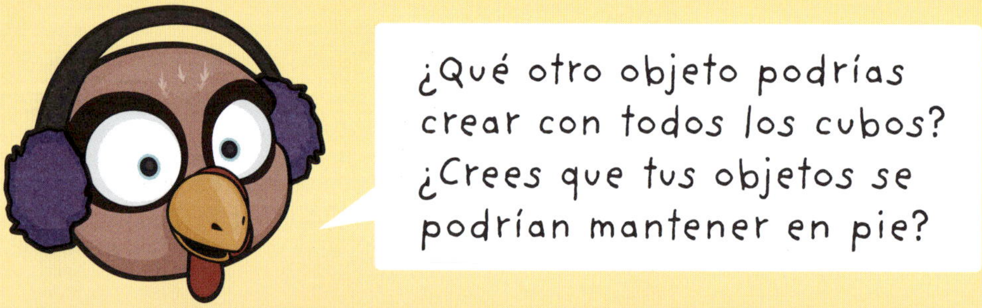

Intensifica

1. Utiliza bloques interconectables para crear cada objeto. Pide a otro alumno que verifique tu trabajo después de crear cada objeto.

a.
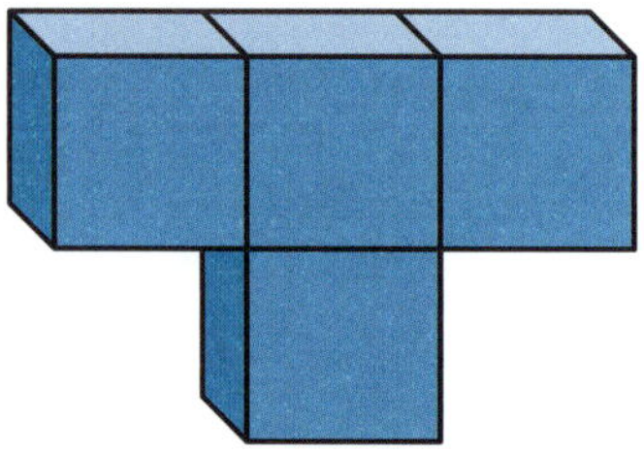

b.

c.
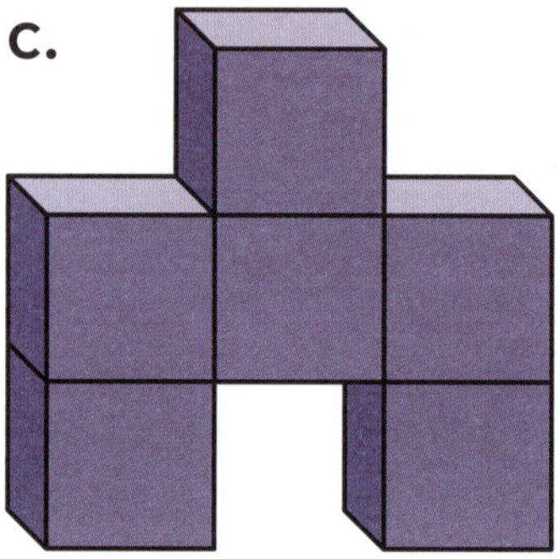

d.

e.
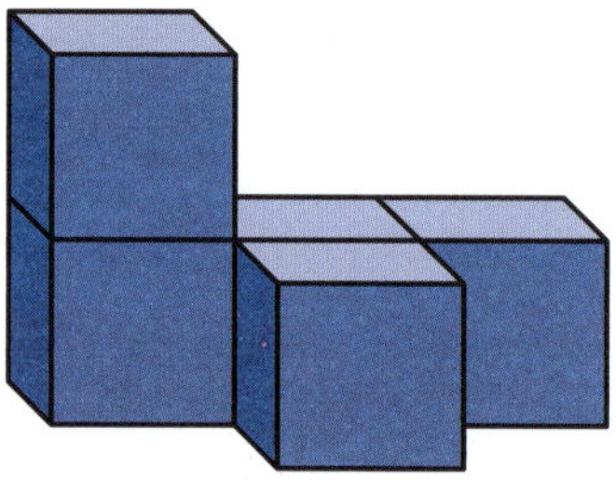

f.

2. Observa cada objeto. Colorea el ⬭ que corresponda a lo que tú crees que pasará. Luego verifica lo que pensaste recreando cada objeto con bloques reales y colorea el ⬭ para indicar lo que ocurrió.

a. **Creo que este objeto se**
⬭ sostendrá ⬭ caerá

El objeto real se
⬭ sostuvo ⬭ cayó

b. **Creo que este objeto se**
⬭ sostendrá ⬭ caerá

El objeto real se
⬭ sostuvo ⬭ cayó

c. **Creo que este objeto se**
⬭ sostendrá ⬭ caerá

El objeto real se
⬭ sostuvo ⬭ cayó

d. **Creo que este objeto se**
⬭ sostendrá ⬭ caerá

El objeto real se
⬭ sostuvo ⬭ cayó

Paso avanzado

Encierra los objetos que podrías crear uniendo estos dos.

11.1 Sumando múltiplos de 10 (iniciando en la decena)

¿Cómo podrías saber el costo total de estas dos frutas?

Isabel utilizó esta tabla.

¿Cómo crees que ella calculó el costo total?

¿Qué indica cada barra? ¿Qué indican las barras que están en cada parte de la tabla?

¿De qué otra manera podrías sumar los precios para calcular el total?

Intensifica

1. Dibuja bloques de decenas a la derecha para indicar el total. Luego completa el enunciado.

a.

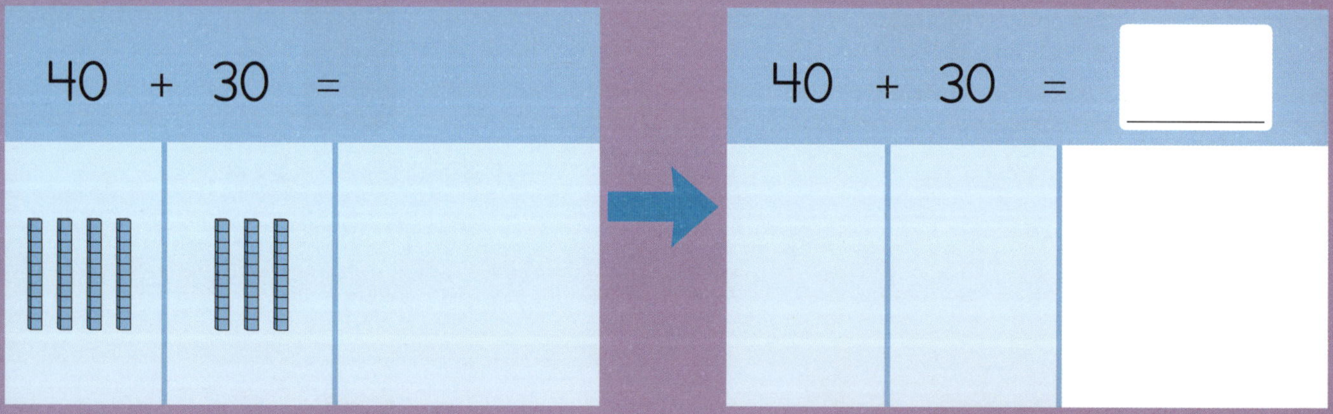

b.

2. Suma los dos grupos. Escribe el enunciado numérico que corresponda. Puedes utilizar bloques como ayuda.

a. 50 | 30

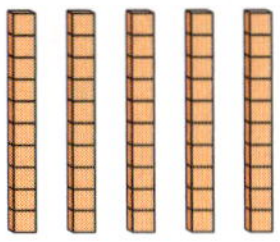
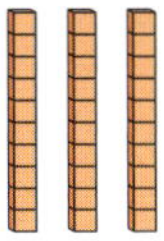

____ + ____ = ____

b. 40 | 50

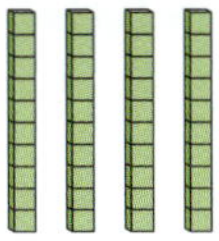
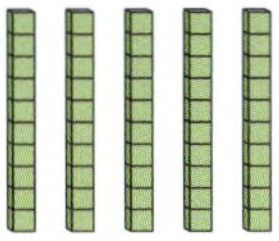

____ + ____ = ____

c. 40 | 40

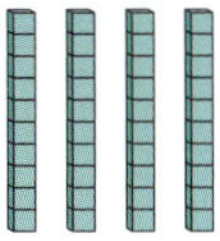
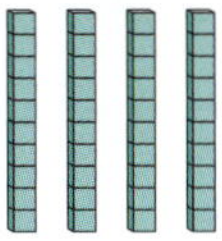

____ + ____ = ____

d. 20 | 60

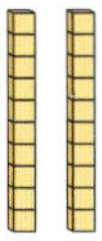
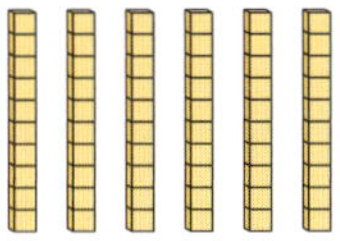

____ + ____ = ____

3. Escribe dos partes que al sumarlas te den el total indicado. Puedes utilizar bloques como ayuda.

a. ____ + ____ = 50

b. ____ + ____ = 70

c. ____ + ____ = 80

d. ____ + ____ = 60

Paso avanzado

Escribe enunciados numéricos para indicar cuatro maneras diferentes en las que se pueden repartir estas monedas entre dos personas.

____ + ____ = ____

____ + ____ = ____

____ + ____ = ____

____ + ____ = ____

11.2 Sumando múltiplos de 10 (sin iniciar en la decena)

Observa la sección de la tabla de cien.

¿Cómo puedes calcular el número que se esconde detrás del cuadro verde?

31	32	33	34	35
				45
	52			

¿Cuántos pasos de 10 son?

¿Qué operación de suma podrías escribir que corresponda?

____ + ____ = ____

¿De qué otra manera podrías sumar números como estos?

Intensifica

1. Escribe los totales. Puedes utilizar esta sección de la tabla de cien como ayuda.

1	2	3	4	5	6	7	8	9	10
11	12	13	14	15	16	17	18	19	20
21	22	23	24	25	26	27	28	29	30
31	32	33	34	35	36	37	38	39	40
41	42	43	44	45	46	47	48	49	50
51	52	53	54	55	56	57	58	59	60

a. 29 + 20 = ____ **b.** 16 + 30 = ____ **c.** 14 + 40 = ____

2. Calcula y escribe los totales. Utiliza esta sección de la tabla de cien como ayuda.

41	42	43	44	45	46	47	48	49	50
51	52	53	54	55	56	57	58	59	60
61	62	63	64	65	66	67	68	69	70
71	72	73	74	75	76	77	78	79	80
81	82	83	84	85	86	87	88	89	90
91	92	93	94	95	96	97	98	99	100

a. 42 + 10 = ____ **b.** 54 + 40 = ____ **c.** 69 + 30 = ____

d. 49 + 20 = ____ **e.** 47 + 50 = ____ **f.** 55 + 40 = ____

3. Escribe estos totales.

a. 33 + 50 = ____ **b.** 25 + 40 = ____ **c.** 38 + 60 = ____

d. 57 + 30 = ____ **e.** 15 + 70 = ____ **f.** 21 + 50 = ____

Paso avanzado

Alexa tiene 90¢. Ella quiere comprar dos frutas. Escribe enunciados numéricos que indiquen todas las combinaciones posibles que ella puede hacer para comprarlas.

____ + ____ = ____ ____ + ____ = ____

____ + ____ = ____ ____ + ____ = ____

11.3 Utilizando el valor posicional (tabla de cien) para sumar números de dos dígitos

Mira esta sección de la tabla de cien.

¿Cómo desplazarías el contador para sumar 12 + 10?

¿Cómo desplazarías el contador para sumar 12 + 2?

¿Cómo desplazarías el contador para sumar 12 + 12?

1	2	3	4	5	6
11	12	13	14	15	16
21	22	23	24	25	26
31	32	33	34	35	36
41	42	43	44	45	46

¿Cómo utilizarías la tabla de cien para encontrar la respuesta de 23 + 21?

Intensifica

1. Dibuja flechas en esta tabla de cien para indicar cómo sumas cada una de éstas. Luego escribe los totales.

a. 31 + 12 = 43

b. 52 + 21 = ______

c. 28 + 32 = ______

d. 45 + 11 = ______

e. 64 + 23 = ______

f. 88 + 11 = ______

g. 57 + 21 = ______

h. 83 + 13 = ______

i. 69 + 21 = ______

1	2	3	4	5	6	7	8	9	10
11	12	13	14	15	16	17	18	19	20
21	22	23	24	25	26	27	28	29	30
31	32	33	34	35	36	37	38	39	40
41	42	43	44	45	46	47	48	49	50
51	52	53	54	55	56	57	58	59	60
61	62	63	64	65	66	67	68	69	70
71	72	73	74	75	76	77	78	79	80
81	82	83	84	85	86	87	88	89	90
91	92	93	94	95	96	97	98	99	100

2. Escribe el número que corresponda al final de cada sección de la tabla de cien. Luego completa la operación de suma.

a.

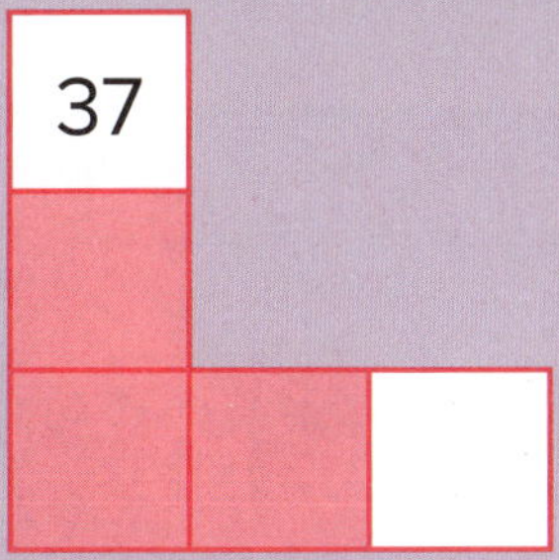

37 + 22 = ____

b.

____ + ____ = ____

c.

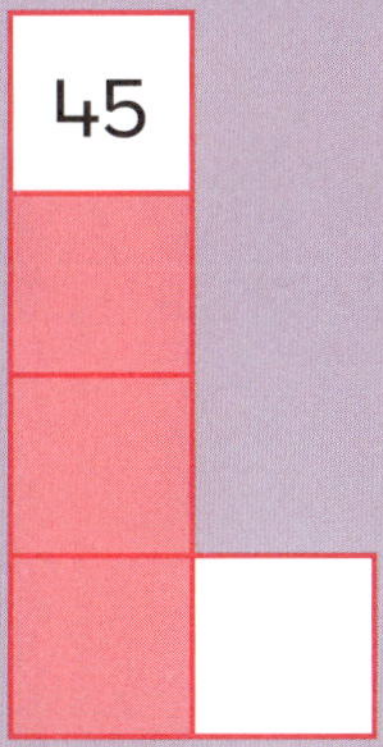

____ + ____ = ____

d.

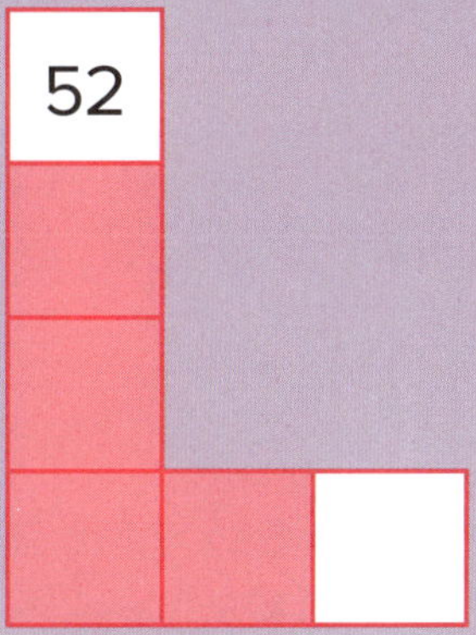

____ + ____ = ____

Paso avanzado

Ésta es una sección de la tabla de cien. Escribe los números que deberían estar en las casillas en blanco.

						37			
	42								
51									
							68		
				75					

11.4 Utilizando el valor posicional (bloques base-10) para sumar números de dos dígitos

Observa estos marcadores.

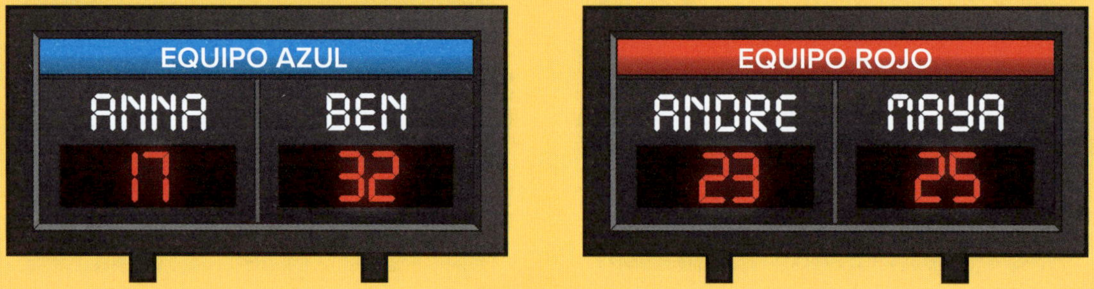

¿Cómo podrías calcular la cantidad total de puntos que obtuvo el equipo azul?

Chang utilizó este diagrama.

¿Qué pasos crees que utilizó?

¿Cómo podrías calcular mentalmente el total que obtuvo el equipo rojo?

Comenzaría en el 23, luego sumaría las decenas y las unidades del otro número.
23 + 25 es lo mismo que 23 + 20 + 5.

Sumaría las decenas primero y luego las unidades.
23 + 25 es lo mismo que 20 + 20 + 3 + 5.

¿De qué otra manera podrías sumar para encontrar el total?

Intensifica

1. Calcula el total para cada equipo. Puedes usar bloques como ayuda. Escribe una operación de suma que corresponda.

Equipo A		Equipo B		Equipo C	
Chloe	Jacob	Jayden	Akari	Kay	Jackson
51	14	45	34	26	33
51 + 14 = ____		____ + ____ = ____		____ + ____ = ____	

2. Calcula mentalmente el total de puntos para cada equipo. Escribe un enunciado numérico que indique tu razonamiento.

Equipo D		Equipo E		Equipo F	
Morgan	Jamal	Jon	Lora	David	Audrey
43	24	31	32	52	17
____________		____________		____________	

Equipo G		Equipo H		Equipo I	
Evan	Anna	Julia	Koda	Shona	José
23	22	26	12	16	11
____________		____________		____________	

Paso avanzado

Observa el total de puntos obtenidos por estos equipos. Escribe un par de puntajes posibles en cada marcador. Luego escribe la operacion de suma que corresponda.

Equipo verde Total de puntos – 84		Equipo morado Total de puntos – 67		Equipo anaranjado Total de puntos – 76	
Gabriel	Lillian	Tyler	Kayla	Tisha	Isaac
____	____	____	____	____	____
____ + ____ = ____		____ + ____ = ____		____ + ____ = ____	

11.5 Utilizando el valor posicional (bloques base-10) para sumar números de dos dígitos (haciendo puente)

Observa estos dos grupos de bloques.

¿Cómo podrías calcular el total?

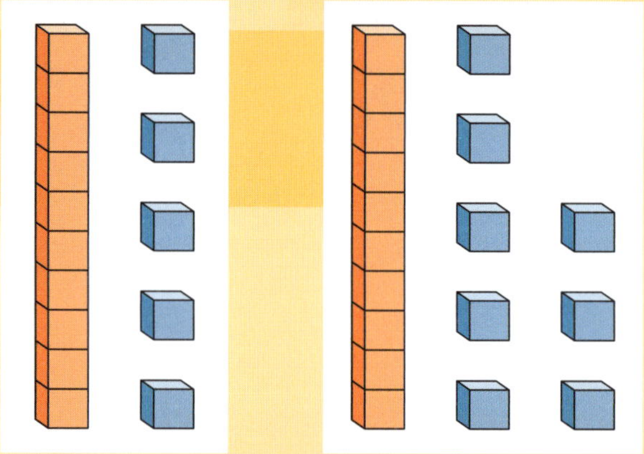

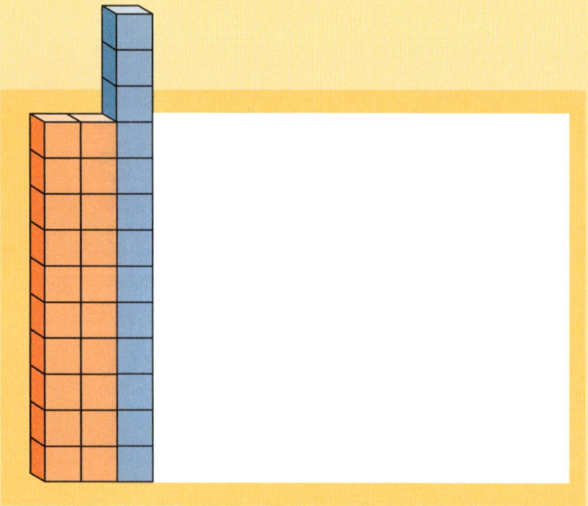

Amy ordenó los bloques como se indica a la izquierda.

¿Qué notas en el número total de bloques de las unidades?

¿Qué crees que Amy hará con las unidades extras?

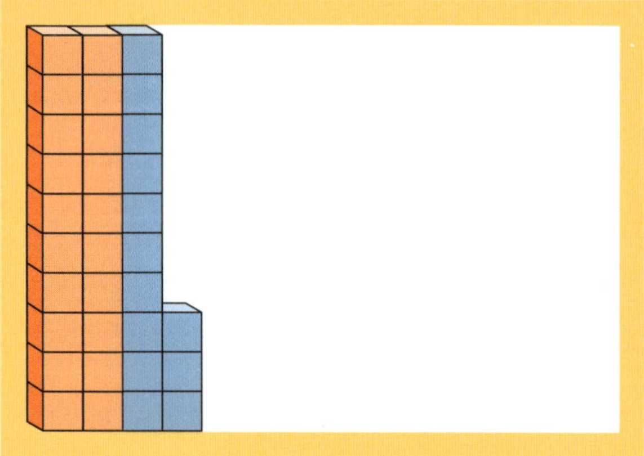

¿Cuál es el total?

¿Cómo podrías calcular el total en tu mente?

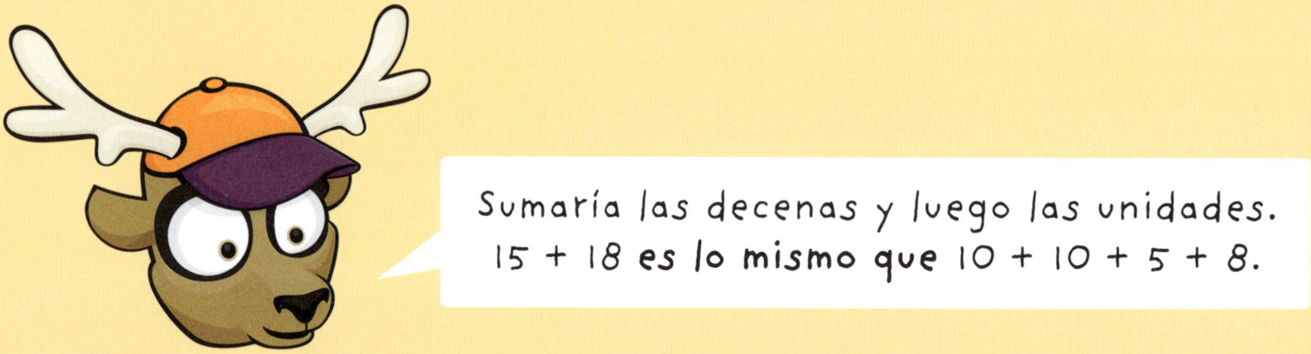

¿De qué otra manera podrías calcular el total en tu mente?

Intensifica

1. Dibuja el total de los dos grupos de bloques en el espacio en blanco total. Luego completa la operación de suma.

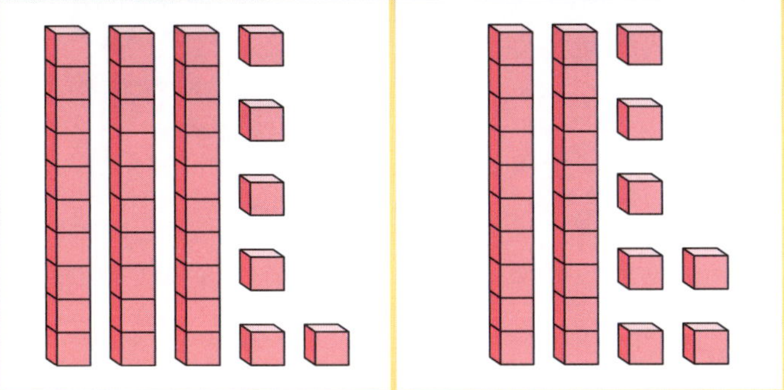

_____ + _____ = _____

2. Utiliza bloques como ayuda para calcular estos totales.

a. 22 + 18 = _____

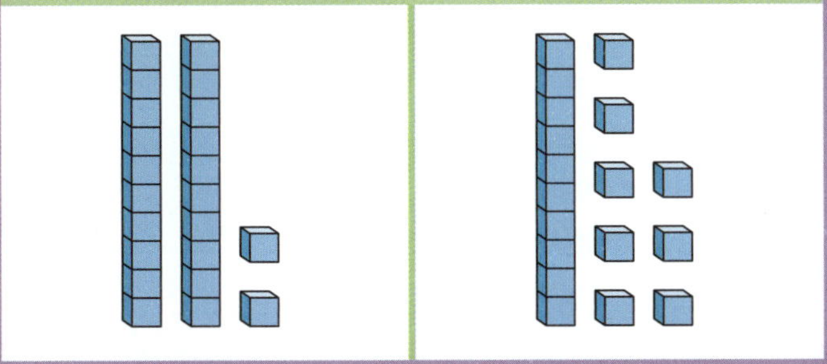

b. 46 + 26 = _____

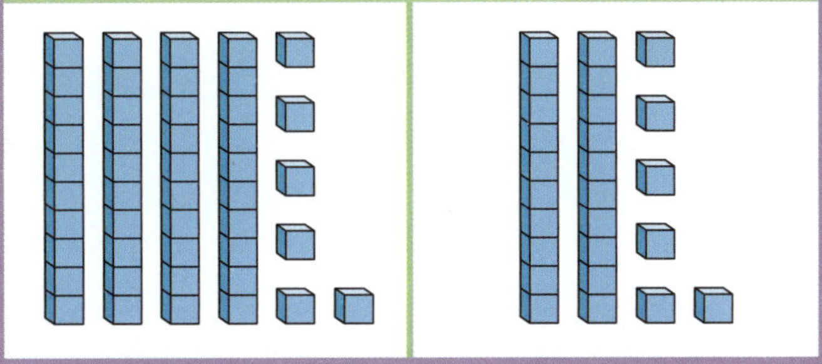

3. Calcula estos totales mentalmente.

a. 53 + 28 = _____ **b.** 38 + 24 = _____ **c.** 17 + 25 = _____

Paso avanzado

Cada ladrillo de este muro muestra el total de la suma de los dos números que están exactamente debajo. Escribe los números que faltan.

11.6 Restando múltiplos de 10 (iniciando en la decena)

Imagina que tienes estas monedas.

¿Cuánto te quedaría si compraras el dinosaurio de juguete?

¿Cómo lo sabes?

¿Qué operación de resta podrías escribir para indicar cuanto te queda? ____ – ____ = ____

Imagina que tienes estas monedas.

¿Cuánto te quedaría si compraras este dinosaurio de juguete?

Intensifica

1. Tacha las que monedas que utilizarías para comprar el dinosaurio de juguete. Luego completa la operación de resta para averiguar cuánto queda.

a.

80 ¢ – 30 ¢ = 50 ¢

b.

50 ¢ – ____ ¢ = ____ ¢

c.

70 ¢ – ____ ¢ = ____ ¢

d.

60 ¢ – ____ ¢ = ____ ¢

2. Tacha las monedas que utilizarías para comprar el dinosaurio de juguete. Completa la operación de resta para indicar lo que queda.

a.

_____¢ − _____¢ = _____¢

b.

_____¢ − _____¢ = _____¢

c.

_____¢ − _____¢ = _____¢

d.

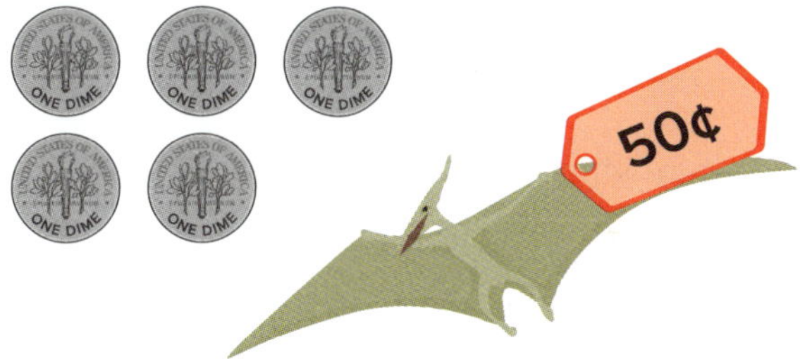

_____¢ − _____¢ = _____¢

Paso avanzado

Imagina que tenías estas monedas y compraste dos de estos dinosaurios de juguete.

Encierra los dinosaurios que compraste. Escribe una operación de resta que indique lo que te quedó.

_____¢ − _____¢ = _____¢

11.7 Restando múltiplos de 10 (sin iniciar en la decena)

Mira la sección de la tabla de cien.

¿Cómo podrías calcular el número que está detrás del cuadro rojo?

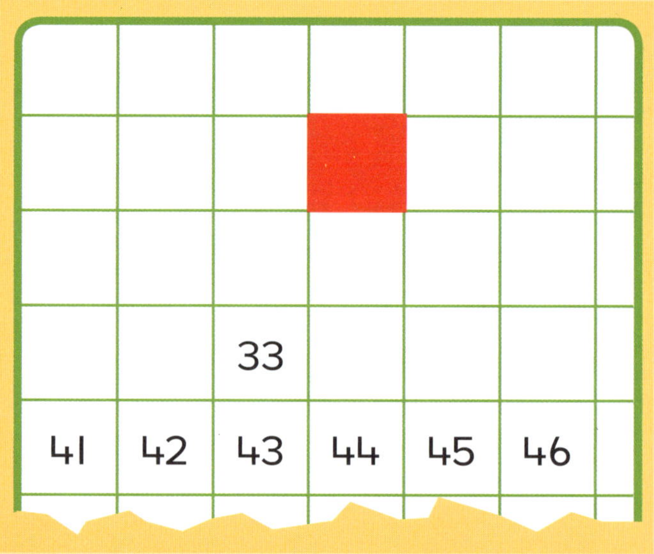

¿Cuántos pasos de 10 son?

¿Qué operación de resta podrías escribir que represente tu razonamiento?

____ – ____ = ____

¿De qué otra manera podrías restar números como estos?

Intensifica

1. Escribe las respuestas. Puedes dibujar flechas en esta sección de la tabla de cien como ayuda.

1	2	3	4	5	6	7	8	9	10
11	12	13	14	15	16	17	18	19	20
21	22	23	24	25	26	27	28	29	30
31	32	33	34	35	36	37	38	39	40
41	42	43	44	45	46	47	48	49	50
51	52	53	54	55	56	57	58	59	60

a. 34 – 10 = ____ **b.** 41 – 30 = ____ **c.** 59 – 50 = ____

2. Escribe las respuestas. Puedes utilizar la sección de la tabla de cien como ayuda.

41	42	43	44	45	46	47	48	49	50
51	52	53	54	55	56	57	58	59	60
61	62	63	64	65	66	67	68	69	70
71	72	73	74	75	76	77	78	79	80
81	82	83	84	85	86	87	88	89	90
91	92	93	94	95	96	97	98	99	100

a. 73 − 20 = ____

b. 96 − 40 = ____

c. 85 − 30 = ____

d. 94 − 10 = ____

e. 78 − 30 = ____

f. 61 − 20 = ____

3. Calcula la diferencia.

a. 52 − 50 = ____

b. 33 − 20 = ____

c. 88 − 30 = ____

d. 99 − 60 = ____

e. 67 − 30 = ____

f. 56 − 20 = ____

Paso avanzado

Escribe **+10**, **+20**, **−10**, o **−20** para completar estos caminos correctamente.

a. 25 → ____ → 45 → ____ → 35 → ____ → 55

b. 74 → ____ → 64 → ____ → 74 → ____ → 54

11.8 Construyendo e interpretando una tabla de conteo

¿Qué indica esta tabla?

Lugares a los que vamos a la hora de la comida

Lugar	Conteo	Total
Gimnasio	𝍸 𝍸 𝍸 II	
Parque	𝍸 𝍸 III	
Biblioteca	𝍸	

¿Qué significan las marcas en la columna de **Conteo**? ¿Cómo lo sabes?

¿Cómo podrías saber cuáles números van en la columna de **Total**?

Conté de cinco en cinco y después las unidades. El total para el gimnasio es 5, 10, 15, 16, 17.

¿Cuál es el lugar favorito para visitar a la hora de la comida?

¿Cuál es el lugar menos favorito para visitar a la hora de la comida?

¿Cuántos alumnos más van al gimnasio que al parque?
¿Cómo lo sabes?

Comparé los grupos de marcas de conteo. El gimnasio tiene 4 marcas más, es por eso que hay 4 alumnos más en el gimnasio.

¿Cuántos alumnos van a lugares cubiertos? ¿Cómo lo sabes?

¿A cuántos alumnos se les preguntó adónde van a la hora de la comida?

¿Cómo lo sabes?

Intensifica

a. Escribe 3 lugares a los que a tus amigos les gusta ir a la hora de la comida.

______	______	______

b. Escribe en la columna de la izquierda los nombres de los lugares que escribiste en la pregunta anterior.

Lugar	Conteo	Total

c. Pregúntale a algunos amigos adónde les gusta ir a la hora de la comida. Utiliza marcas de conteo en la tabla para indicar sus respuestas.

d. Escribe los totales en la tabla.

e. ¿Cuál fue el lugar preferido? ______

f. ¿Cuál fue el lugar menos preferido? ______

g. ¿Cuántos amigos votaron en total? ______

Paso avanzado

Observa el la tabla de conteo.
Encuentra y corrige los dos errores que se cometieron.

Lugares a los que vamos durante la comida

Lugar	Conteo	Total
Gimnasio	|||/ ||||/ ||||/ ||||/ |||	23
Parque	||||/ ||||/ |||	13
Biblioteca	||||/	6

11.9 Construyendo e interpretando una gráfica de imágenes vertical

¿Qué indica esta gráfica de imágenes?

¿Cuántos libros leyó cada alumno?

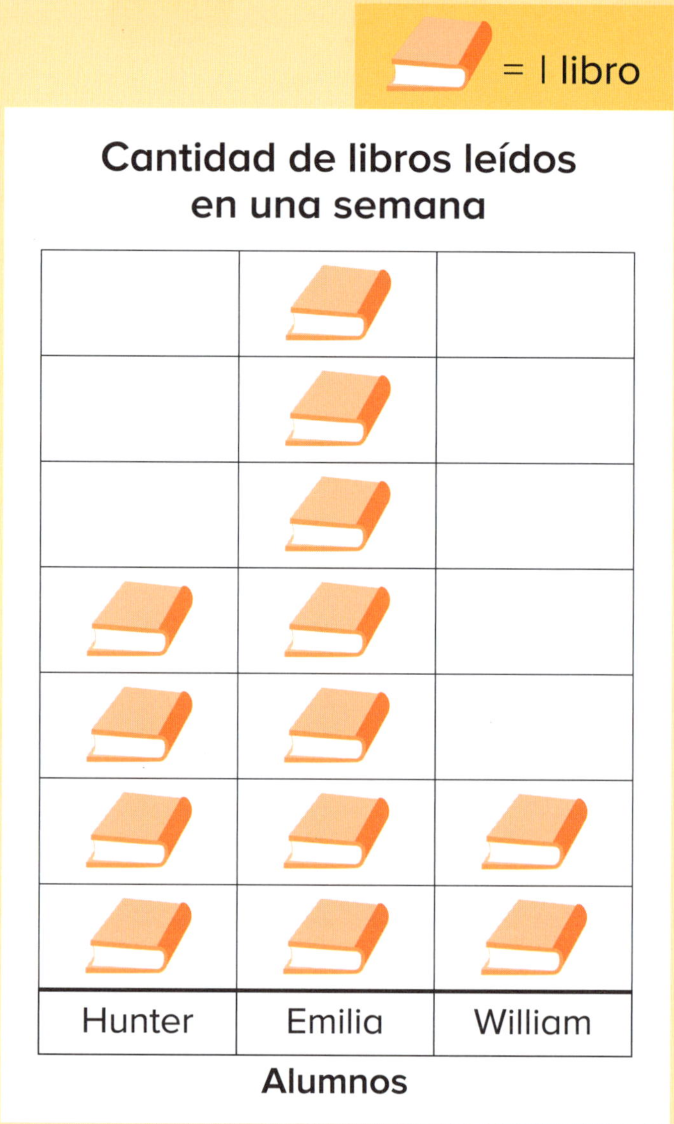

¿Quién leyó la mayor cantidad de libros? ¿Cómo lo sabes?

¿Quién leyó menos libros?

¿Cuántos libros más leyó Emilia que Hunter y William juntos?

¿Cómo lo supiste?

Intensifica

1. Escribe los nombres de todos los libros que leíste la semana pasada. Si necesitas más espacio, utiliza una hoja de papel aparte.

2. a. Escribe tus iniciales y las iniciales de otros dos alumnos en la tabla de abajo.

b. Dibuja ☐☐ para indicar cuántos libros leyó cada alumno.

☐☐ = 1 libro

Cantidad de libros leídos en una semana

Alumnos

3. ¿Cuántos libros leyó cada alumno?

Nombre ____________

Cantidad de libros leídos ______

Nombre ____________

Cantidad de libros leídos ______

Nombre ____________

Cantidad de libros leídos ______

4. Escribe los nombres correspondientes para crear un enunciado verdadero.

____________ leyó más libros que ____________.

Paso avanzado

Jamar lee más que Maka pero ha leído menos libros. ¿Cómo puede ser cierto esto?

____

____

11.10 Construyendo e interpretando una gráfica de imágenes horizontal

Un grupo de alumnos anotó la cantidad de bloques interconectables que podían agarrar con una sola mano.

¿Qué se puede ver en esta gráfica de imágenes?

¿Cuántos bloques interconectables pudo agarrar cada alumno con una sola mano? ¿Cómo lo sabes?

¿Quién pudo agarrar la mayor cantidad? ¿Cómo lo sabes?

¿Quién agarró la menor cantidad?

¿Cuántos bloques más pudo agarrar Tisha que Tomás? ¿Cómo lo supiste?

¿Cuántos bloques pudo agarrar Tomás más que Kimie?

Intensifica

1. Escribe el número de cubos conectores que crees que puedes agarrar con una mano.

______

2. a. Escribe tu nombre y los nombres de otros dos alumnos en la siguiente gráfica.

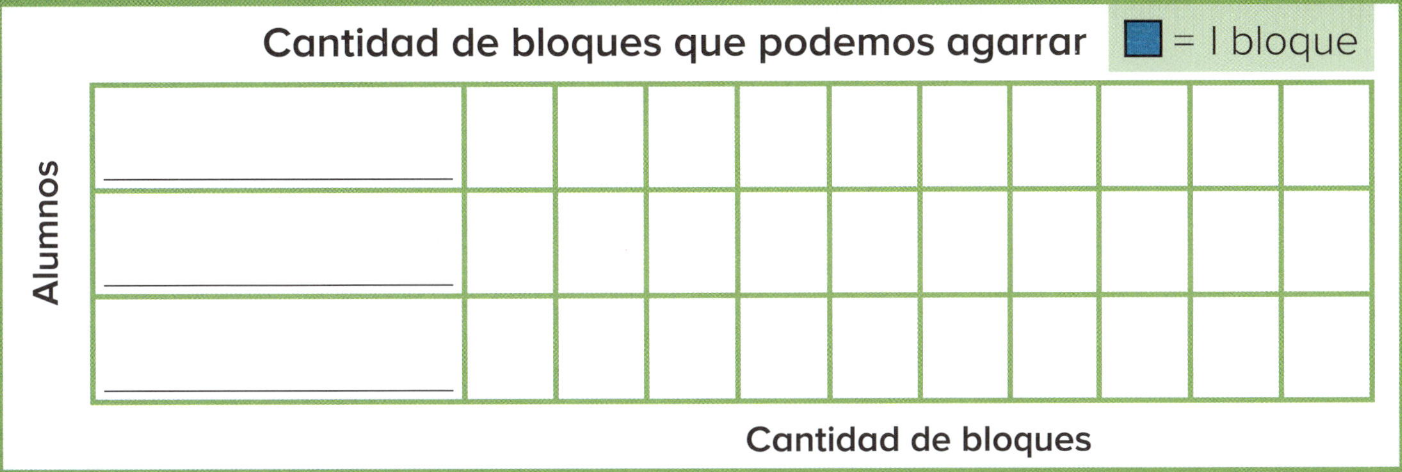

b. Dibuja ■ en la gráfica para indicar la cantidad de bloques que pudo agarrar cada alumno.

3. ¿Cuántos bloques pudo agarrar cada alumno?

Nombre ____________ Cantidad de bloques ____

Nombre ____________ Cantidad de bloques ____

Nombre ____________ Cantidad de bloques ____

4. a. ¿Quién agarró más bloques? ____________

b. ¿Quién agarró menos bloques? ____________

Paso avanzado

Píde a tu profesor que agarre todos los bloques que pueda con una sola mano. Escribe una operación de resta para indicar la diferencia entre la cantidad de cubos que agarraste y la cantidad que agarró tu profesor.

____

11.11 Construyendo e interpretando una gráfica de barras horizontal

Observa esta gráfica de barras.

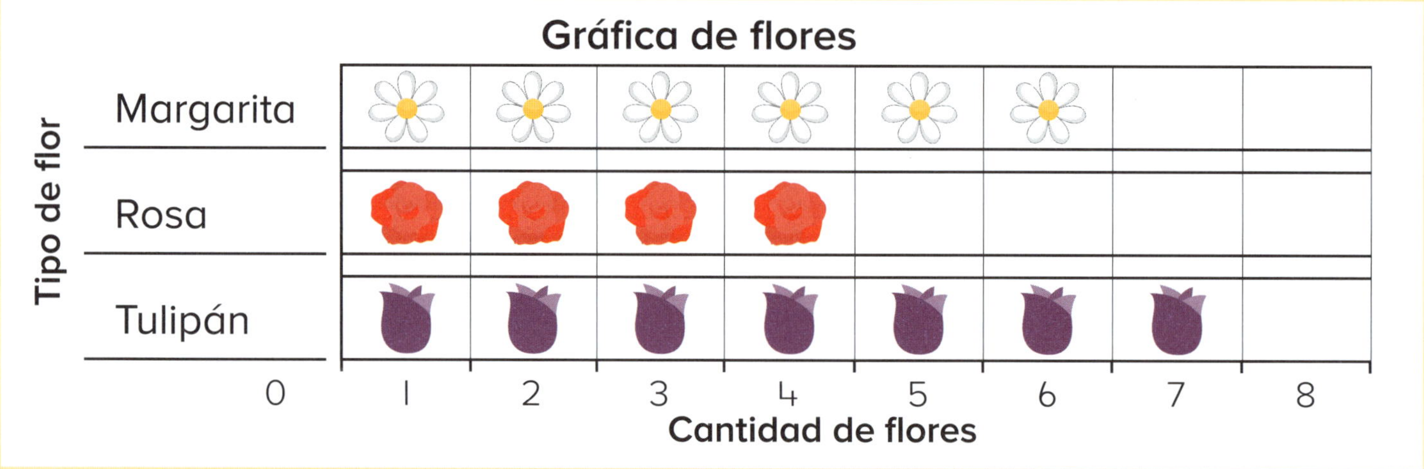

¿Cuántos tipos diferentes de flores hay?

¿Cómo puedes calcular la cantidad total de cada tipo de flor sin contar cada una?

¿Cómo podrías indicar la cantidad de flores más fácilmente?

No necesitas dibujar flores. Simplemente puedes colorear espacios junto a cada nombre de la flor.

¿Cuántas margaritas hay más que rosas? ¿Cómo lo sabes?
¿Cuántas rosas hay menos que tulipanes?

Intensifica

1. Utiliza colores para indicar las flores que son iguales.

2. Colorea esta gráfica para indicar la cantidad de cada tipo de flor en la pregunta 1.

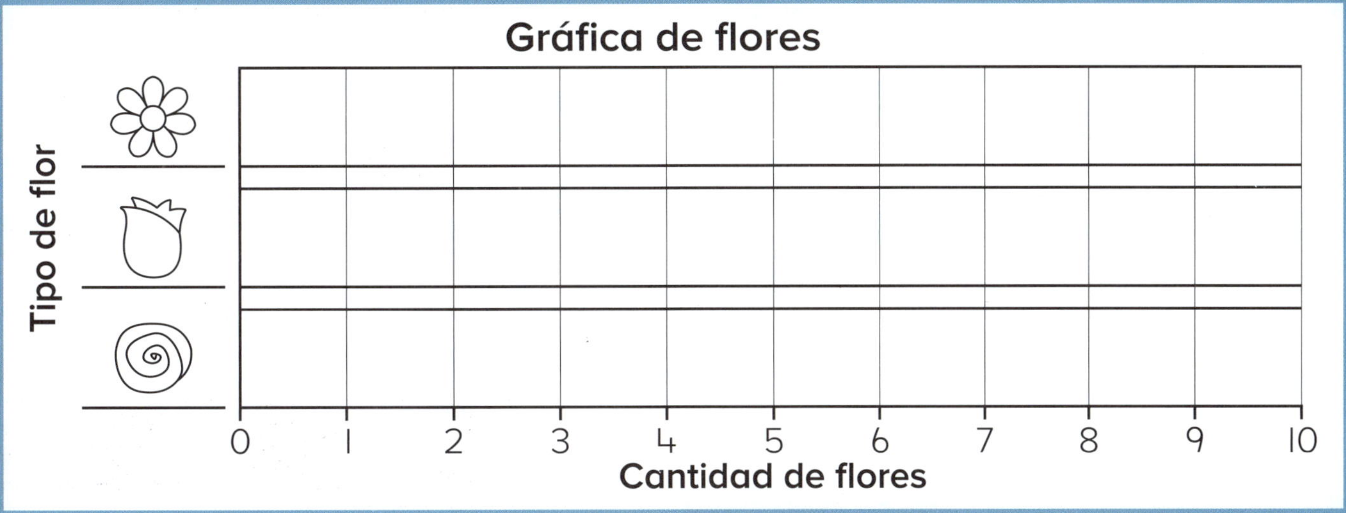

3. Escribe **más** o **menos** para que los enunciados sean verdaderos.

a. Hay ____________  que .

c. Hay ____________  que .

4. Escribe los números que hagan estos enunciados verdaderos.

a. Hay ____ más  que .

b. Hay ____  y  en conjunto.

Paso avanzado Encierra el error que se cometió en esta gráfica.

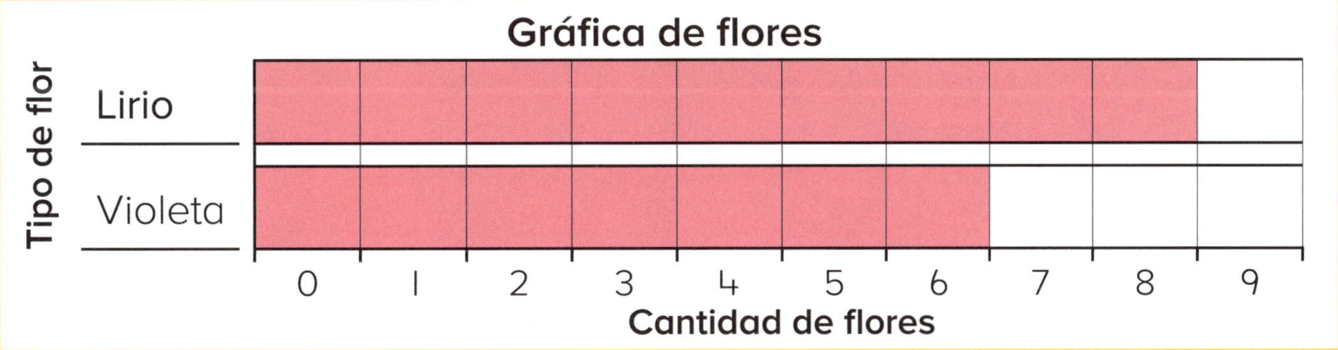

11.12 Construyendo e interpretando una gráfica de barras vertical

Observa estas plantas florecidas.

¿Cómo describirías la altura de cada planta?

¿Qué tipo de gráfica podrías utilizar para comparar las alturas?

¿Por qué elegiste ese tipo de gráfica?

¿En dónde escribirías los números que indican la altura de cada planta?

¿En qué se diferencia esta gráfica de barras a la gráfica de flores que vimos en la lección previa?

Girasol Narciso Margarita

Intensifica **1.** Escribe la altura de cada planta.

a.

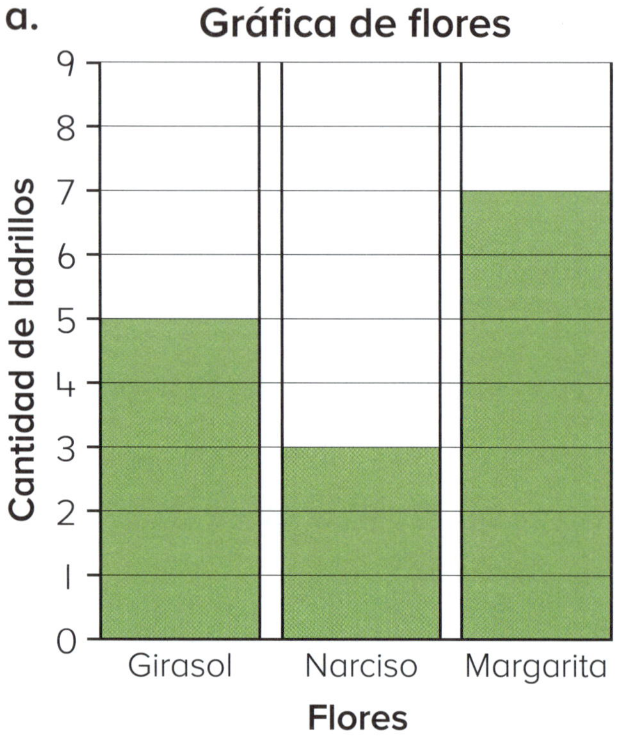

____ ladrillos ____ ladrillos ____ ladrillos

b.

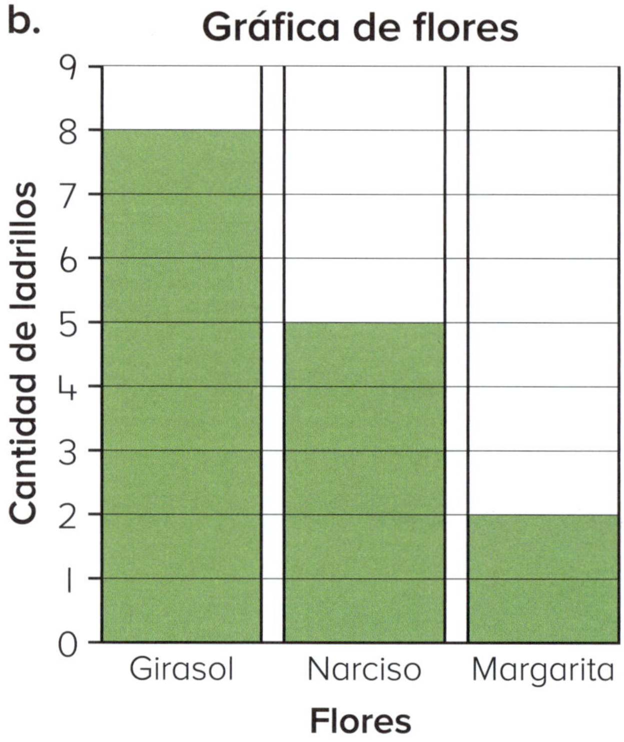

____ ladrillos ____ ladrillos ____ ladrillos

2. Colorea la gráfica de barras de manera que represente la altura de las flores.

a.

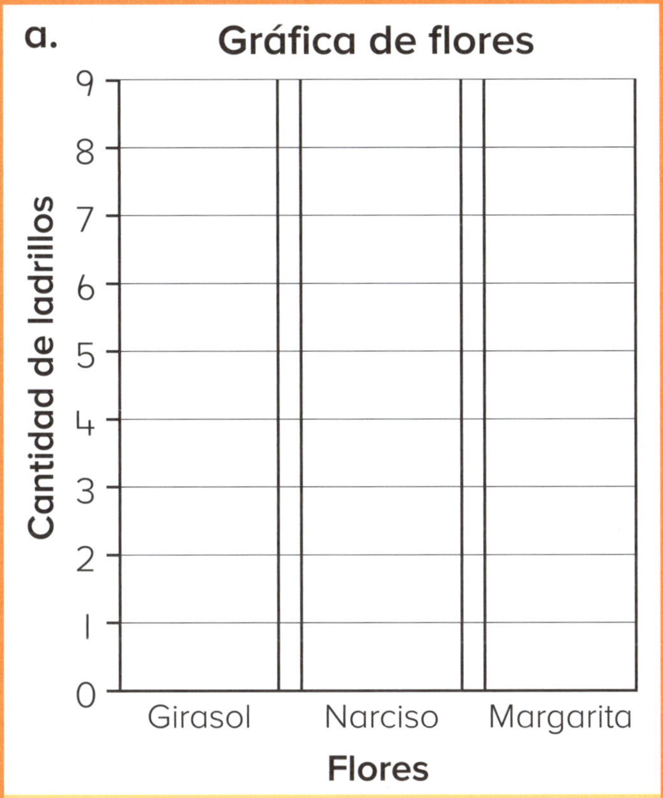

8 ladrillos | **3** ladrillos | **4** ladrillos

b.

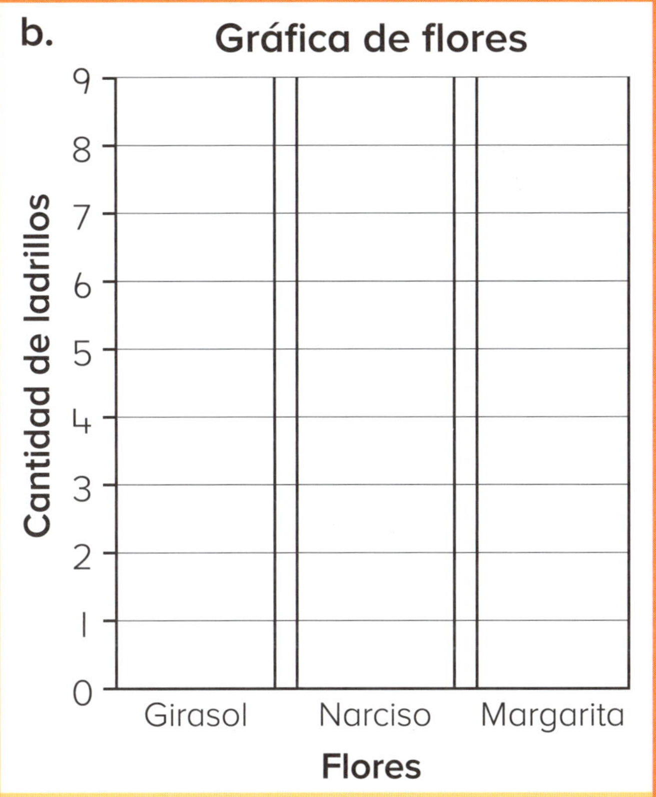

7 ladrillos | **4** ladrillos | **2** ladrillos

Paso avanzado

Colorea esta gráfica de barras de acuerdo a lo que dice la pista. Luego escribe las cantidades.

Pista
La caléndula es más baja que la rosa pero más alta que la violeta.

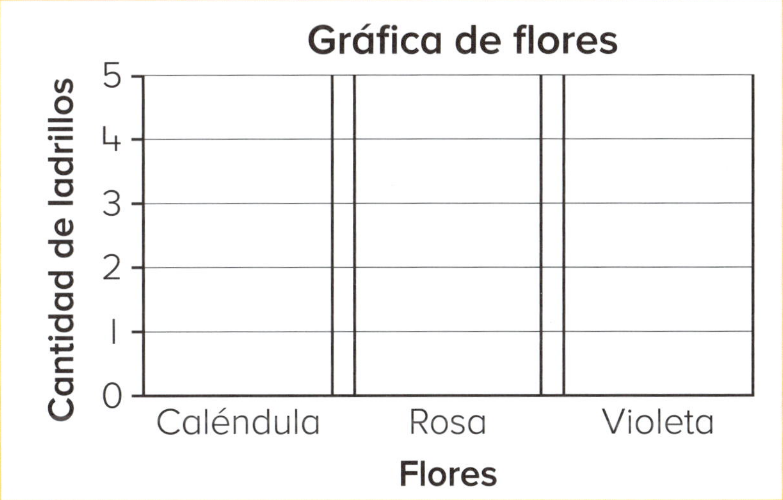

____ ladrillos | ____ ladrillos | ____ ladrillos

12.1 Analizando el 100

¿Qué sabes acerca del cien?

Hay 100 centavos en un dólar.

He visto señales que dicen 100 millas.

¿En dónde has visto escrito el **100?**

¿Cómo escribirías **100** en este expansor?

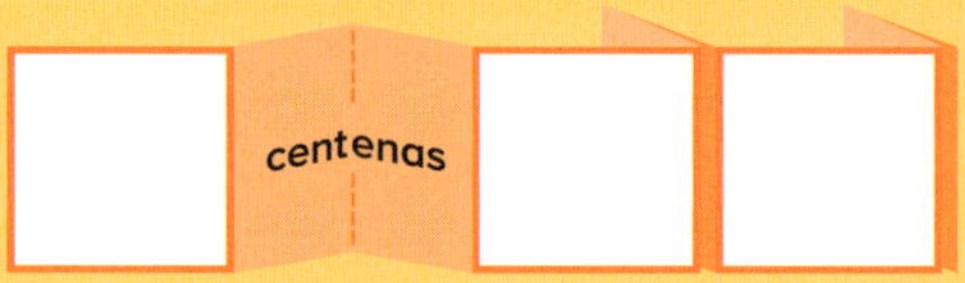

Escribe **100** en este expansor. ¿Qué notas?

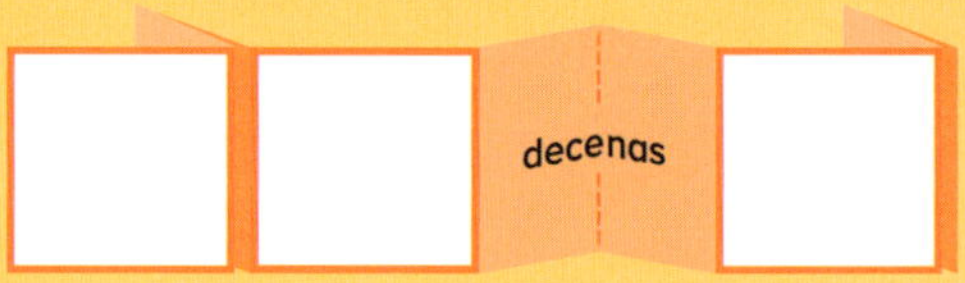

Escribe **100** en este expansor. ¿Qué notas?

Intensifica

1. Utiliza la tabla numérica como ayuda para contestar las preguntas.

61	62	63	64	65	66	67	68	69	70
71	72	73	74	75	76	77	78	79	80
81	82	83	84	85	86	87	88	89	90
91	92	93	94	95	96	97	98	99	100

a. ¿Qué número es **uno menos** que el 100? ______

b. ¿Qué número es **diez menos** que el 100? ______

2. Encierra el número. Escribe el número de unidades que quedan.

a. Encierra 70 dedos.

____ no encerrados

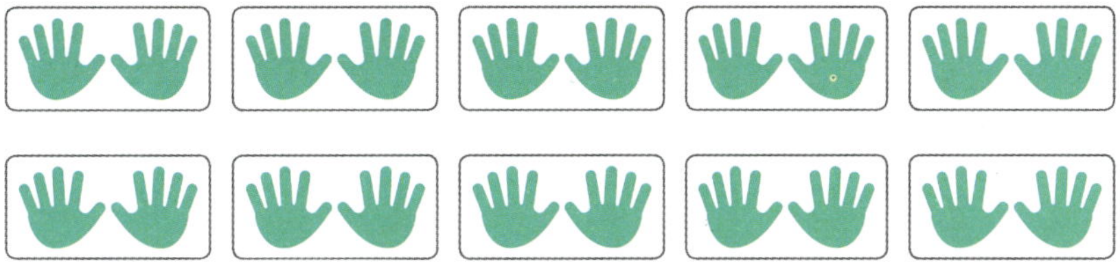

b. Encierra 50 dedos.

____ no encerrados

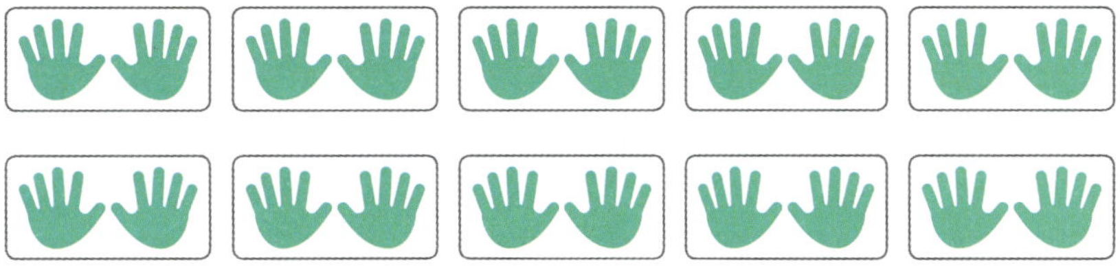

c. Encierra 90 dedos.

____ no encerrados

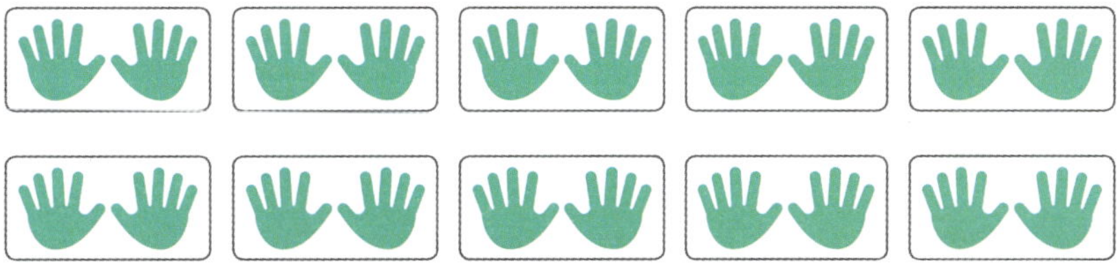

3. Colorea el número de bloques que se indica.
Escribe el número de unidades que quedan.

a. 25 unidades

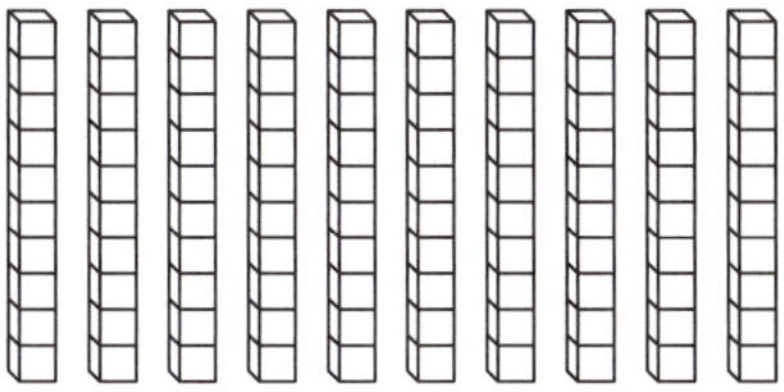

____

b. 85 unidades

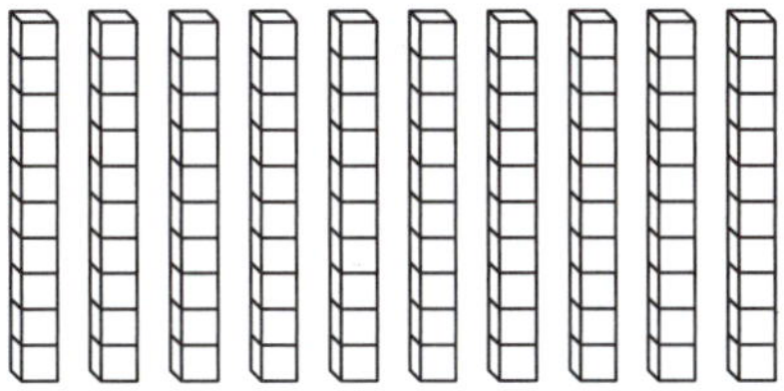

____

c. 65 unidades

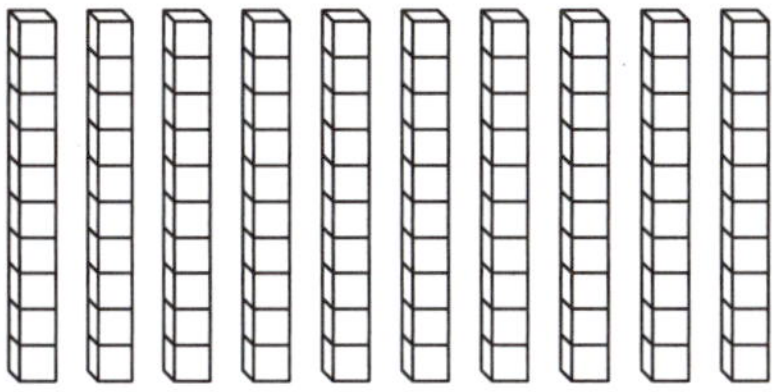

____

Paso avanzado

Completa los espacios en blanco para indicar otros pares de números de dos dígitos que formen 100.

a. ☐0 y ☐0

b. ☐5 y ☐5

c. ☐5 y ☐5

12.2 Escribiendo números de tres dígitos hasta el 130 (sin ceros internos ni números del 10–19)

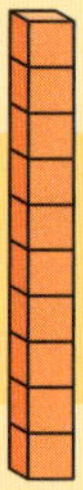

¿Cuántas unidades hay en este bloque de decenas?
¿Cómo lo sabes?

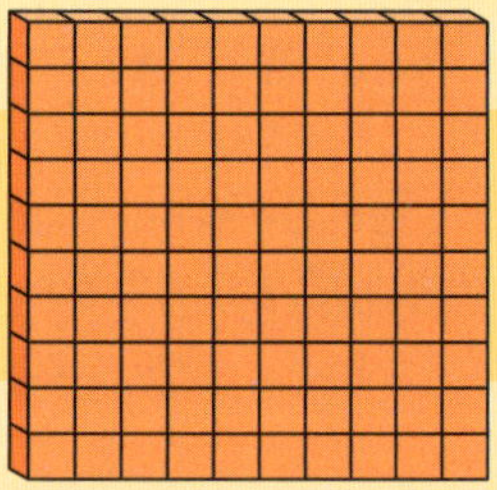

¿Cuántas decenas hay en este bloque de centenas?
¿Cómo lo sabes?

Observa esta imagen de bloques.

¿Cómo escribirías este número en un expansor? ¿Cómo lo sabes?

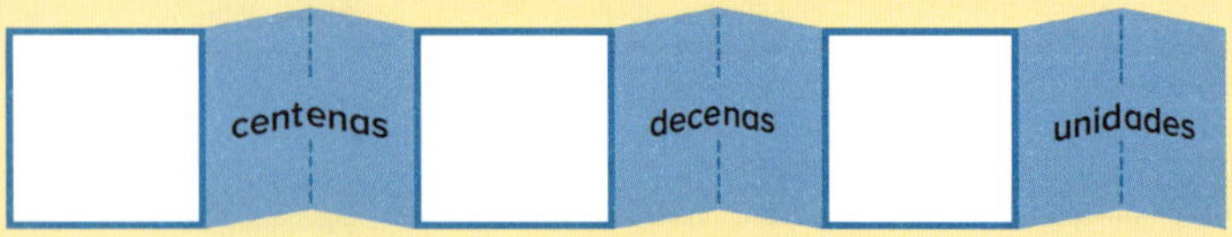

Intensifica

1. Encierra grupos de bloques de 10 decenas. Escribe las **centenas**. Escribe el número de **decenas** y **unidades** que quedan.

a.

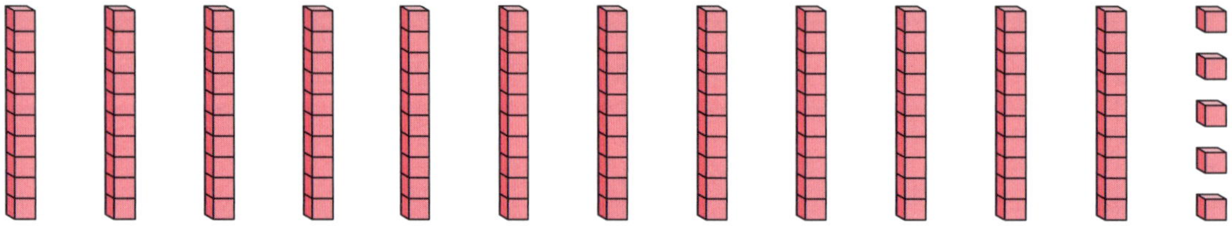

_____ centenas _____ decenas _____ unidades

b.

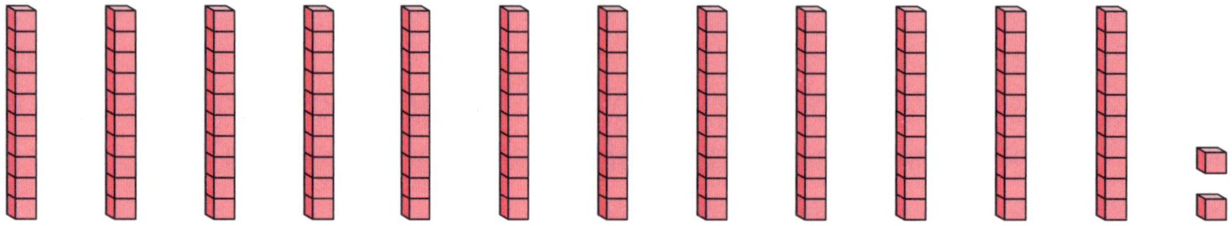

_____ centenas _____ decenas _____ unidades

2. Observa los bloques. Escribe en los expansores el número que corresponda.

a.

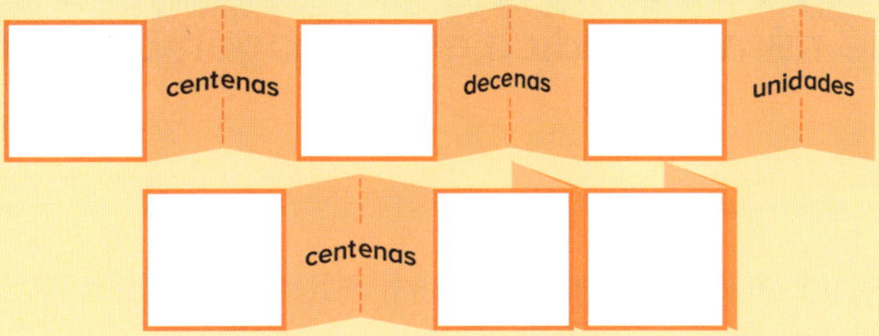

b.

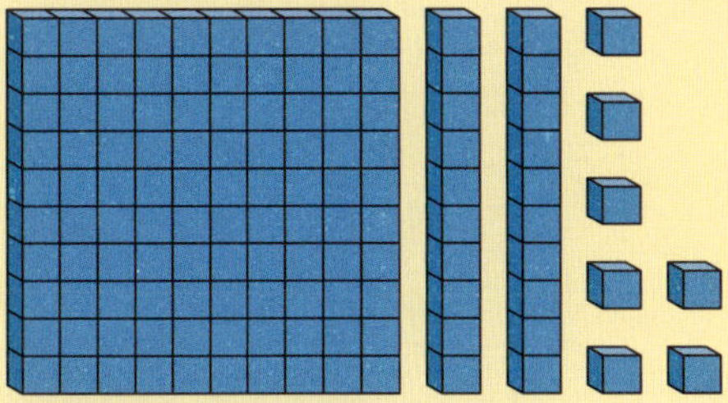

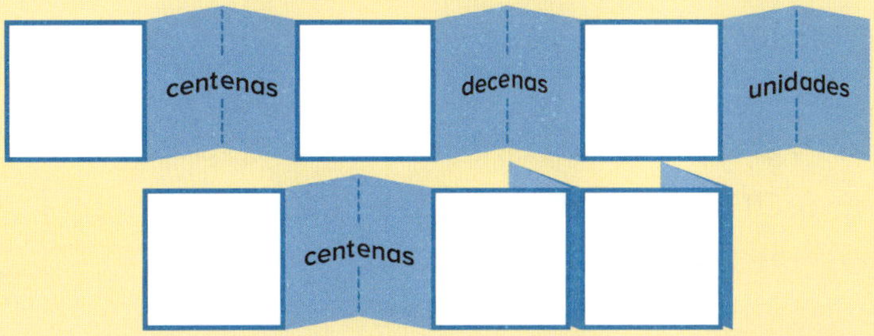

c.

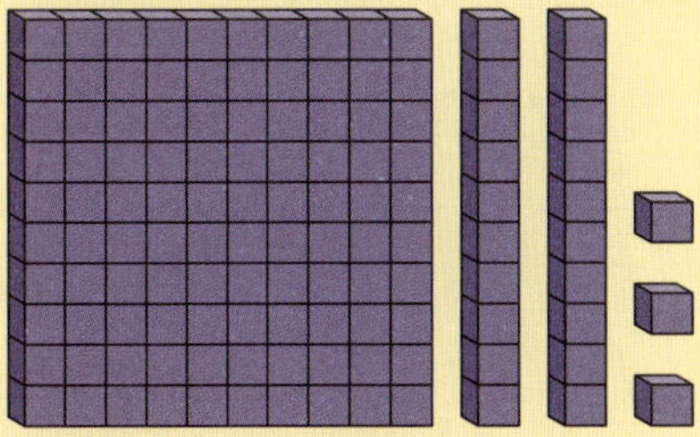

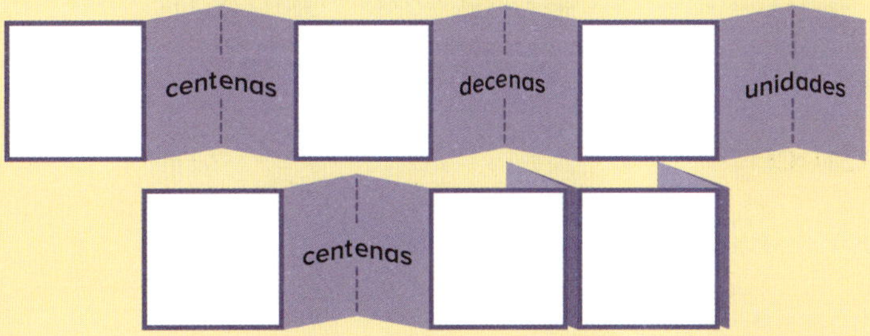

d.

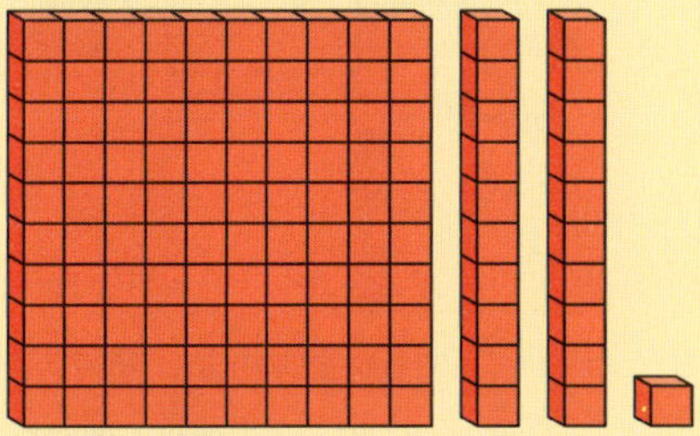

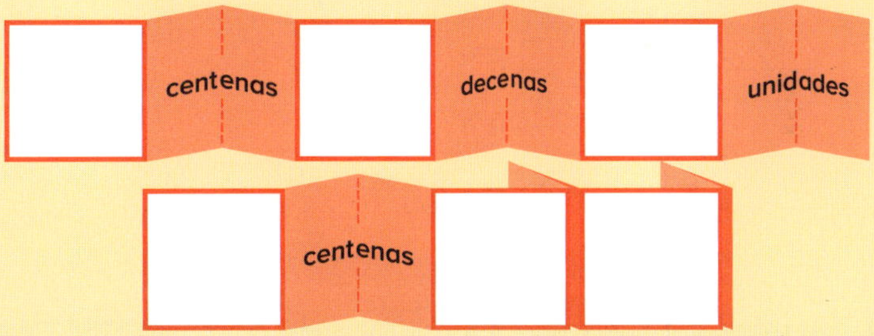

Paso avanzado

Escribe en el expansor el número que corresponda.
Escribe solo un dígito en cada espacio del expansor.

a. 126 unidades

b. 1 centena y 22 unidades

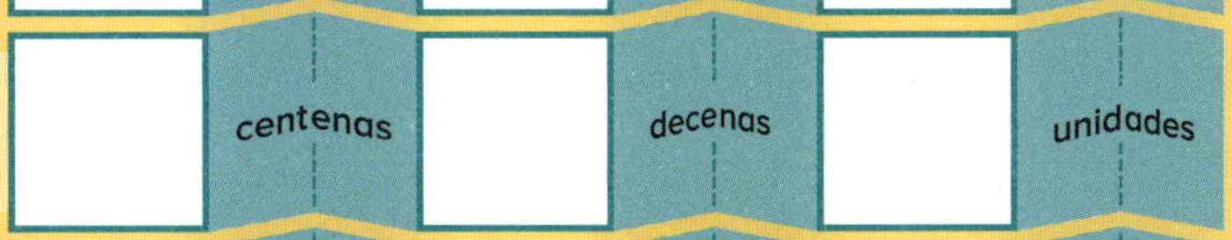

c. 12 decenas y 8 unidades

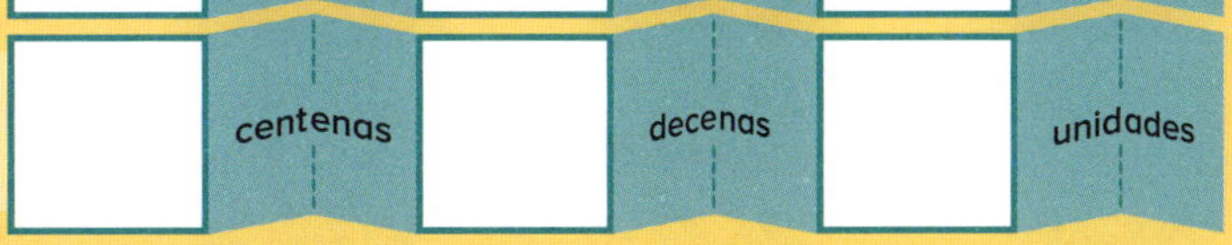

12.3 Escribiendo números de tres dígitos hasta el 130 (sin números del 10–19)

¿Qué número indica esta imagen de bloques?

¿Cómo escribirías este número
en un expansor?
¿Cómo lo sabes?

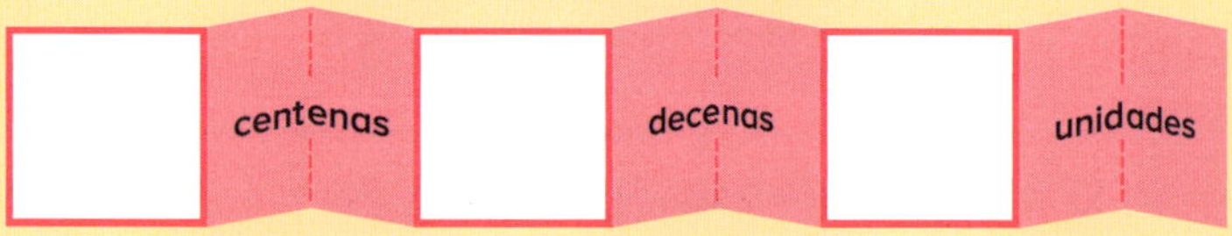

Observa el número en este expansor.
¿Qué significa cada uno
de los dígitos?

¿En qué se diferencia este número del que está en el expansor de arriba?

Intensifica

1. Observa los bloques.
Escribe el número correspondiente en los expansores.

a.

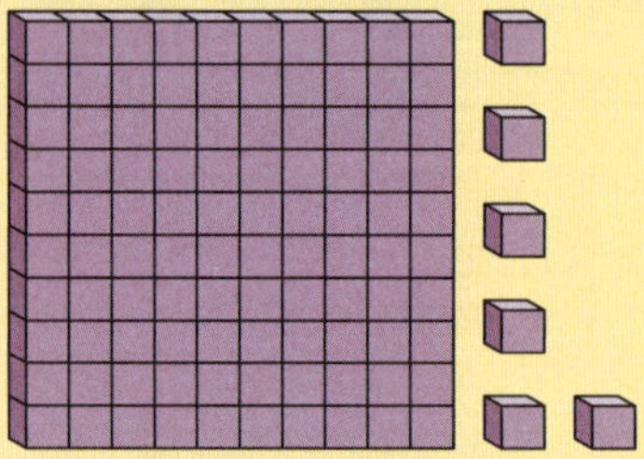

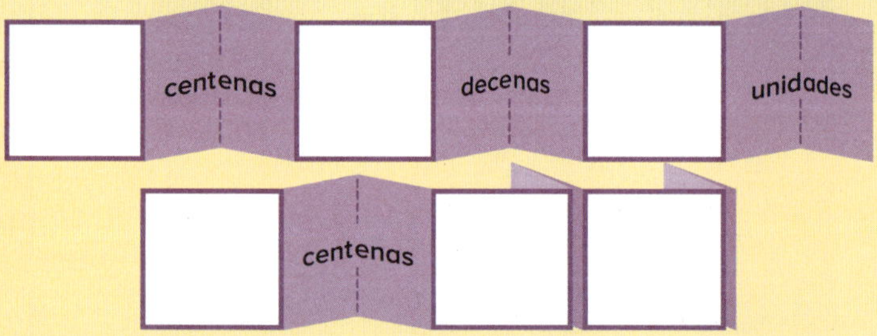

b.

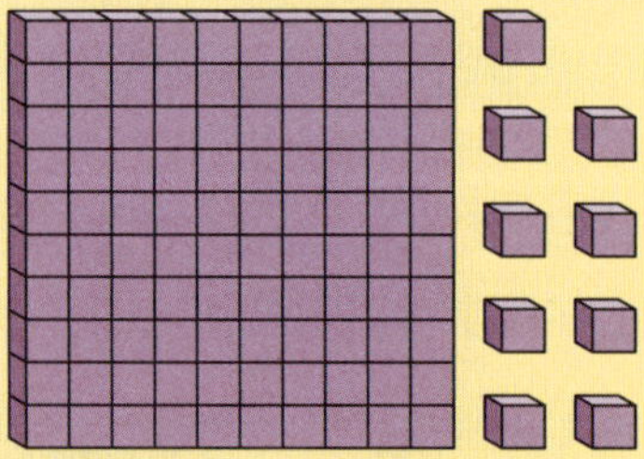

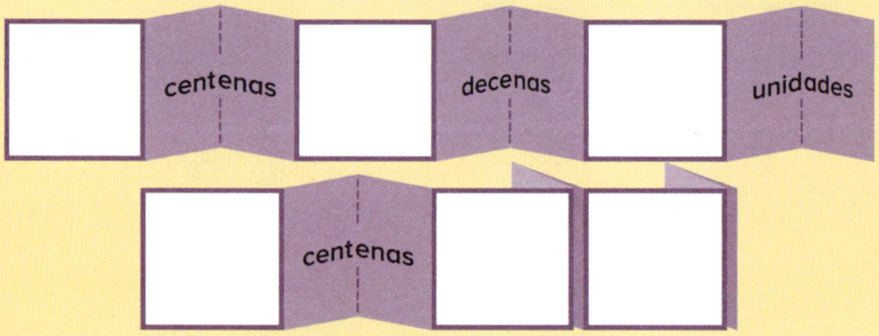

c.

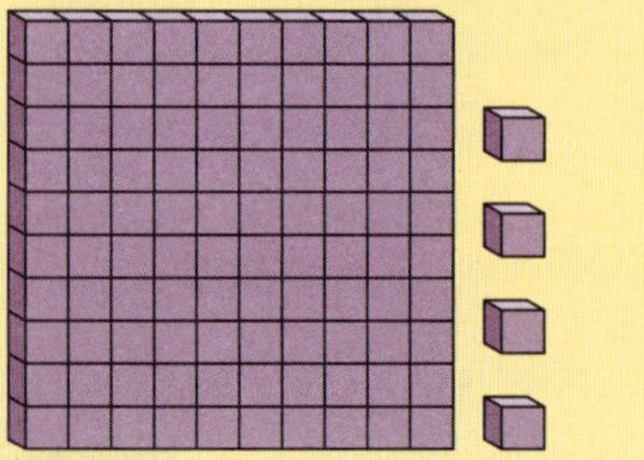

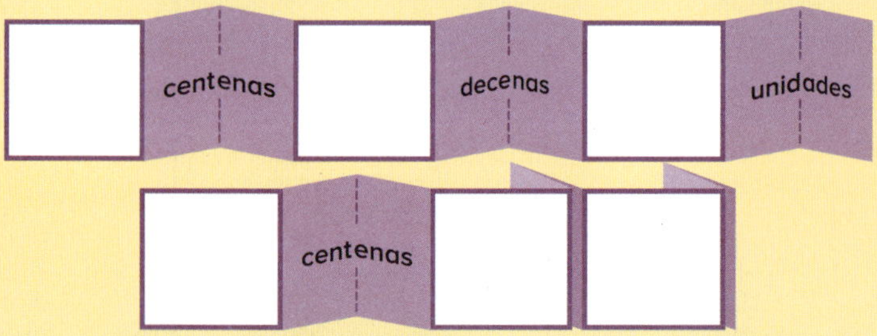

2. Colorea el número de bloques que represente el número en el expansor.

a.

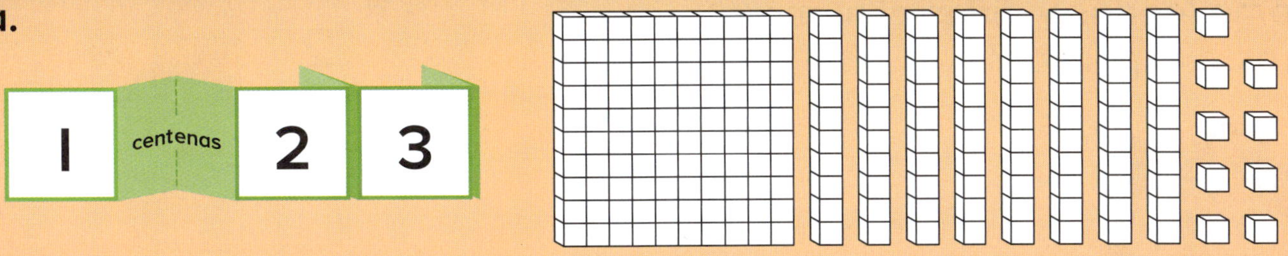

b.

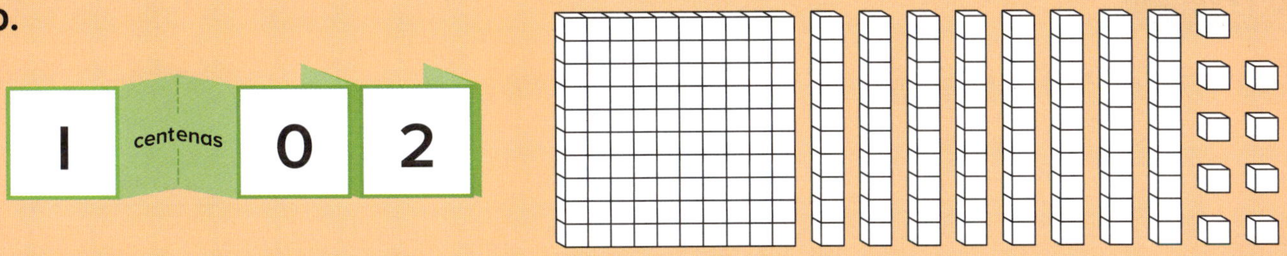

c.

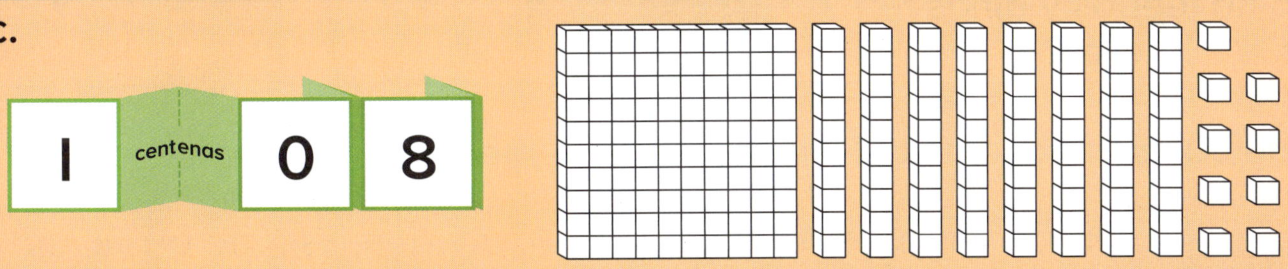

d.

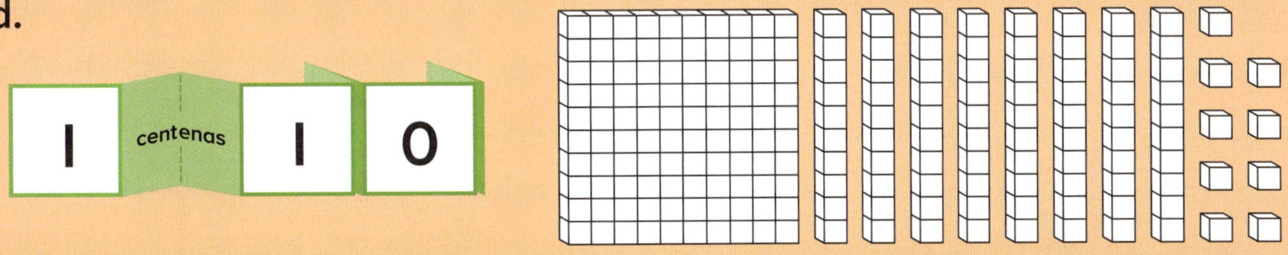

Paso avanzado Estos bloques se han dispersado. Calcula el número que se indica. Escribe el número en el expansor.

12.4 Escribiendo numerales y nombres de números hasta el 130 (sin números del 10–19)

¿Cómo leerías y dirías el número en este expansor?

Cuando lees y dices números de tres dígitos, dices el valor de las decenas y de las unidades juntas.

¿Cómo escribirías el número en palabras?

¿Cómo leerías y dirías estos números?

¿Qué observas acerca del cero en cada número? ¿Qué hace el cero?

Intensifica

1. Observa los bloques en cada imagen. Escribe el número de bloques en los expansores. Luego escribe el nombre del número.

a.

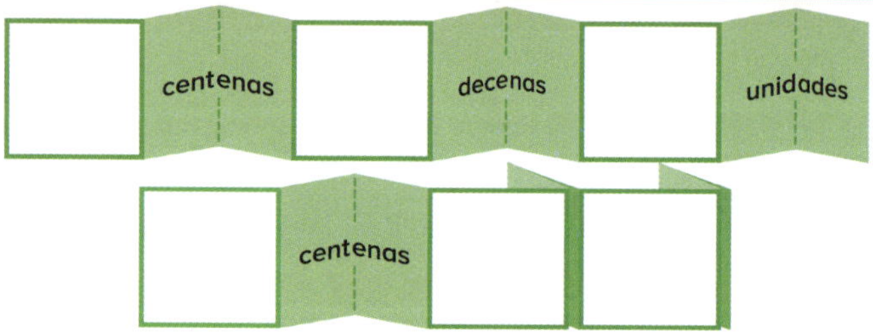

b.

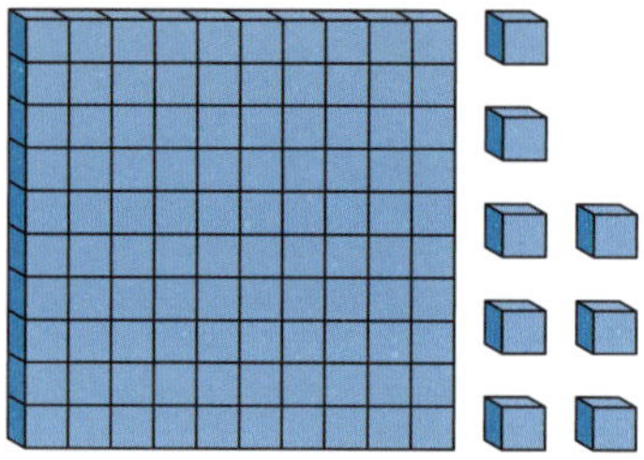

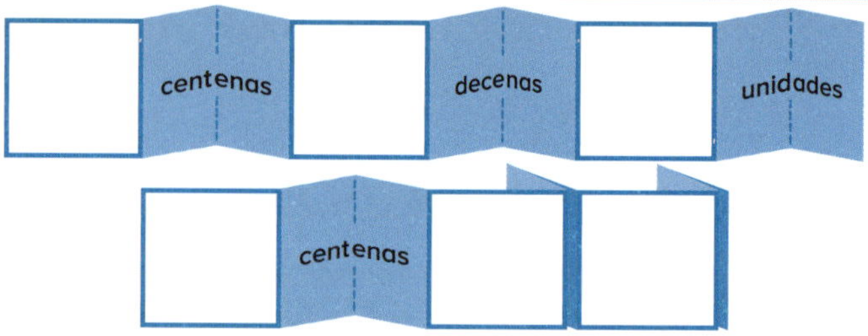

2. Lee el nombre del número. Escribe el número en el expansor.

a. ciento veintiséis

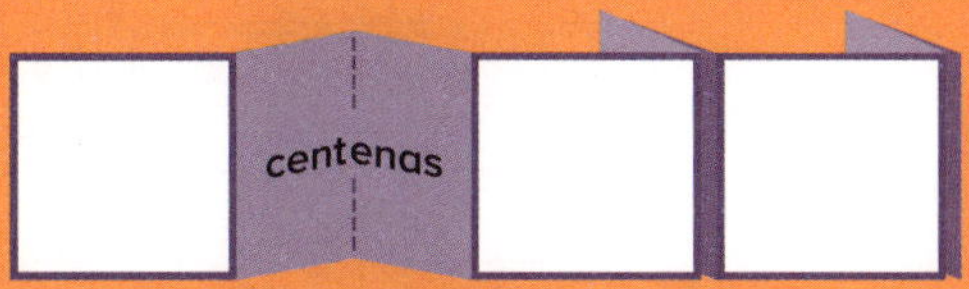

b. ciento siete

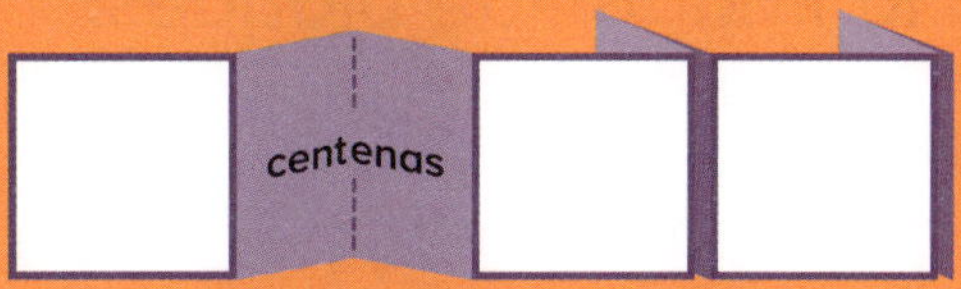

c. ciento veintidós

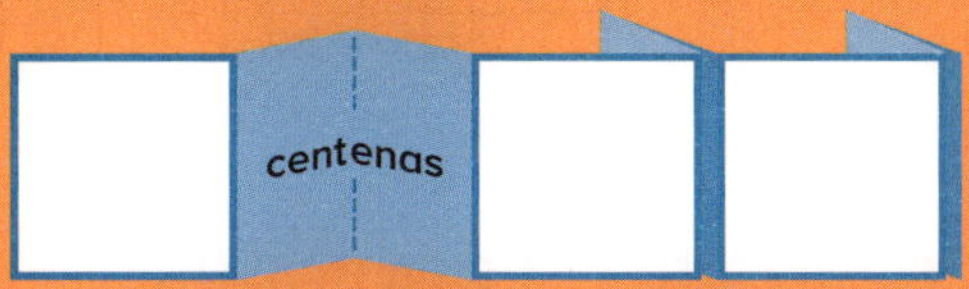

d. ciento uno

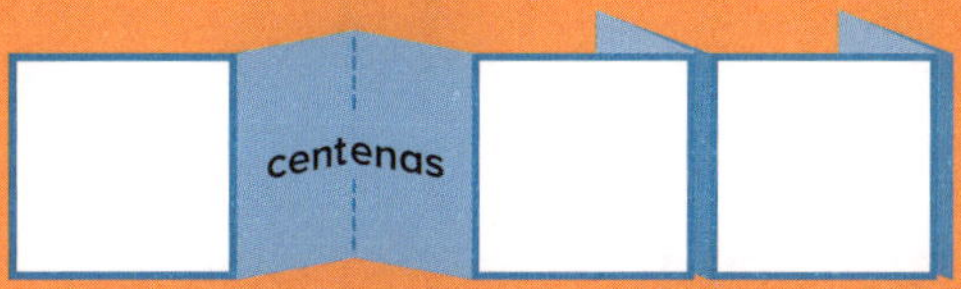

e. ciento nueve

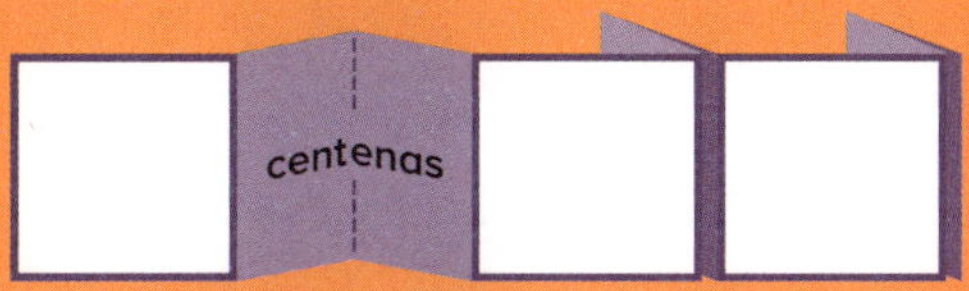

f. ciento veintitrés

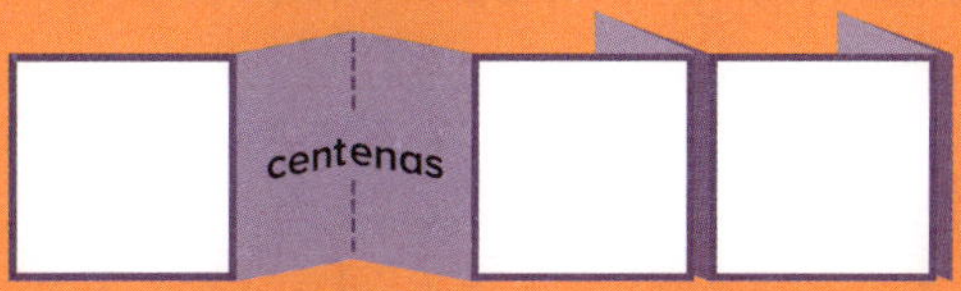

g. ciento veintiuno

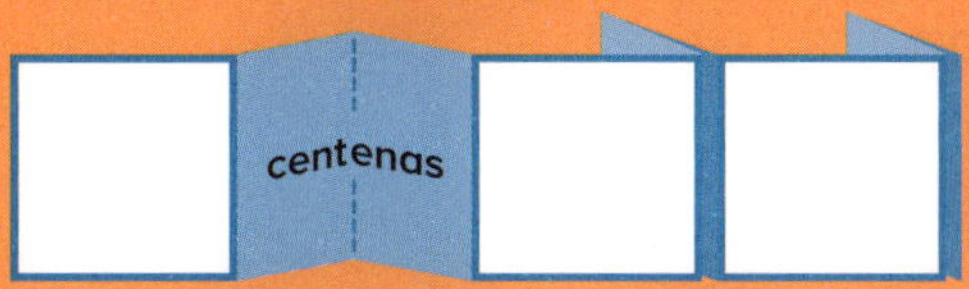

h. ciento seis

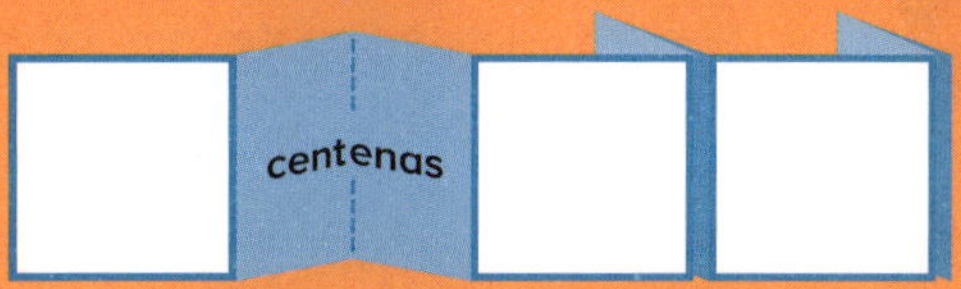

Paso avanzado

a. Escribe en el expansor un número de tres dígitos diferente.

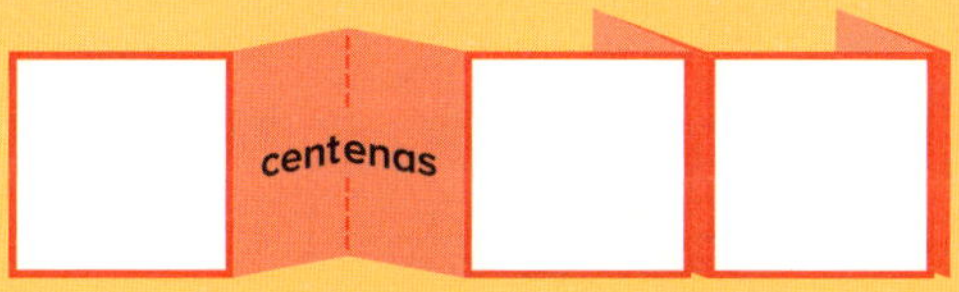

b. Colorea bloques para representar tu número.

c. Escribe el número en palabras.

12.5 Escribiendo números de tres dígitos hasta el 130 (con números del 10–19)

Observa la imagen de bloques.

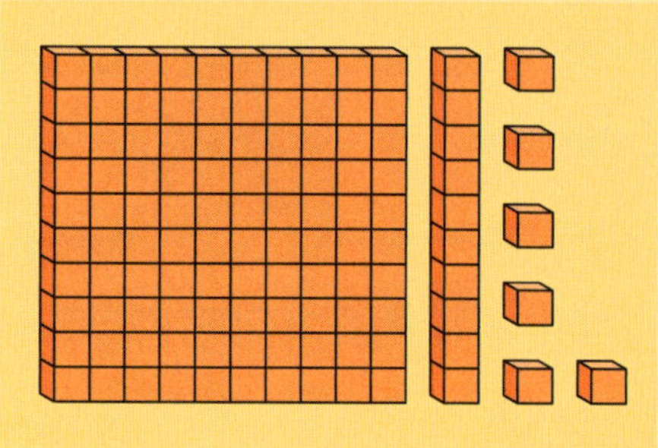

¿Qué número representa?
¿Cómo escribirías el número en un expansor?

¿Cómo supiste dónde escribir los dígitos? ¿Qué significa cada dígito?

¿Cómo leerías y dirías el número?

Cuando lees y dices números de tres dígitos, dices el valor de las decenas y las unidades juntas. Puedes cerrar el expansor como ayuda.

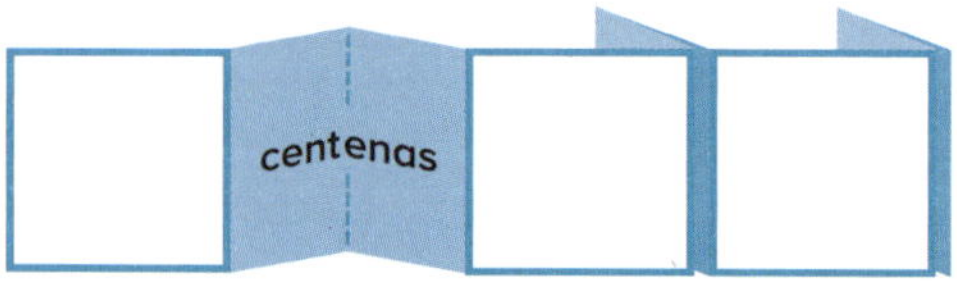

Intensifica

1. Observa los bloques. Escribe el número en los expansores abiertos y cerrados.

a.

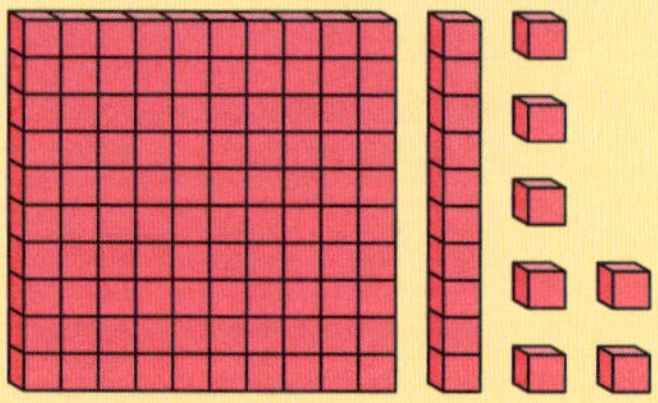

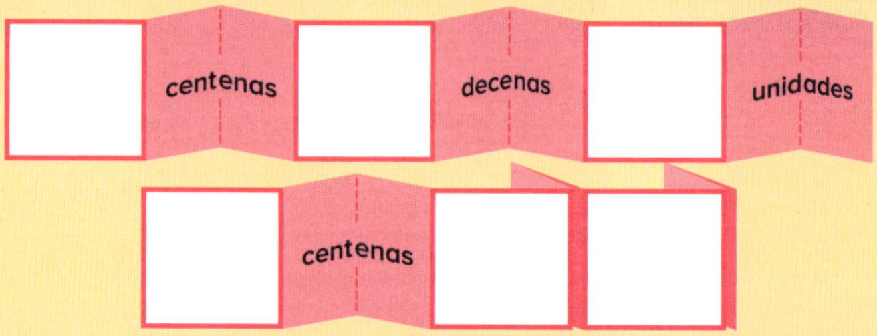

b.

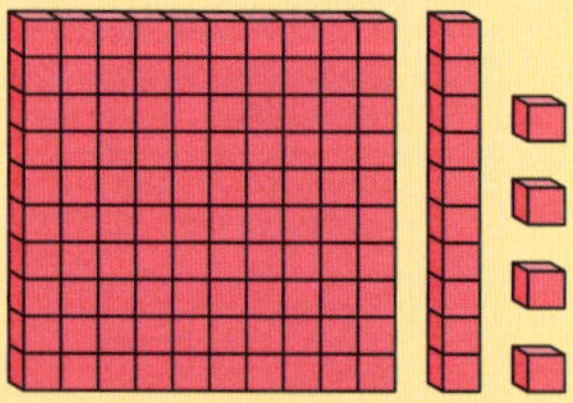

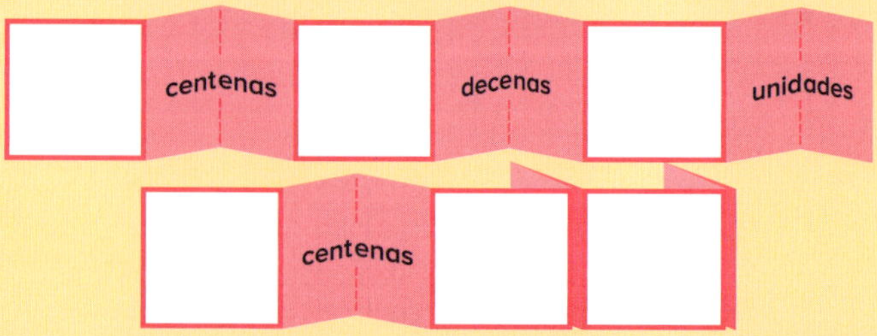

c.

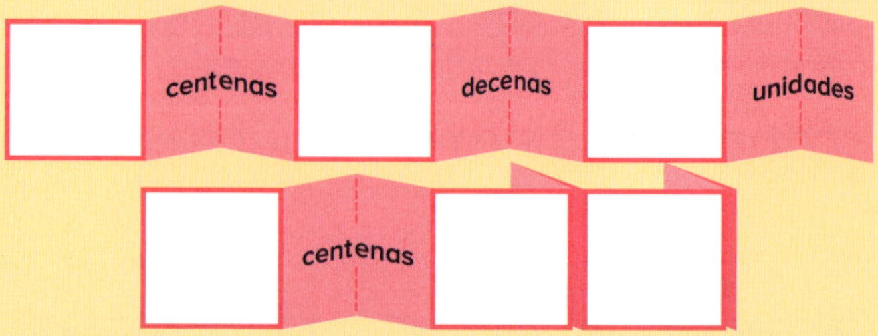

2. Traza líneas para unir cada imagen de bloques con el expansor correspondiente. Tacha el expansor que no corresponde a ninguna.

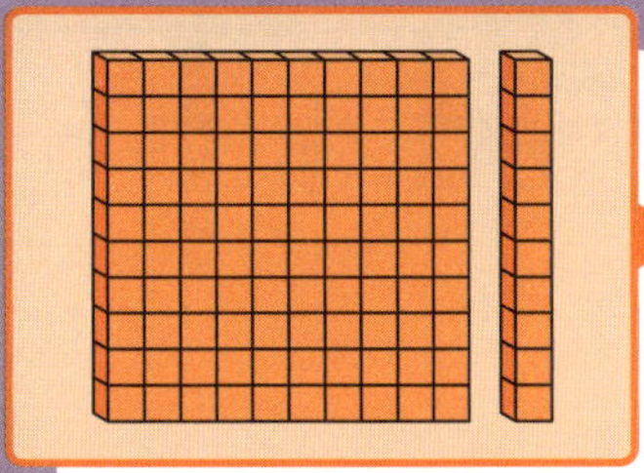

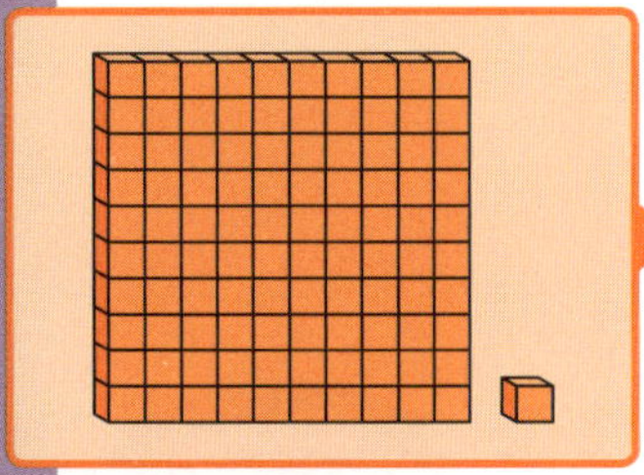

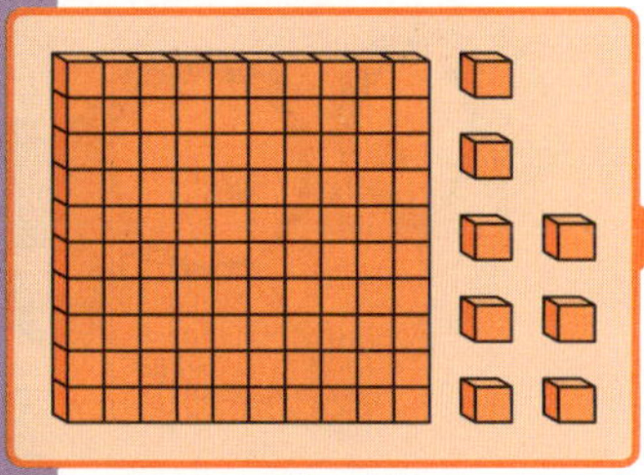

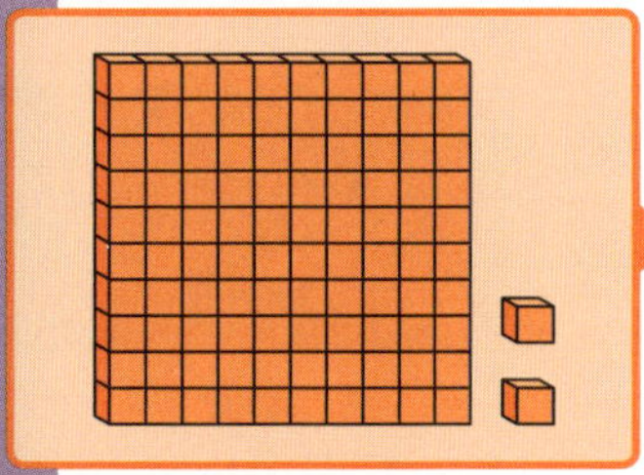

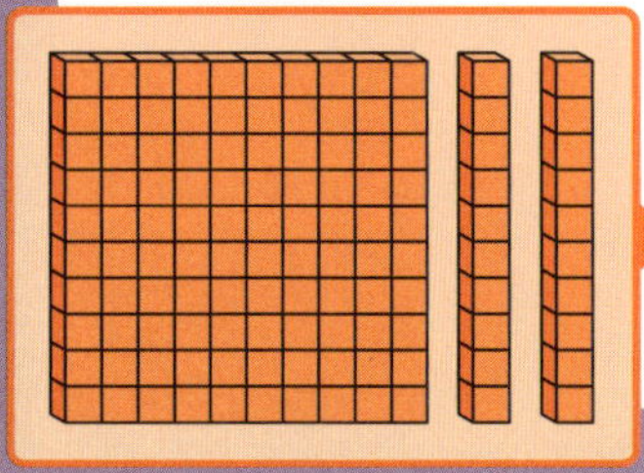

1 centenas 0 8

1 centenas 0 2

1 centenas 1 8

1 centenas 0 1

1 centenas 2 0

1 centenas 1 0

Paso avanzado Completa estos enunciados.

a. 113 **es lo mismo que** ____ decenas y ____ unidades

b. 104 **es lo mismo que** ____ decenas y ____ unidades

12.6 Escribiendo numerales y nombres de números hasta el 130 (con números del 10–19)

¿Cómo leerías y dirías el número en este expansor?

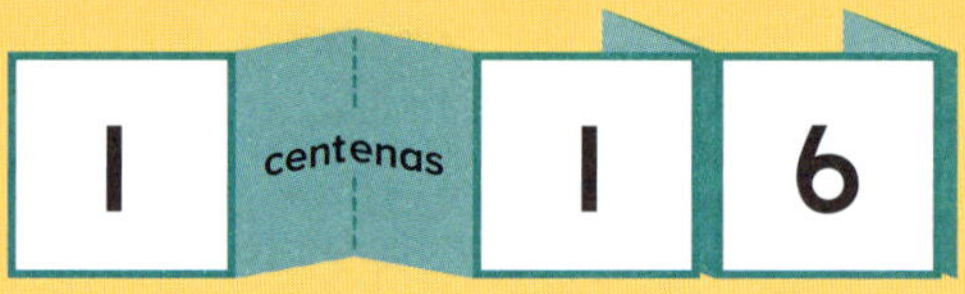

¿Cómo escribirías el número en palabras?

____

¿Cómo leerías y dirías estos dos números?

¿En qué se parecen estos dos números?
¿En qué se diferencian?

Intensifica

1. Observa los bloques. Escribe el número en los expansores. Luego escribe el nombre del número.

a.

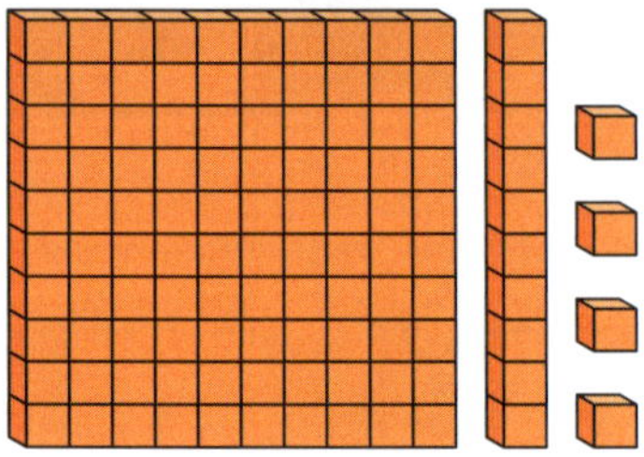

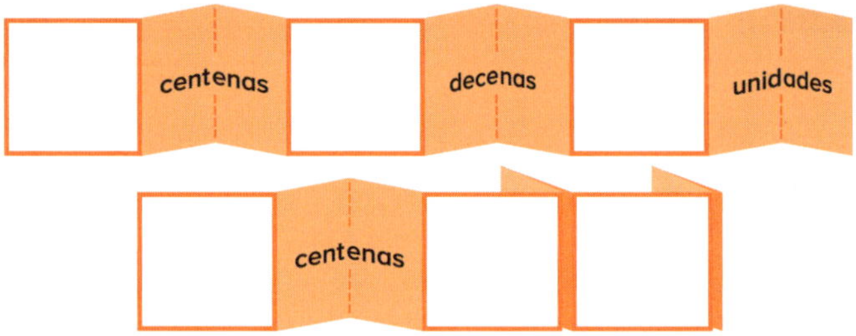

____

b.

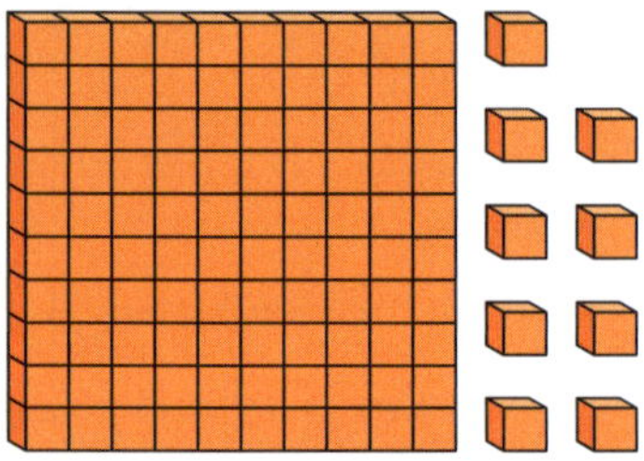

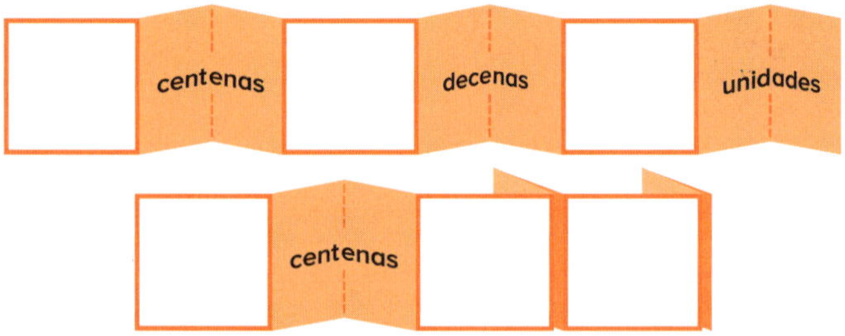

____

2. Lee el nombre del número. Escribe el número en el expansor.

a. ciento trece

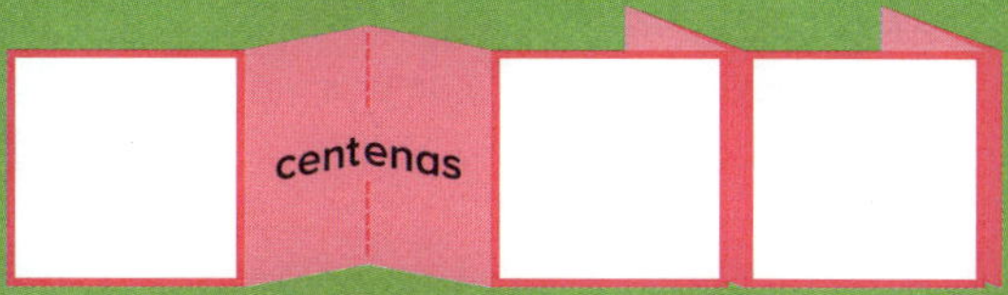

b. ciento ocho

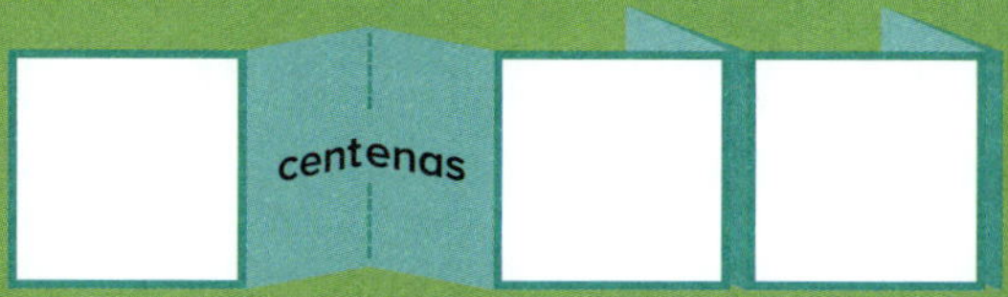

c. ciento once

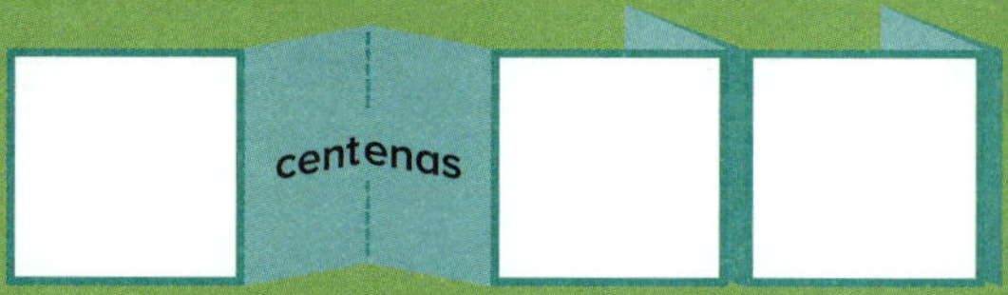

d. ciento treinta

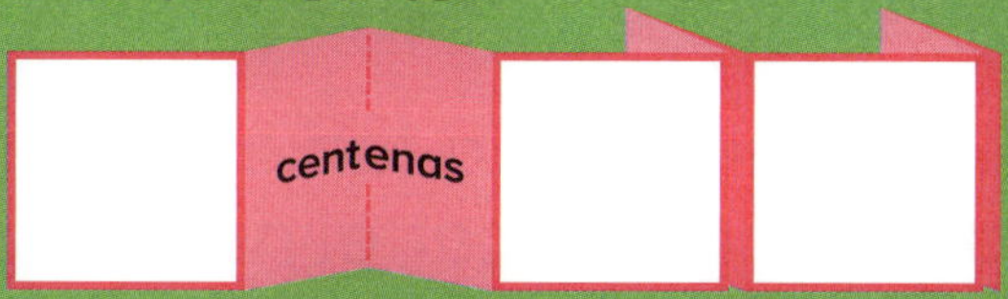

e. ciento diecisiete

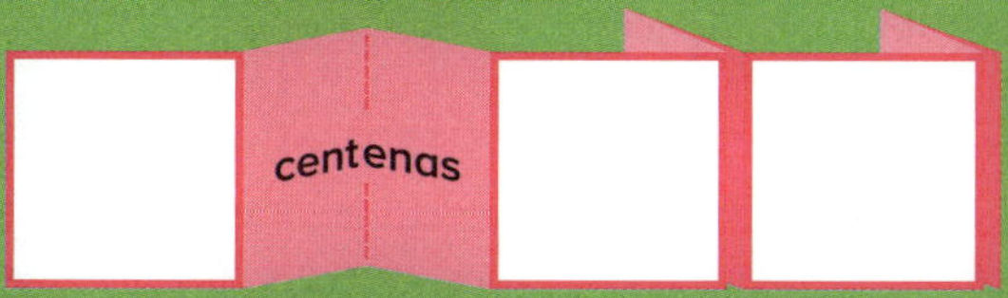

f. ciento siete

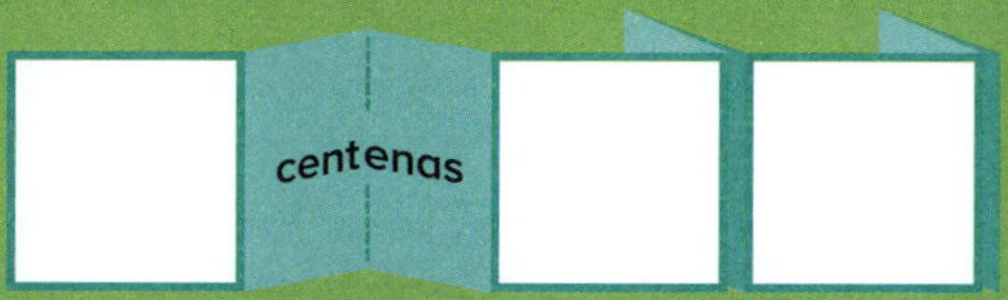

g. ciento veinte

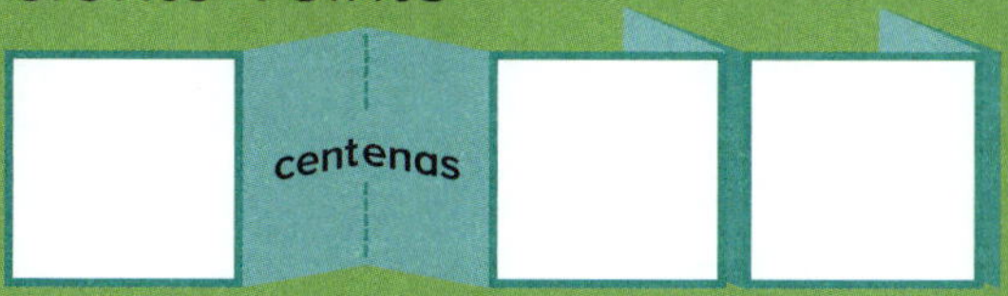

h. ciento doce

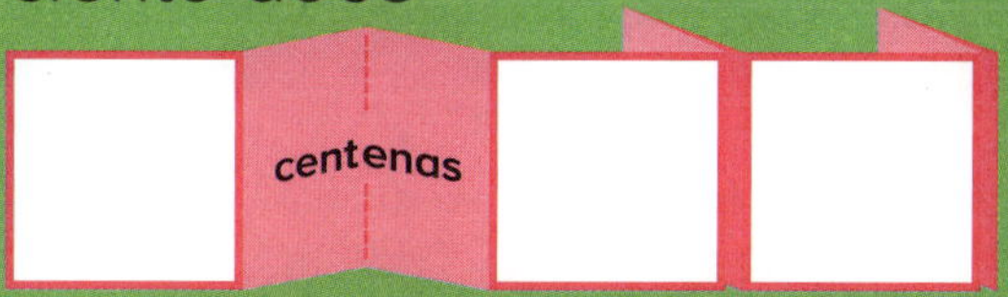

Paso avanzado

a. Escribe en el expansor un número de tres dígitos diferente.

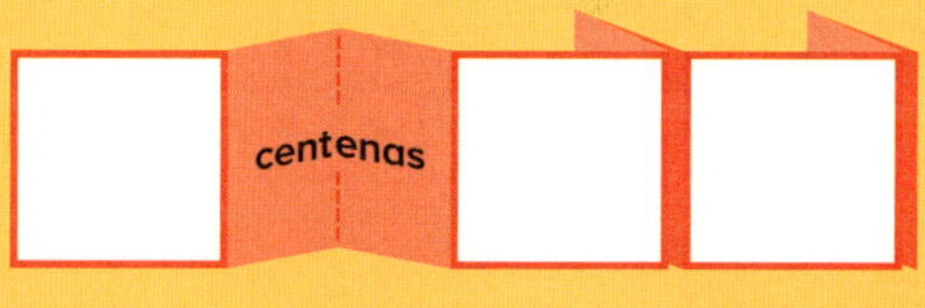

b. Colorea bloques para representar tu número.

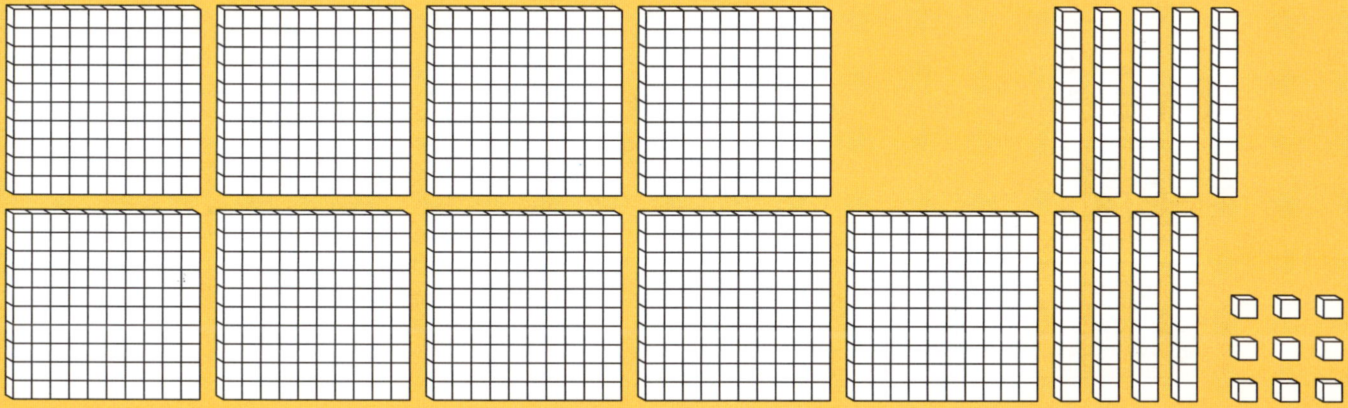

c. Escribe el número en palabras.

12.7 Escribiendo números de tres dígitos hasta el 130

¿Cómo lees y dices el número en este expansor?

¿Qué bloques utilizarías para indicar el número?

¿Cómo utilizarías esta tabla de valor posicional para indicar el número?

centenas	decenas	unidades

¿Cómo escribirías el número sin utilizar el expansor ni la tabla de valor posicional?

Intensifica

1. Observa la imagen de bloques.
Escribe el número de centenas, decenas y unidades.

a.

centenas	decenas	unidades

b.

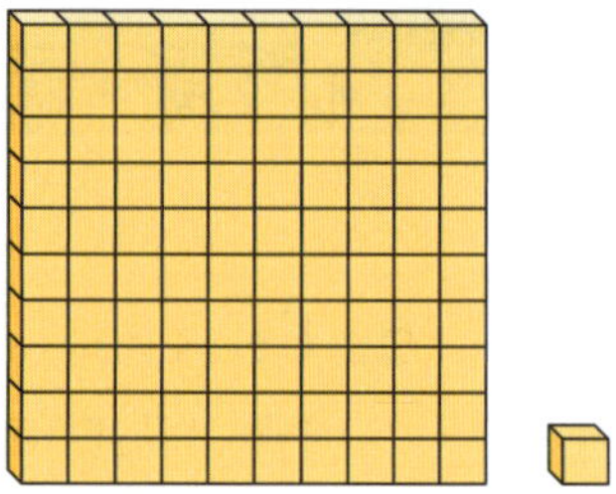

centenas	decenas	unidades

c.

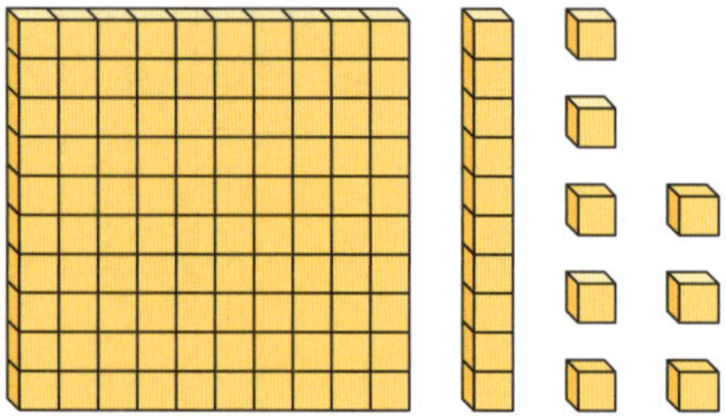

centenas	decenas	unidades

d.

centenas	decenas	unidades

2. Observa los bloques. Escribe el número en la tabla de valor posicional. Luego escribe el número sin la tabla.

a.

centenas	decenas	unidades

b.

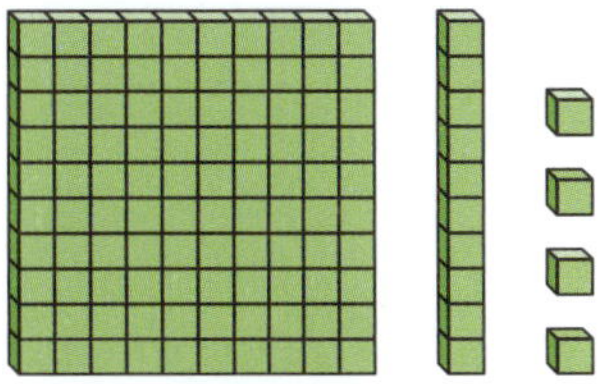

centenas	decenas	unidades

c.

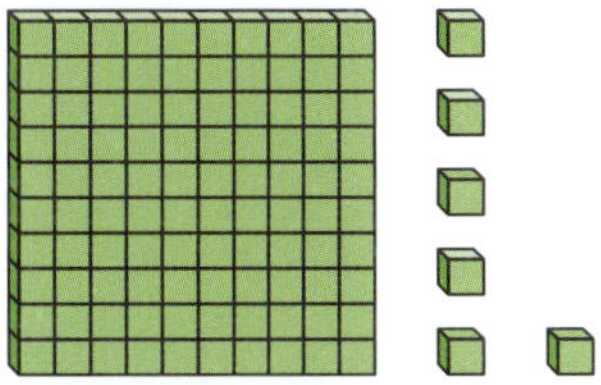

centenas	decenas	unidades

d.

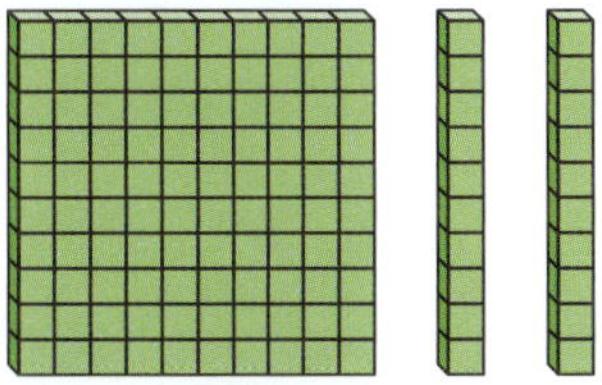

centenas	decenas	unidades

e.

centenas	decenas	unidades

Paso avanzado

Dibuja **otro bloque de decenas y un bloque de unidades** en cada imagen. Escribe el nuevo número.

a.

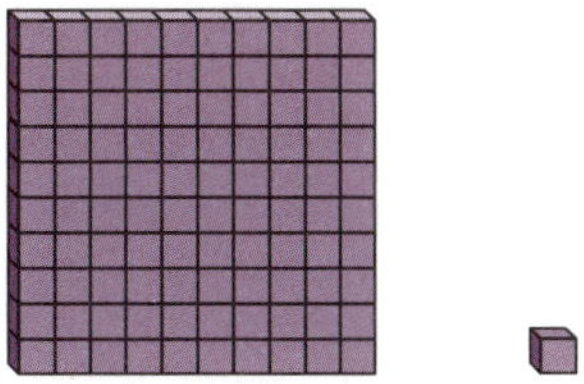

b.

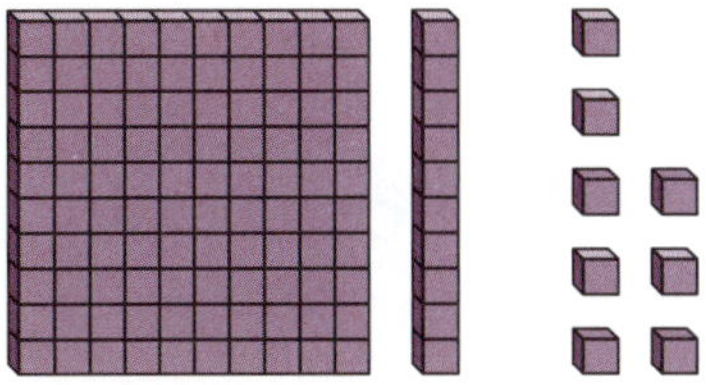

12.8 Explorando la secuencia de conteo hasta el 130

Observa esta tabla numérica.

61	62	63	64	65	66	67	68	69	70

Inicia en el 70. Cuenta hacia adelante en pasos de 10.
¿Qué números dices?
¿En qué posición de la tabla escribirías estos números? ¿Cómo lo sabes?

Piensa en los números que van justo antes de los números que escribiste.
¿Qué dígito de cada número irá en la posición de las unidades? ¿Cómo lo sabes?

Inicia en el 70. Cuenta hacia adelante en pasos de 5.
Escribe estos números en la tabla.
¿Cuál dígito de cada número que está **justo después** del que escribiste está en el lugar de las unidades? ¿Cómo lo sabes? Escribe estos números sobre la tabla.

Inicia en el 70. Cuenta hacia adelante en pasos de 2.
Escribe estos números en la tabla.
¿Cuál dígito de cada número que está **justo antes** del que escribiste está en el lugar de las unidades? ¿Cómo lo sabes?

Intensifica

1. Completa la tabla de la página 286.

2. Escribe el número que está **justo antes** de cada número.

a. ____ 120 b. ____ 125 c. ____ 119

3. Escribe el número que está **justo después** de cada número.

a. 129 ____ b. 110 ____ c. 108 ____

4. Escribe los números que faltan en estas secciones de la tabla.

a.

____	____	105	____

b.

____	114	____	____

c.

121	____	____	____

d.

____	128	____	____

e.

112	____	____	____	116	____	____	____	____

Paso avanzado

a. Encierra con azul los números que dices cuando inicias en 100 y cuentas hacia adelante en pasos de 5.

b. Encierra con rojo los números que dices cuando inicias en 100 y cuentas hacia adelante en pasos de 2.

102 110 122 120 115 125

c. Escribe lo que observas.

____

____

____

12.9 Comparando cantidades mayores que 100

Observa estos bloques. ¿Qué número representa cada grupo?

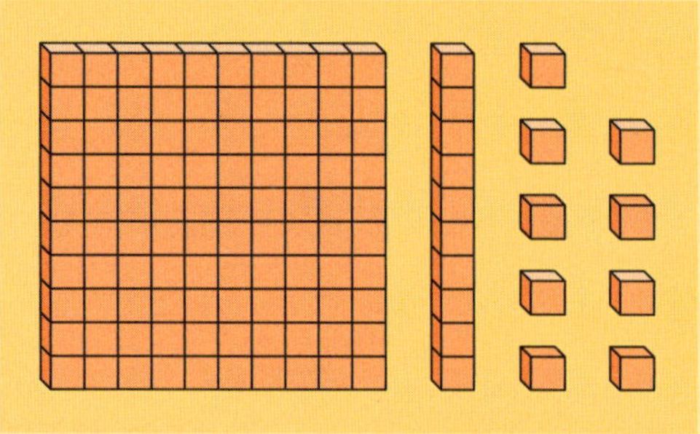

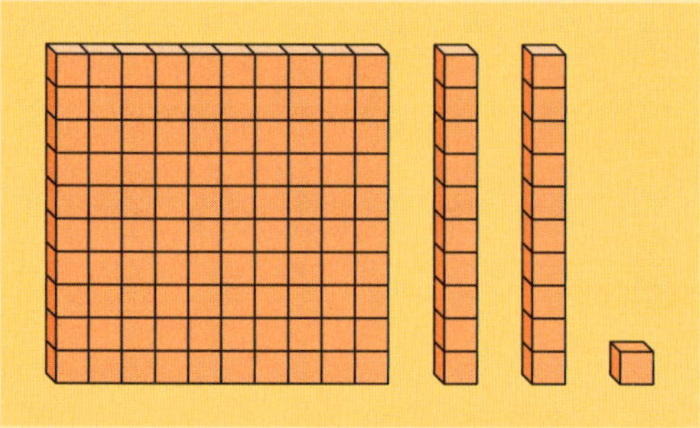

¿Cómo podrías saber cuál número es mayor?

Completa este enunciado para comparar los dos números.

________ es mayor que ________

¿Qué otras frases podrías escribir para comparar los dos números?

Intensifica

1. Colorea el número de bloques que corresponda al nombre del número. Luego escribe los números para completar el enunciado.

ciento veintitrés	ciento veintiocho
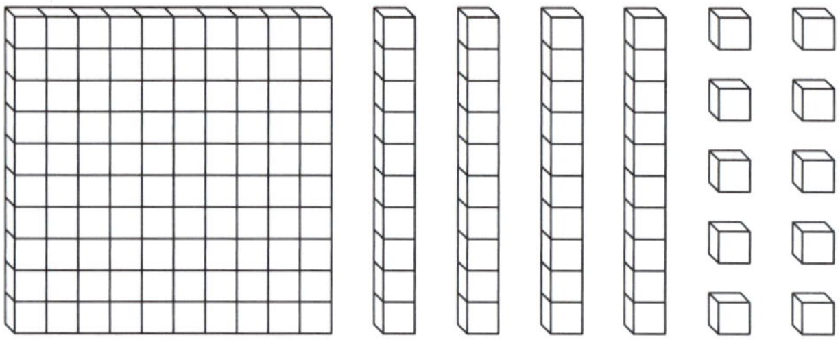	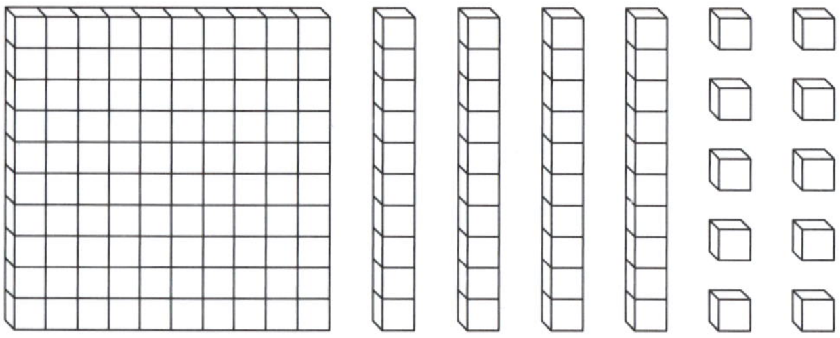

________ **es menor que** ________

2. Colorea el número de bloques que corresponda al nombre del número. Escribe los números para completar el enunciado.

a. **ciento quince**

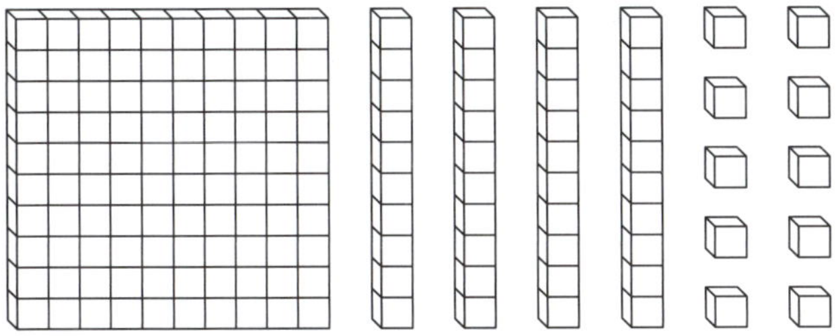

ciento diez

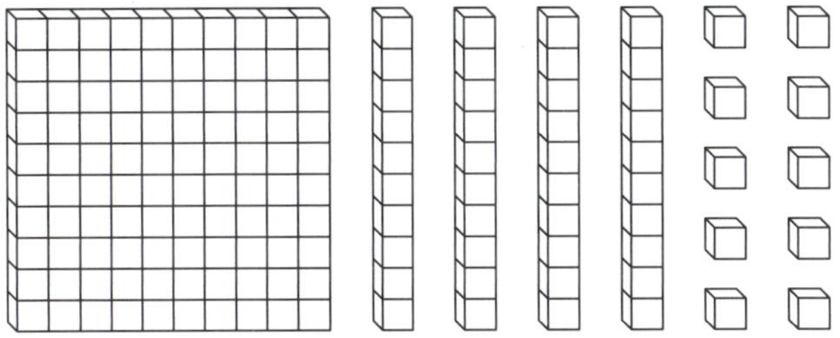

________ < ________

b. **ciento dieciséis**

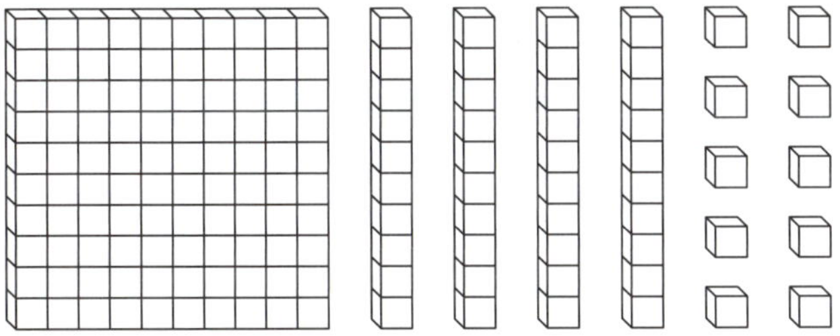

ciento seis

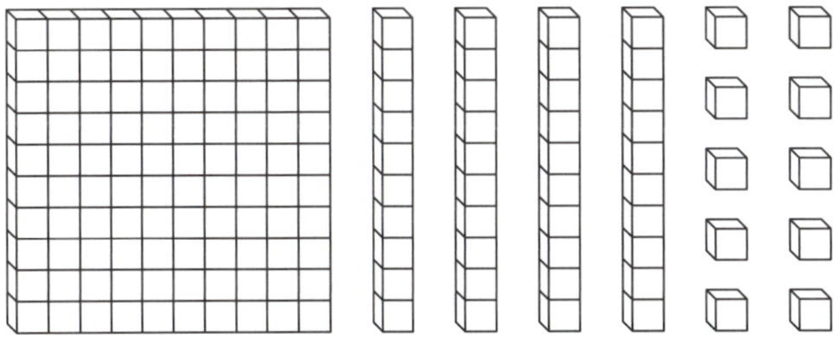

________ > ________

c. **ciento dos**

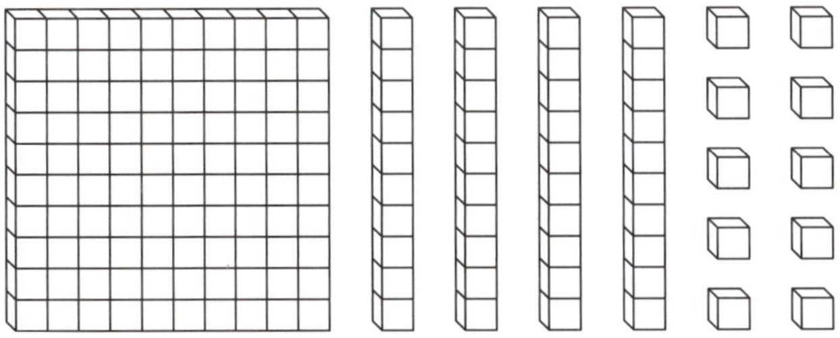

ciento veinte

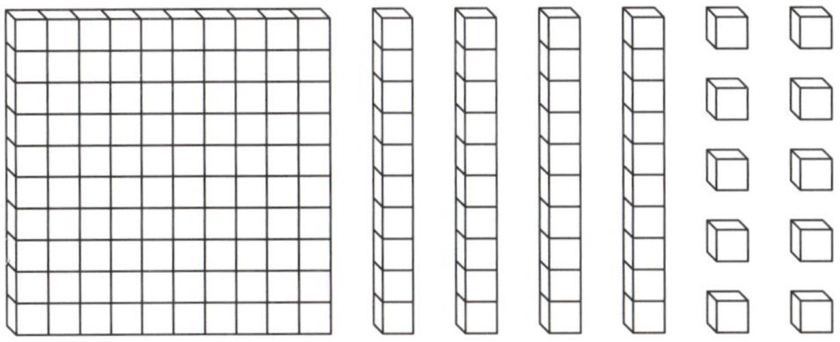

________ > ________

Paso avanzado Escribe el número que hace el enunciado verdadero.

________ **es menor que** 120 **pero mayor que** 112 .

12.10 Relacionando dólares, *dimes* y *pennies*

¿Cuántos *dimes* podrías intercambiar por estos *pennies*?

Podría intercambiar 10 *pennies* por un *dime*.

¿Cuál es el nombre de este **billete**?
¿Cuál es el valor de este **billete**?

¿Cuántos *pennies* podrías intercambiar por este billete? ¿Cómo lo sabes?

¿Cuántos *dimes* podrías intercambiar por este billete? ¿Cómo lo sabes?

Si 100 *pennies* se pueden intercambiar por un dólar, entonces 10 *dimes* se pueden intercambiar por un dólar.

Intensifica

1. Encierra los *dimes* que podrías intercambiar por un dólar. Luego escribe la cantidad total.

a.

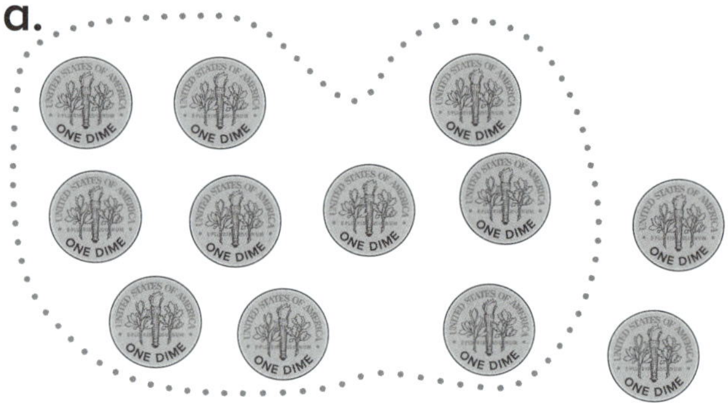

_____ dólar y _______ centavos

b.

_____ dólar y _______ centavos

2. Encierra las monedas que podrías intercambiar por un dólar. Luego escribe la cantidad total.

a.

____ dólar y ______ centavos

b.

____ dólar y ______ centavos

c.

____ dólar y ______ centavos

d.

____ dólar y ______ centavos

3. Escribe estas cantidades en dólares y centavos.

a. 126 centavos equivale a ____ dólar y ______ centavos.

b. 105 centavos equivale a ____ dólar y ______ centavos.

Paso avanzado

Dibuja las monedas necesarias para pagar el precio exacto del juguete. No se dará cambio.

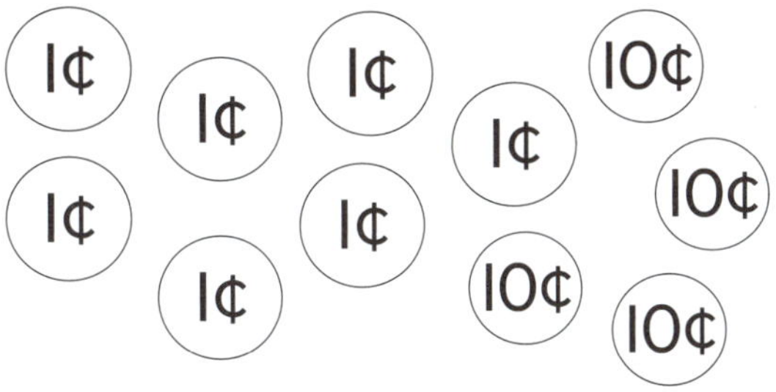

12.11 Relacionando los dólares, *quarters* y *nickels*

Observa estas monedas.

¿Cuál es el nombre de la moneda pequeña?
¿Cuál es el nombre de la moneda grande?

¿Cuántos *pennies* podrías intercambiar por un *nickel*?
¿Cómo lo sabes?

¿Cuántos *pennies* podrías intercambiar por un *quarter*?
¿Cómo lo sabes?

Un quarter es igual a un cuarto de dólar, entonces son 25¢ o 25 pennies.

¿Cuántos ***quarters*** podrías intercambiar por un dólar? ¿Cómo lo sabes?

¿Cuántos ***nickels*** podrías intercambiar por un ***quarter***? ¿Cómo lo sabes?

¿Cómo podrías averiguar la cantidad de *nickels* que podrías intercambiar por un dólar?

Intensifica

1. Encierra las monedas que podrías intercambiar por un dólar. Luego escribe la cantidad total.

a.

_____ dólar y _______ centavos

b.

_____ dólar y _______ centavos

2. Traza líneas para unir las cantidades equivalentes.

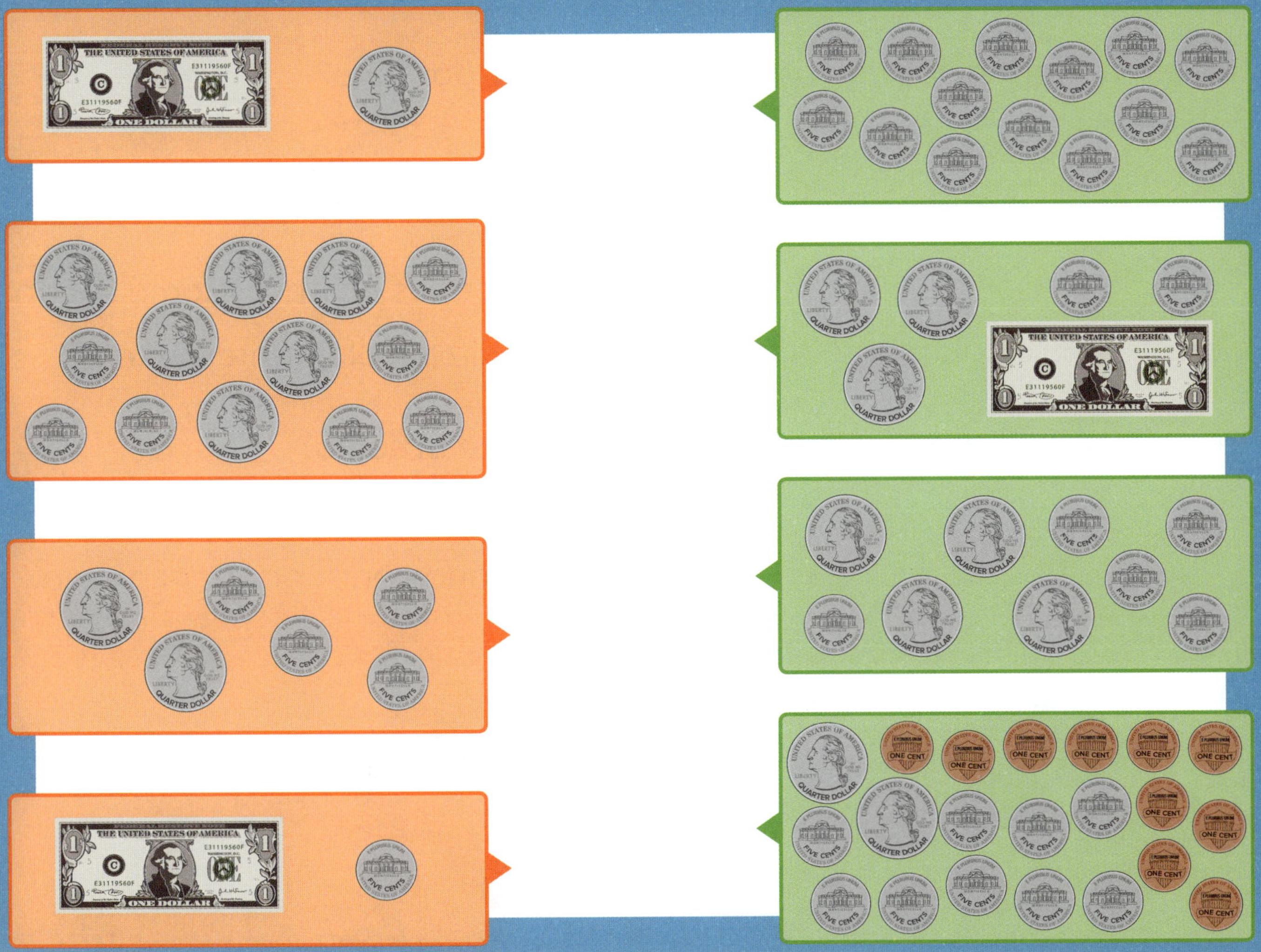

Paso avanzado

Colorea monedas para indicar 50¢ de **dos** maneras diferentes.

12.12 Pagando con monedas

¿Cuáles monedas podrías utilizar para pagar por esto?

¿Cuál es la menor cantidad de monedas que podrías utilizar? ¿Cómo lo sabes?

¿Podrías utilizar solamente *dimes*? ¿Podrías utilizar solamente *nickels*?

¿De qué otras maneras podrías pagar por este artículo?

Intensifica

1. Colorea las monedas que utilizarías para pagar el precio **exacto** de cada artículo.

a.

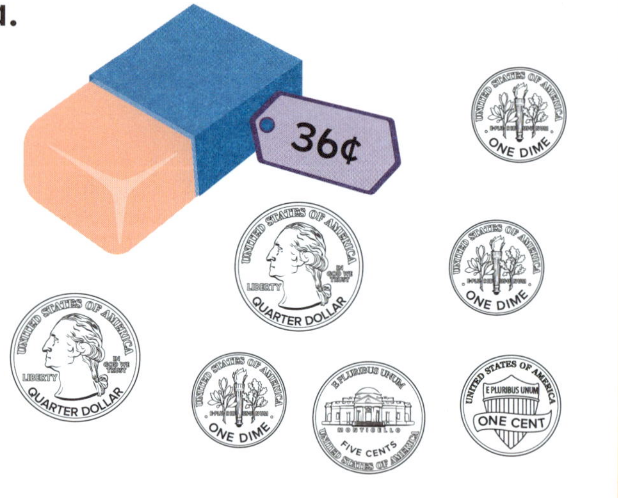

b.

c.

d.

2. Colorea las monedas que utilizarías para pagar el precio **exacto** de cada artículo. Luego escribe la cantidad que queda.

a.

Quedan ______ ¢

b.

Quedan ______ ¢

c.

Quedan ______ ¢

d.

Quedan ______ ¢

Paso avanzado

Maya pagó esta tarjeta con cinco monedas. No le dieron cambio. Dibuja las monedas que utilizó.

10¢